大数据与人工智能技术系列丛书

互联网+创新型“十四五”精品教材

大数据导论

（微课版）

主　编　申宏亮　李　倩　牛　月

副主编　梁　勇　杨　帆　张　健　张晓瑛

文卫蔚　张　宇　巫奇霖　付丽媛

哈爾濱工程大學出版社

Harbin Engineering University Press

内 容 简 介

全书共 12 章，主要包括大数据的基础知识、价值挖掘、管理和利用、常见构架、精准营销、风险控制，以及商业数据的解读和大数据在互联网、金融行业、销售行业和智慧城市中的应用等内容。读者学后可以融会贯通、举一反三，从零开始快速了解大数据的相关信息。

本书结构清晰，语言简洁，既可作为职业院校相关专业的教材，也可作为对数据、数据挖掘、数据分析感兴趣的 IT 技术人员的参考用书。

图书在版编目（CIP）数据

大数据导论 ： 微课版 / 申宏亮， 李倩， 牛月主编. 哈尔滨 ： 哈尔滨工程大学出版社， 2024. 6. -- ISBN 978-7-5661-4414-0

Ⅰ. TP274

中国国家版本馆 CIP 数据核字第 20246PL190 号

大数据导论（微课版）

DA SHUJU DAOLUN（WEIKE BAN）

策划编辑 张林峰
责任编辑 章银武

出版发行 哈尔滨工程大学出版社
社　　址 哈尔滨市南岗区南通大街 145 号
邮政编码 150001
发行电话 0451-82519328
传　　真 0451-82519699
经　　销 新华书店
印　　刷 三河市中晟雅豪印务有限公司
开　　本 787 mm×1 092 mm　1/16
印　　张 15
字　　数 384 千字
版　　次 2024 年 6 月第 1 版
印　　次 2024 年 6 月第 1 次印刷
书　　号 ISBN 978-7-5661-4414-0
定　　价 59.80 元
http://www.hrbeupress.com
E-mail:heupress@hrbeu.edu.cn

前　言

党的二十大报告提出，“建设现代化产业体系。坚持把发展经济的着力点放在实体经济上，推进新型工业化，加快建设制造强国、质量强国、航天强国、交通强国、网络强国、数字中国”。

近年来，互联网和通信等技术的飞速发展，使人们在日常生活和工作中需要面对的数据越来越多。在这种情况下，企业和个人都可以借助大数据技术获取大量有价值的信息，找到更多的发展机会。本书重点讲解大数据的相关知识，帮助读者快速掌握相关的知识点，让其快速成长。本书主要有以下特色：

（1）12 章专题内容讲解。本书体系结构完整，由浅入深地对大数据的基础知识和相关技巧进行全面细致的讲解，帮助读者快速掌握大数据的核心知识。同时，在每章结尾处都添加了知识小结和课后习题，便于读者巩固所学知识和加强综合应用能力。

（2）200 多个干货知识放送。本书侧重实用性。读者通过书中的干货知识可以逐步掌握大数据的核心内容，从新手快速成长为大数据的应用高手。

（3）140 多分钟教学视频演示。本书将技能实例全部录制成带语音讲解的演示视频，时间长达 140 多分钟，重现书中所有干货，让读者既可以结合本书，也可以独立观看视频教程学习，让整个过程既轻松又高效。

（4）160 多张图片详解。本书采用 160 多张图片，对大数据进行全程详解，通过大量的辅助图片让课程内容变得更加通俗易懂，使读者可以一目了然，快速领会所学知识，大大提高学习效率，且令学习印象更加深刻。

本书共 12 章，主要包括大数据的基础知识、价值挖掘、管理和利用、常见架构、精准营销、风险控制，以及商业数据的解读和大数据在互联网、金融行业、销售行业、医疗行业和智慧城市中的应用等内容，读者学后可以融会贯通、举一反三，从零开始快速了解大数据的相关信息。

本书由申宏亮（吉林工程技术师范学院）、李倩（陕西电子信息职业技术学院）、牛月（深圳市福田区华强职业技术学校）担任主编，由梁勇（江西司法警官职业学院）、杨帆（集美工业学校）、张健（山东省文登师范学校）、张晓瑛（山西省中医学校）、文卫蔚（武汉职业技术学院）、张宇（广西民族中等专业学校）、巫奇霖（四川省南充中等专业学校）、付丽媛（山东传媒职业学院）担任副主编。本书相关资料可通过扫封底二维码或登录 www.bjzzwh.com 下载获得。

版权声明：本书及资源文件中所采用的图片、模型、音频、视频和赠品等素材，均为所属公司、网站或个人所有，本书引用为说明（教学）之用，绝无侵权之意，特此声明。

由于编者水平有限，书中难免存在疏漏之处，敬请各位专家及读者批评指正。

编　者

目录

第1章 大数据的基础知识

第2章 大数据的价值挖掘

第 3 章 大数据的管理和利用

第 4 章 大数据的常见架构

第 5 章 大数据的精准营销

第 6 章 大数据的风险控制

第 7 章　商业数据信息的解读

第 8 章　大数据在互联网中的应用

第 9 章　大数据在金融行业中的应用

第 10 章　大数据在销售行业中的应用

第 11 章　大数据在医疗行业中的应用

第 12 章　大数据在智慧城市中的应用

第 1 章
大数据的基础知识

“大数据”是 21 世纪的新兴商业词汇。虽然它是无形的，但却关系着人们的衣、食、住、行，紧密联系着人们的生活。同时，大数据也影响着商业发展。如今商业的快速运转，与大数据的产生与发展密不可分。本章将介绍大数据的一些基础知识，带领读者快速认识大数据。

本章重点

- 大数据概述
- 大数据带来的变革
- 大数据的发展趋势
- 大数据面临的挑战

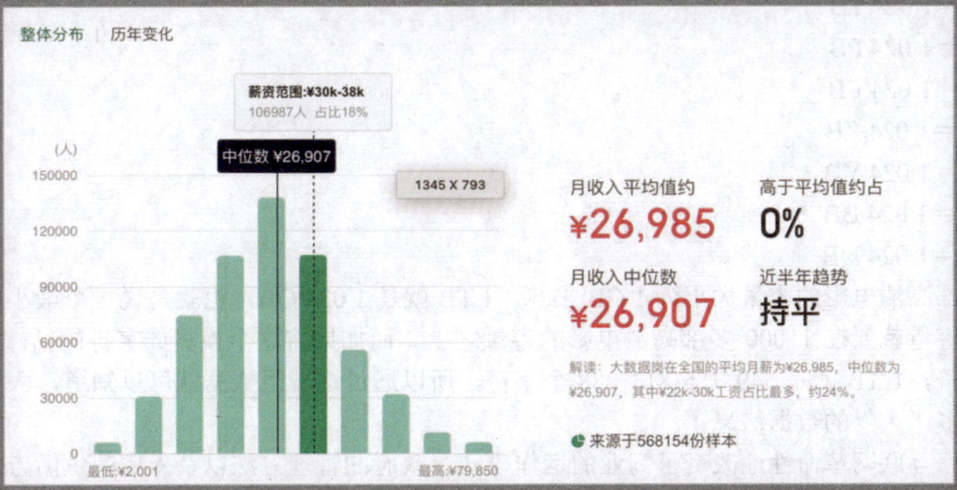

1.1 大数据概述

如今，各行各业都投身到对大数据的分析中，这不仅是时代发展的需要，还是各个行业赖以生存的重要渠道，更是各个行业盈利的一个隐形法宝，所以了解大数据、玩转大数据就显得尤为重要。

1.1.1 大数据的概念

大数据的概念

大数据，又称巨量资料，是指所涉及的资料量规模巨大，无法通过目前的主流软件工具快速完成撷取、管理和处理的数据资讯。

21 世纪，全球数据信息正在以爆炸式的方式增长，并且已经延伸到各个行业的各个领域，甚至成为各个行业重要的生产因素。那么，大数据的数量究竟达到什么样的程度，以至于让它成为各个行业重要的生存手段呢？

大数据给人最直接的印象是“大”，。于大数据来说，数据量最少要在拍字节（PB）级及以上的数据才能称为大数据，仅通过一个单位或许很难想象它的巨大程度，下面通过换算公式来看一下，称得上大数据级别的单位究竟有多大。

8 bit＝1 Byte

1 KB＝1 024 Byte

1 MB＝1 024 KB

1 GB＝1 024 MB

1 TB＝1 024 GB

1 PB＝1 024 TB

1 EB＝1 024 PB

1 ZB＝1 024 EB

1 YB＝1 024 ZB

1 BB＝1 024 YB

1 NB＝1 024 BB

1 DB＝1 024 NB

按一部高清电影的容量大小为 1 GB 来算，1 TB 就是 1 024 GB，也就是说一个最小的大数据，它的容量就要在 1 000 多部高清电影的容量之上。而如果将这个换算成字符的话，2 Byte 是 1 个字符，1 TB 就是 549 755 813 888 个字符，所以通过这一组数据就可以知道，大数据究竟是一个多“大”的数据信息了。

如今，互联网革命性地改变了商业的运作模式、政府的管理方法以及人们的生活方式，世界各地的各个角落都充斥着比以往更多的信息，信息总量的急剧增加足以引发信息的变革，“大数据”这一概念也应运而生。

另外，大数据不同于互联网，它正在以巨大的力量改变着世界，它是具有更强的决策力、洞察力、流程优化能力的海量、高增长率和多样化的信息资产。同时大数据也在互联网、金融行业、销售行业、医疗行业和智慧城市等诸多领域得到了应用，让整个世界的运行方式都发生了改变。因此，人们正生活在一个充满着大数据的新世界中。

▶ 专家指点

大数据还有一个重要的判断标准，那就是在线数据，因为只有在线数据才可用，才会发挥它的价值。例如，银行的数据就不能叫大数据，因为它的数据都是封闭的，外人是无法使用这些数据产生价值的。所以，如果一个数据是封闭的、不公开的，那么无论它的数据量多大，也不能称为大数据。

1.1.2　大数据的发展史

大数据的发展史

大数据是从历史中一点一点发展、演变而来的。其实早在 1890 年，就已经开始有科学处理数据的方法出现。

1890 年，美国统计学家赫尔曼·霍尔瑞斯发明了制表机，用来读取卡片上的信息，从而用 1 年完成了美要耗时 8 年才能完成的美国人口普查活动。由此在全球范围内引发了数据处理的新革命。

1961 年，美国国家安全局（National Security Agency，NSA）的某机构，在面对大量数据信息时，通过计算机自动收集处理信号信息，并将仓库内积压的模拟磁盘信息进行数字化处理。仅 1961 年 7 月份，该机构就收到了 17 000 卷磁带。

1989 年，英国计算机科学家蒂姆·伯纳斯·李提出通过开创一个叫作万维网的超文本系统，在全球范围内利用互联网实现信息的共享。

1997 年，美国宇航局研究员迈克尔·考克斯和大卫·埃尔斯沃斯描述了 20 世纪 90 年代的挑战：超级计算机生成大量的信息。在考克斯和埃尔斯沃斯的案例中，模拟飞机周围的气流是不能被处理和可视化的。数据集通常很大，超出了主存储器、本地磁盘，甚至远程磁盘的承载能力。他们称之为“大数据问题”，这也是人类史上第一次使用“大数据”这个词。

2009 年 1 月，印度政府建立身份识别管理局，对 12 亿人的指纹、照片和虹膜进行扫描，并为每个人分配 12 位的数字 ID（disital identity），将数据汇集到世界上最大的生物识别数据库中，从而起到提高政府服务效率和减少腐败行为的作用。

2011 年 2 月，扫描 2 亿年的页面信息或 4 MB 数据的磁盘存储只需几秒即可完成。国际商业机器公司（international business machines corporation，IBM）的沃森计算机系统在智力竞赛节目《危险边缘》中打败了两名人类挑战者。后来纽约时报称这一刻为“大数据计算的胜利”。

2012 年 3 月，美国政府出具了一份报告，要求每个联邦机构都要有一个“大数据”的策略。此外，美国政府宣布了一项耗资 2 亿美元的大数据研究与发展项目。

2012 年 7 月，美国宣布成立一个名为“数据 2X”的公私合营企业。该企业主要收集和统计世界各地的妇女和女童在经济、政治、社会地位方面的信息。

▶ 专家指点

虽然起初对大数据技术发展的推动力主要来源于国家安全方面，例如，超级计算机的发明，大数据的存储和处理技术、大数据分析算法的研发，但大数据技术在发展中不断创新和完善，从而使得大数据的应用越来越广泛，这也是大数据的价值所在。

此后，随着信息技术（information technology，IT）逐渐兴起，大数据的应用频率不断增加，数据总量也呈直线上升趋势。纵观大数据的发展史，可以将其分为 3 个阶段，如图 1-1 所示。

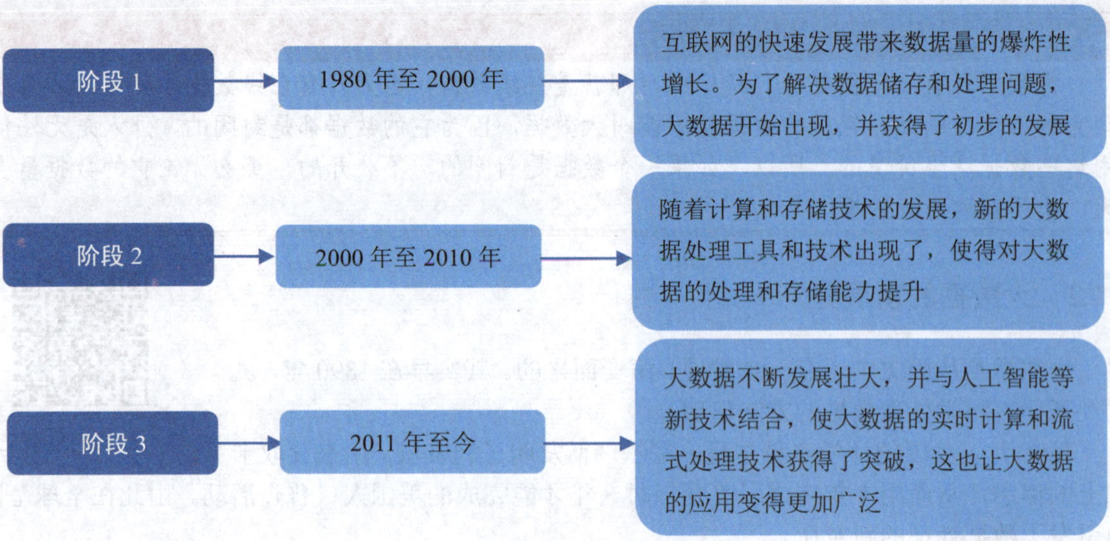

图 1-1 大数据的发展史

1.1.3 大数据的基本结构

大数据的基本结构

大数据就是互联网发展的“产品”，在以云计算为代表的技术创新大幕的衬托下，这些原本很难收集和使用的数据开始变得容易被利用了。通过各行各业的不断创新，大数据会逐步为人类创造更多的价值。所以，想要系统地认知大数据，酒必须全面而细致地分解它。大数据主要的结构层面组成如图 1-2 所示。

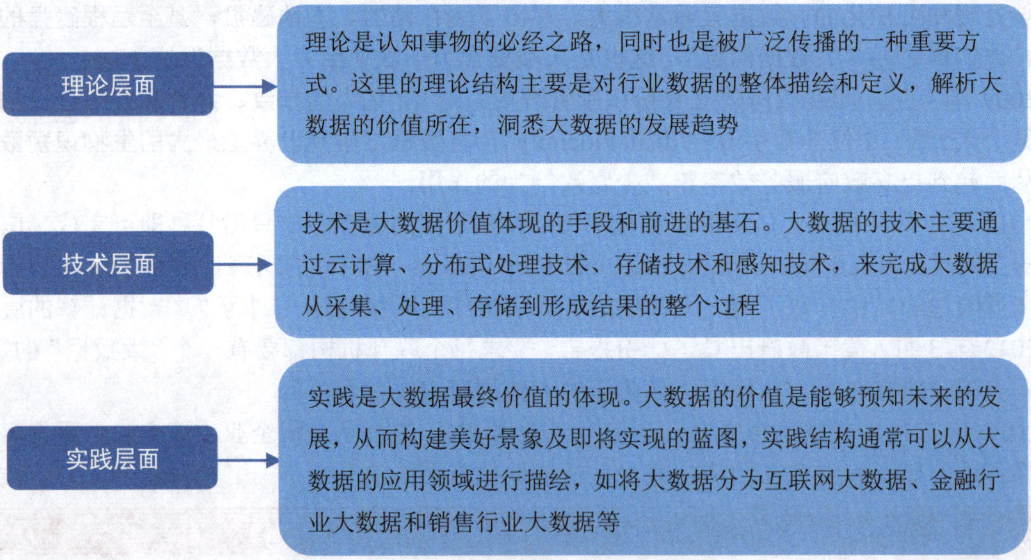

图 1-2 大数据主要的结构层面组成

1.1.4 大数据的基本特征

大数据的基本特征

大数据的基本特征可以用 4 个“V”来总结（Volume、Variety、Value 和 Velocity），即数据体量大、数据多样性、价值密度低、处理速度快。大数据的基本特征如图 1-3 所示。

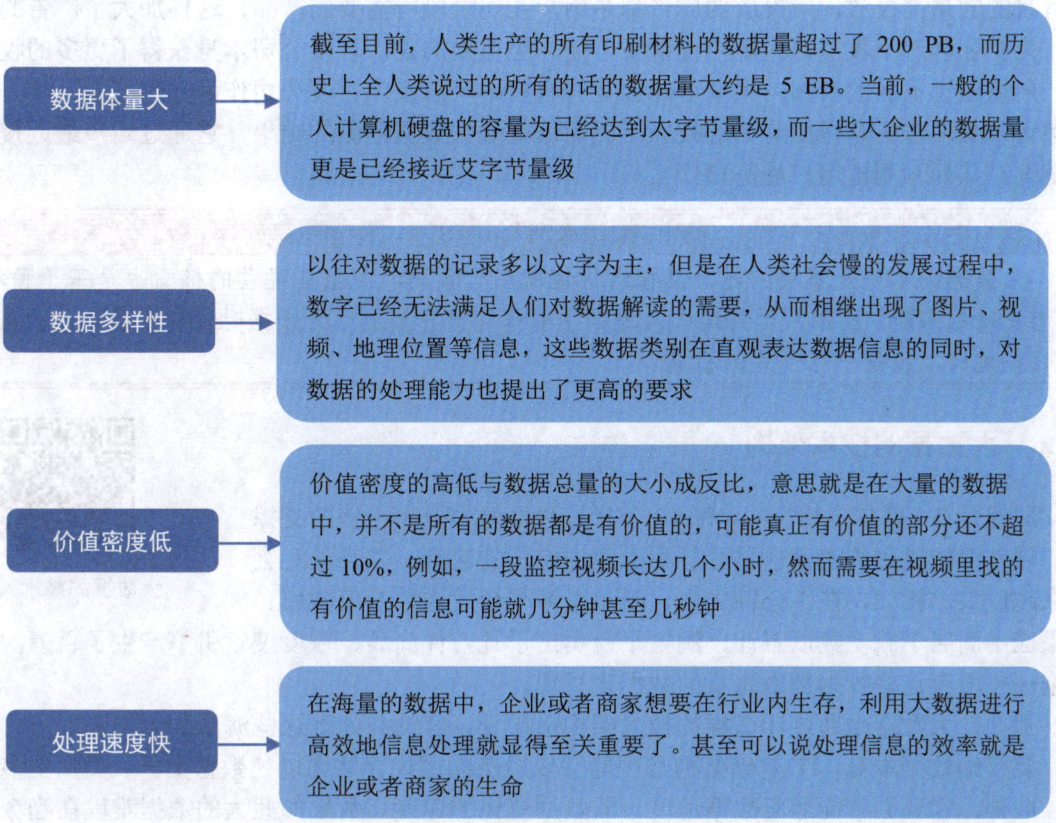

图 1-3　大数据的基本特征

1.1.5　大数据的商业预测

大数据的商业预测

在大数据时代，大数据最新、最主要，也是最常用的数据技术就是预测，这也是大数据的价值所在。通过以下案例来了解大数据的预测技术究竟有多大的价值。

经常使用搜索引擎的用户一定有这样一个印象，那就是前两天或前几个小时在搜索引擎内输入的关键字，会在其他网页中投放相应的广告。例如，前两天经常在搜索引擎搜索“二手汽车”，这时候浏览的网页上就会出现各种各样与“二手汽车”相关的广告，这就是搜索引擎公司利用大数据技术，为企业精准投放广告，从而从中获利的重要手段。

百度公司曾推出“凤巢”广告系统。该系统会根据用户在百度搜索引擎内搜索的关键词，与它后台数据库里的广告关键词相匹配，从而自动选择呈现在用户面前的是哪条广告。那单单靠投放广告的收益能够支撑百度公司的大部分经济支出吗？对此，不妨看一下百度公司在推出“凤巢”广告系统后的一些数据。

（1）百度公司的网民覆盖率超过 90%。

（2）百度公司的日均搜索请求达到 50 亿次。

（3）百度公司的市场占有率超过 80%。

（4）百度联盟每天会产生 50 亿次的日均搜索行为。

由此看来，百度公司的广告播放量和播放次数都是非常高的，再加上百度公司推送的广告是有目的的精准投放，所投放的广告都是用户在现阶段所需要的产品，这样加大了广告的成交率，为企业创造了收益，为用户提供了方便。更重要的是，百度公司本身获得了更多的收益。

所以通过上面的案例，大家可能会觉得有些不可思议，百度公司作为一家搜索引擎公司，竟然可以从广告中获得如此大的收益。然而这就是大数据预测的结果，它通过用户最近搜索的关键词，从而预测出用户最需要什么。

▶ 专家指点

大数据的本质是解决问题，其核心价值就在于预测，而企业经营的核心也是基于预测所做出正确的判断。所以，无论是个人还是企业都应该意识到：大数据时代对于各个行业来说，既存在挑战，也是一个巨大的机遇。

1.1.6 大数据的技术架构

大数据的技术架构

即便是在“摩尔定律”——每 18 个月芯片性能将提高 1 倍的支撑下，硬件性能进化的速度也早已赶不上数据增长的速度，并且差距会越来越巨大。例如，在 1 分钟之内，新浪微博平台发送数万条微博、苹果应用商店下载次数以万计、淘宝平台卖出了几万件商品、百度搜索引擎产生了百万次搜索查询……所有这些行为都由海量的数据来呈现。

那么，大数据是通过什么样的技术架构来接受、容纳并处理这些海量的数据呢？

要容纳数据本身，IT 基础架构必须能够以经济的方式存储比以往数量更大、类型更多的数据。此外，它还必须能适应数据速度，即数据变化的速度。数量如此大的数据难以在当今的网络连接条件下快速往返传输。大数据基础架构必须分布计算能力，以便能在接近用户的位置进行数据分析，减少跨越网络所引起的延迟。

对此，云计算模式为大数据的成功提供了很好的条件，可以实现大数据分析所需的效率、可扩展性、数据便携性和经济性。另外，还可以用来跨越毫不相干的数据源比较不同类型的数据和进行模式匹配。这使得大数据分析能以新视角挖掘企业传统数据，并带来传统上未曾分析过的数据洞察力。

例如，领英（Linkedin）是一个聚集了大量专业人士的社交网络平台。该平台用户曾以每秒 2 个的速度快速增长。Linkedin 还是一个解决方案供应商，据悉，许多 100 强企业都在使用 Linkedin 的付费解决方案。

Linkedin 之所以能取得如此大的成功，是因为其有专业的身份可以拓展人脉并发现机遇，有专业的内容可以全方位掌握业界资讯，有专业的平台可以随时随地了解人脉动向。

从 Linkedin 的业务模型不难看出，其本身就拥有海量的数据，通过这些数据创造出有价值的产品和服务，来增加用户数量和增强用户黏性，这样数据还会不断增长，从而形成了一个“闭环”。Linkedin 有人才、市场、高级订阅服务 3 大商业解决方案，而且 3 大商业解决方案的盈收每年也呈翻倍增长趋势，其中占盈收比例最大的是人才解决方案。

Linkedin 的数据按用户可分为用户特征数据、用户行为数据、用户网络数据；按数据存取速度分为在线数据、近线数据、离线数据。Linkedin 的大数据技术架构根据不同性质的工作进行设计，其中近线数据存储在 Voldemort 分布式数据库中，在线数据存储在 Oracle、Espresso

中，服务器日志存储在 Web Logs 中。其使用 Kafka 发布数据，通过 Databus 捕获在线数据，而所有的离线数据则由 Hadoop 和 Teradata 数据库构成。

大数据可以采用 4 层堆栈式技术架构，如表 1-1 所示。

表 1-1　采用 4 层堆栈式技术架构的大数据

层次	说明	特点	作用
基础层	基础层是整个大数据技术架构的最底层	具有虚拟化、网络化、分布式特点；具有横向可扩展体系结构	要实现大数据规模的应用，企业需要一个高度自动化、可横向扩展的存储和计算平台。这个基础设施需要从以前的存储“孤岛”发展为具有共享能力的高容量存储池。容量、性能和吞吐量必须可以线性扩展
管理层	管理层既包括数据的存储和管理，也涉及数据的计算	可处理结构化数据和非结构化数据；可并行处理，具有线性可扩展性	由于并行化和分布式是大数据管理平台所必须考虑的要素，因此要支持在多源数据上做深层次的分析，大数据技术架构中需要一个管理平台，使结构化和非结构化数据管理合为一体，具备实时传送和查询、计算功能
分析层	大数据应用需要大数据分析，分析层可实现相关功能	可提供自助服务；能迭代，有灵活性，可进行实时协作	分析层提供基于统计学的数据挖掘和机器学习算法，用于分析和解释数据集，帮助企业获得对数据价值的深入领悟。可扩展性强、使用灵活的大数据分析平台更可成为数据科学家的“利器”，达到事半功倍效果
应用层	大数据的价值体现在帮助企业进行决策，以及为终端用户提供服务，应用层可实现相关功能	可提供实时决策，有内置预测能力；可利用数据驱动经济，使数据实现货币化	不同的新型商业需求驱动了大数据的应用。反之，大数据应用为企业提供的竞争优势使得企业更加重视大数据的价值。新型大数据应用对大数据技术不断提出新的要求，大数据技术也因此在不断的发展变化中日趋成熟

1.1.7　重视大数据分析的理由

重视大数据分析的理由

人们为什么如此关心大数据呢？其实大数据可以使人们问出新问题，帮助人们了解其业务。比如社交网络分析，不管是企业还是个人有自身的品牌，如何分析品牌影响力、判断品牌声誉，对这些问题之前不容易回答，如今在大数据的时代可以很容易得到答案，并且几乎是以实时的速度得到解决。

例如，一家物流公司有卡车等运输工具，若其希望优化车队，但这需要基于实时交送信息、天气信息及其他类型的信息完成，现在通过传感器和大数据就可以做到。事实上，关于过去和现在的事务，甚至是未来的事务，大数据分析都能够发挥实质的作用。

▶ 专家指点

虽然大数据应用是一个重大的问题，但真正的问题是让大数据更有意义，即在大数据里面寻找适合的模式来帮助企业等组织机构做出更好的商业决策。

随着互联网科技的日益成熟，当前各种类型的数据增长将会超越历史上的任何一个时期。因此，用户想要从这庞大的数据库中提取对自己有用的信息，就离不开大数据分析技术和工具。

表 1-2 展示了大数据分析将越来越重要的 10 个理由。

表 1-2 大数据分析越来越重要的 10 个理由

理由	说明
Hadoop 用户迅速增长	越来越多的企业开始使用 Hadoop 平台处理大量数据。例如，Hadoop 服务提供商在短短 3 年内就增加了 100 多家
Hadoop 整合功能加深	仅靠 Hadoop 服务是无法解决企业的大数据问题的，很多传统的数据库管理系统开始整合 Hadoop 服务，以便更好地为企业服务。比如，惠普、戴尔、甲骨文、IBM 等知名公司都分别有针对自家需求的 Hadoop 服务
更多 Hadoop 服务“走”上云端	云端上的 Hadoop 服务让大数据分析和处理更加方便快捷
原始数据的价值	在相关大数据分析、处理技术出现之前，IT 公司经理们通常要对公司数据进行筛选以便用户查询和分析。现在，各种大数据分析工具既方便用户查询数据，又能避免泄露公司机密；同时，所有原始数据都将完好保存
大数据开发技术的“短板”得以解决	阻碍大数据分析技术或是使用 Hadoop 的原因之一就是缺乏相应的技术、环境/数据安全以及可行性。幸好，许多开源和专利软件社区都已经着手解决这些问题，使大数据的“短板”逐渐消失
投资回报率（return on investment，ROI）案例分析将成为主流	许多传统企业（包括银行、电信公司和零售商）都开始使用 Hadoop 服务，但很少有人愿意分享所有细节，也很难找出一个真正的 ROI 案例进行分析，这促使大数据分析势在必行
其他大数据分析平台的兴起	一说到大数据，很多人第一时间想到的就是 Hadoop。其实还有许多其他不错的大数据分析平台，如 Platfora、Datahero 等
磁盘终将被淘汰	目前，应该有一半以上的企业还在利用磁盘进行数据存档、备份和恢复。但随着大数据分析技术日渐成熟，磁盘终将被淘汰
机器学习和人工智能的崛起	机器学习和人工智能正在崛起，但在银行、金融服务、电信以及制造等传统行业中，它们仍是十分稚嫩的新兴技术
Hadoop 将继续发展	Hadoop 仍处在初级阶段，在未来还将具备更多功能，比如自由文本搜索功能以及基于图形用户界面（graphical user interface，GUI，）的可视化工具

1.1.8 大数据行业的就业情况

大数据行业的
就业情况

随着大数据的发展，相关的岗位需求也不断增加，这从一定程度上拉动了就业。下面就从大数据行业的岗位分布、薪资情况和就业趋势这 3 个方面讲解大数据行业的就业情况。

1．大数据行业的岗位分布

大数据行业涉及很多岗位，常见的岗位包括大数据开发工程师、数据分析师、算法工程师、人工智能（artificial intelligence，AI）工程师、数据项目经理、项目产品经理和大数据销售等。这些岗位涉及很多个不同的行业，而且随着大数据的不断发展，可能还会诞生越来越多与大数据相关的岗位，大数据行业对于就业的拉动作用也会变得越来越大。

2．大数据行业的薪资情况

可能很多人比较关心的还是岗位的薪资情况，那么大数据相关岗位的薪资怎么样呢？下面进行简单分析。看准网曾经对大数据行业的薪资情况进行了调查统计，可以结合相关的数据进行分析。图 1-4 为大数据行业的整体薪资分布情况，从图中的数据可以看出，大数据行业的薪资还是比较可观的。

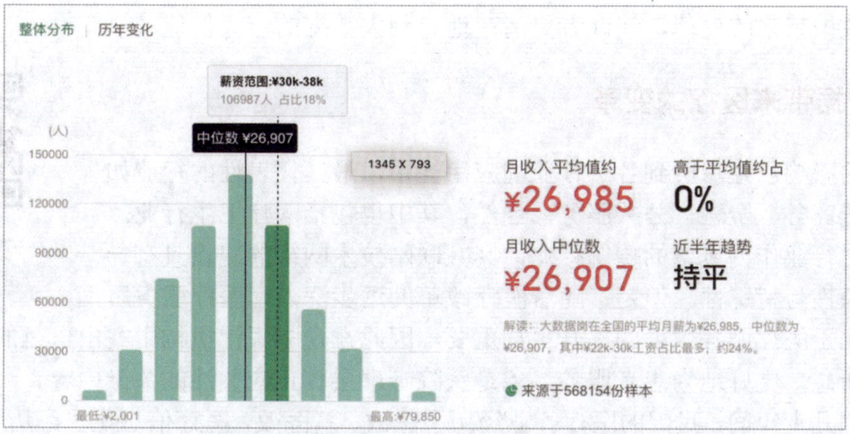

图 1-4　大数据行业的整体薪资分布情况

图 1-5 为大数据行业的历年薪资变化情况，从图可以看出，2020 年大数据行业的薪资增加明显，2020 年至 2023 年的薪资整体比较平稳，且薪资也一直处于比较高的水平。这就说明，从事大数据行业的相关岗位还是比较有前景的。

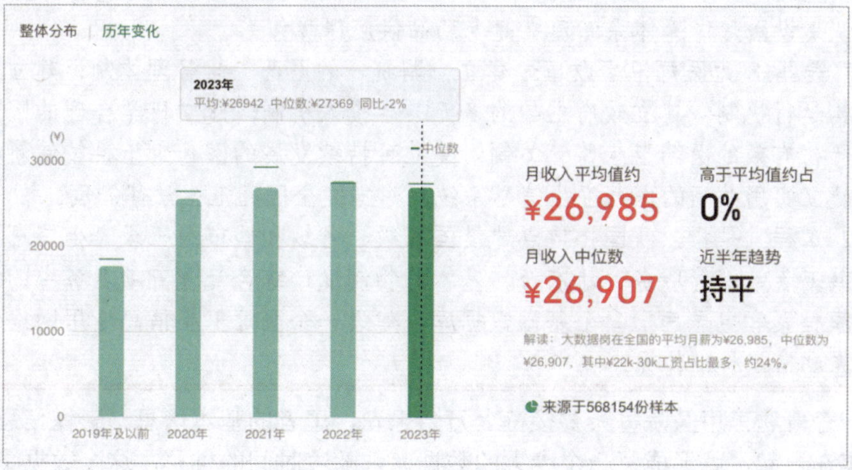

图 1-5　大数据行业的历年薪资变化情况

3．大数据行业的就业趋势

随着大数据行业的发展，相关岗位的人才缺口不断增大。也就是说，近年来大数据行业可能会提供越来越多的就业机会。当然，随着时间的推移，市场需要的大数据人才可能也会发生变化。具体来说，随着越来越多人涌入大数据行业，一些对专业性要求比较低的岗位人员可能在几年内会慢慢趋于饱和，但是市场对于专业人才的需求可能在短期内还是难以得到满足。

1.2 大数据带来的变革

大数据即将开创信息社会的崭新时代，能够改变人们看待世界的方式。那么大数据意味着什么，到底会改变什么？仅仅从技术和商业的角度回答这个问题已不足以解惑。“大数据”只是宾语，离开了“人”这个主语，它再大也没有意义。

因此，需要把大数据放在人的背景中加以研究，理解它作为时代变革力量的价值。本节将重点讲解大数据带来的变革，让读者更清楚地看到大数据的巨大价值。

1.2.1 大数据带来医疗的变革

大数据带来医疗的变革

大数据的影响已经渗透到各个行业的应用当中，最具代表性的行业如互联网、电子商务、金融、公共服务，当然，其中也包括医疗卫生行业。

医疗卫生行业作为典型的传统行业，其互联网技术网络的建设具有一定的行业复杂性与特殊性。但是，随着医疗改革的逐步深入，医疗服务质量的提高相比于医疗服务效率的提升更加重要。因此在众多医疗机构中突出自己的特色，真正做到急患者所急，更好地为患者服务，才是医院管理层真正应关注的关键内容。

在过去的几十年间，我国的医疗行业经历了医改、新医改，医疗信息化也经历了从数字化、“四梁八柱”和“35212 工程”等不同的发展阶段。信息技术的发展使数字化医疗日趋成熟。大数据等新兴技术的推动给医疗信息化和新医改带来了新的契机。

▶ 专家指点

“四梁”是指 4 大医药卫生体系：全面加强公共卫生服务体系建设；进一步完善医疗服务体系；加快建设医疗保障体系；建立健全药品供应保障体系。

“八柱”是指 8 大医疗卫生改革：建立协调统一的医药卫生管理体制；建立高效规范的医药卫生机构运行机制；建立政府主导的多元卫生投入机制；建立科学合理的医药价格形成机制；建立严格有效的医药卫生监管体制；建立可持续发展的医药卫生科技创新机制和人才保障机制；建立实用共享的医药卫生信息系统；建立健全医药卫生法律制度。

“35212 工程”是指，我国将重点建设国家级、省级和地市级三级卫生信息平台；加强信息化在公共卫生、医疗服务、新农合、基本药物制度、综合管理五项业务中的深入应用；建设电子健康档案和电子病历二个基础数据库；建设一个医疗卫生信息专用网络；逐步建设信息安全体系和信息标准体系。

例如，一个普通三甲医院每天要接待上万名患者，患者的基本信息、影像信息与其他特殊诊疗信息汇集在一起，就形成了一个庞大的数据库。随着时间的推移，这个数据量将会以几何级速度快速增长，这无疑会为医院的数据存储、集成、调用等都带来巨大压力。因此，将这些数据进行整理、挖掘和应用，提高医院的整体运作效率，就成了很多医院管理者都关注的热点。

大数据的到来使很多医院管理者转变了思维方式，通过对海量数据的挖掘和运用，更多地基于事实与数据分析而非基于经验、直觉做出决策。这对信息技术人员来说既是机遇也是挑战。而这些影响都是大数据带来的。

1.2.2　大数据带来商业的变革

大数据带来
商业的变革

大数据不仅为医疗卫生行业带来了变革，还让整个商业领域都重新洗牌了。在此，介绍一个“启动内需”的原理：生产者是具有价值的人，而消费者是生产者价值的意义所在。消费者不认同的，就卖不出去产品，就实现不了价值；只有消费者认同的产品才卖得出去，才实现得了价值。大数据可以帮助人们从消费者这个源头识别意义，从而帮助生产者实现价值。

例如，北京华声财讯信息技术有限公司（简称“华声财讯”）结合云计算、大数据时代的发展趋势，推出了基于 SMAS（社会化媒体云服务平台）的企业舆情监测系统，为客户量身打造全媒体时代的防御利器，把握数据挖掘和业务情报产业的先机。华声财讯的大数据舆情监测业务如图 1-6 所示。

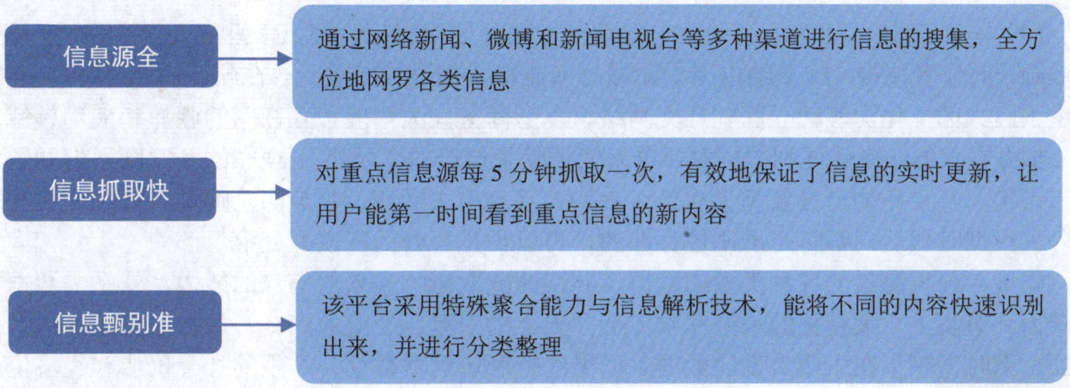

图 1-6　华声财讯的大数据舆情监测业务

1.2.3　大数据带来思维的变革

大数据带来
思维的变革

中国科学院的某位院士曾发表题为“大数据与大数据的科学与技术问题”的主题演讲，他在演讲中表示：“大数据的发展可能会改变经济和社会生活，可能会改变科学研究的途径，甚而改变人类的思维方式。”

互联网重塑了人类交流的方式，而大数据则不同：它标志着社会处理信息方式的变化。随着时间的推移，大数据可能真的会改变人们思考世界的方式。随着人们利用越来越多的数据来理解事情和做出决定，很可能会发现生活的许多层面是随机的而不是确定的。

▶ 专家指点

大数据的确改变了人们的思维，更多的商业和社会决策能够“以数据说话”。不过除了这些好处，如何让大数据不侵入人们的隐私世界，也是与之伴生并需严肃考虑的问题。

1.2.4　大数据带来时代的变革

大数据带来
时代的变革

大数据的核心就是预测，利用事物或事件之间的相关关系可以帮助捕捉现在和预测未来，其带来的技术变革将开启一次重大时代转型。

若事件 A 和 B 经常在一起发生，那么依据 B 发生就能预测 A 也将发生。这种关系已在零售业和电子商务中被广泛运用。例如，某家便利店通过分析零售终端的数据，得出了“温度低于 15 ℃时暖宝宝的销售量便增加 5%”的相关关系。于是，只要温度低于这一数值，店内的暖宝宝就会上架。

▶ 专家指点

大数据时代最大的转变就是，放弃对因果关系的渴求，而取而代之关注相关关系。也就是说只要知道“是什么”，而不需要知道“为什么”。这颠覆了千百年来人类的思维惯例，对人类的认知和与世界交流的方式提出了全新的挑战。

1.3 大数据的发展趋势

1993 年，美国《纽约人》杂志上刊登了一幅标题为《互联网上，没有人知道你是一条狗》的漫画，而作者彼得·施泰纳也因为此漫画而赚取了超过 5 万美元。在此后的 20 年间，互联网发生了巨大的变化，移动互联、社交网络、电子商务大大拓展了互联网的疆界和应用领域。

如今，人们在享受便利的同时，也无偿贡献了自己的“行踪”。现在的互联网不但知道对面是一条狗，甚至还知道这条狗喜欢什么食物、几点出去遛弯、几点回窝睡觉。每个人在互联网进入大数据时代后，都将是透明性存在的，可以说是“处处行迹处处痕”。

收集并分析海量的各种类型的数据，并快速获取影响未来的信息的能力，就是大数据技术的魅力。事实上，大数据的来源非常广泛，天上的卫星、地上的汽车、埋在土壤里面的各类传感器，无时无刻不在生成大量的数据。如果综合利用这些数据，产生的社会价值和经济价值将是难以估量的。本节将介绍大数据的发展趋势。

1.3.1 大数据撬动全世界

大数据撬动全世界

大数据不仅体现为数据量的惊人增长，更前所未有地引入了正在不断扩展的数据类型，如电子商务商家投放广告、物流调度运力、民航节约成本等。

看似毫不相关的事儿，背后都有大数据在发力。随着互联网、移动互联网对各个领域的渗透越来越深，从政府到企业，从群体到个人，数据的积累与日俱增。

与此同时，社会上的各行各业，从电信、IT 业到金融、证券、保险、航空、酒店服务业等，再到地球上的各种存在，从每个人到每棵树、每朵花乃至每粒沙子，无一例外地都在成为大数据的生成者。可以预见，大数据席卷各行各业和人们生活的速度只会越来越快。

比如，世界上第一部“先拍照后对焦”的光场相机 Lytro，就运用了大数据处理分析理念。与传统相机只记录一束光不同，Lytro 可以记录整个光场里所有的光，也就是用总体数据取代了随机样本。用户没必要一开始就对焦，想要什么样的照片可以在拍摄之后再决定。

因此，究竟该如何“开采”大数据这座丰富的“富矿”，成为了一个令人着迷的问题，因为与正确答案相伴的将是谁都渴望的巨大商业成功。当前，伴随着变革的发生，传统的互联网企业已经站在了大数据时代的最前沿。

作为后个人计算机（personal computer，PC）时代的 4 大巨头，Facebook、谷歌、苹果和亚马逊正在成为大数据的拥有者和使用者，其大数据策略如图 1-7 所示。

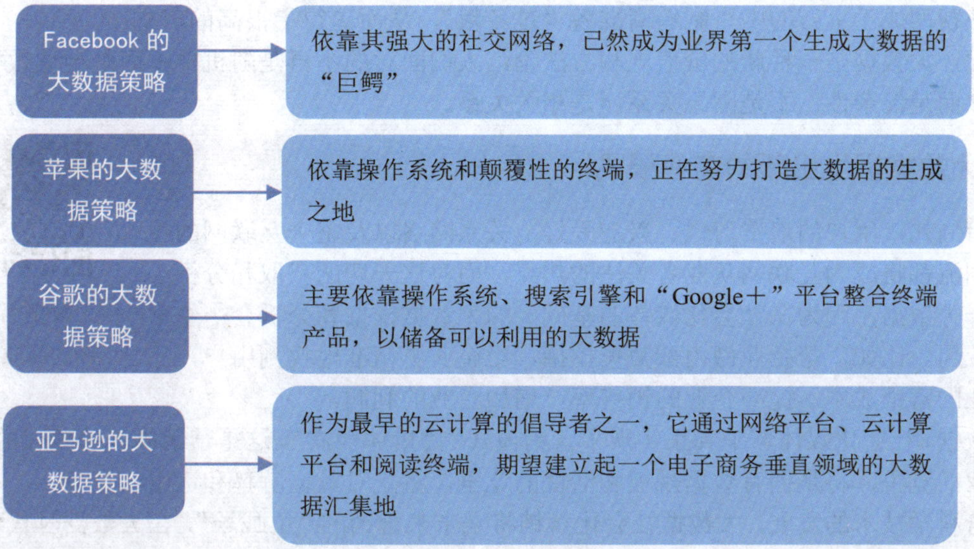

图 1-7　4 大互联网企业的大数据策略

大数据正在撬动全世界，无论是国家、企业，还是每一个独立存在的个人，都将成为大数据时代的贡献者和受益者。

> ▶ 专家指点
>
> 目前，数据量大幅增加对人们注重精确性的习惯等提出了挑战，大数据需要技术和思维上的变革才能利用，才能做到从海量到精准。这一轮的变革，事关绝大多数企业的命运。可以看到，用大数据这个视角，可以考察企业的兴衰。第一，如果对大数据不关心，不了解，必将走向衰败；第二，拥有大量的数据，并善加运用的公司，必将赢得未来。时代变了，判断企业价值的标准、判断软件价值的标准也变了。

1.3.2　大数据成为一股社会浪潮

大数据成为一股社会浪潮

大数据有多火？有媒体将 2013 年称为“大数据元年”。目前，几乎所有世界级的互联网企业都将业务触角延伸至大数据产业。无论是社交平台的逐鹿、电子商务商家的价格大战还是门户网站的竞争，都有它的影子。大数据，正在由技术热词转变为一股社会浪潮，影响社会生活的方方面面。

以星巴克推出的“大数据咖啡杯”为案例。美国媒体报道，这个咖啡连锁巨头打算尝试在一些咖啡杯中装上传感器，收集常客喝咖啡的速度等数据，从而为喝咖啡较慢的顾客提供保温效果好的杯子，以提高其满意度和忠诚度。

又如，自 2008 年开始，阿里巴巴平台买家询盘数急剧下滑，欧美国家在中国的采购量也在下滑。通常而言，买家在采购商品前会比较多家供应商的产品，这反映到阿里巴巴网站统计数据中，就是查询点击的数量和购买点击的数量会保持一个相对的数值。阿里巴巴平台通过统计历史上所有买家、卖家的询价和成交的数据，可以形成询盘指数和成交指数。这两个指数是密切相关的：询盘指数是前兆性的，前期询盘指数活跃，就会保证后期有一定的成交量。因此，当阿里巴巴观察到询盘指数出现异乎寻常的下降时，自然就可以推测未来成交量的萎缩。这种统计和分析如果缺少大数据技术的支持，是难以完成的。在这次事件中，阿里巴巴的管理者提前呼吁并帮助成千上万的中小制造商准备“过冬粮”，从而赢得了很高的声誉。

因此，大数据是一种新的价值观和方法论，人们面对的不再是随机样本而是全体数据，不是精确性而是混杂性，不是因果关系而是相关关系。

1.3.3 大数据衍生出新的商业模式

大数据衍生出新的商业模式

众所周知，用户的消费习惯、兴趣爱好、关系网络以及整个互联网的趋势、潮流都将成为互联网从业者关注的热点，而对这一切的获取和分析都离不开大数据，因为在社会化媒体的基础上的大数据挖掘和分析会衍生出很多应用。比如，帮企业做内部数据挖掘，帮企业更精准地找到用户，降低企业的营销成本，提高企业的销售率，增加企业的利润。

大数据、社会化媒体营销真正实现了营销模式的“量体裁衣”，这是营销领域跨时代的进步。未来企业的竞争，将是拥有数据规模和活性的竞争，将是对数据解释和运用的竞争。

随着科学技术的发展，大数据社会化营销将是未来营销的“主战场”，在大数据时代可以在任何行业和任何服务中出现，由此可能产生的服务和商业模式将是无穷尽的。通常来说，围绕大数据至少可以衍生出 6 种新商业模式，如图 1-8 所示。

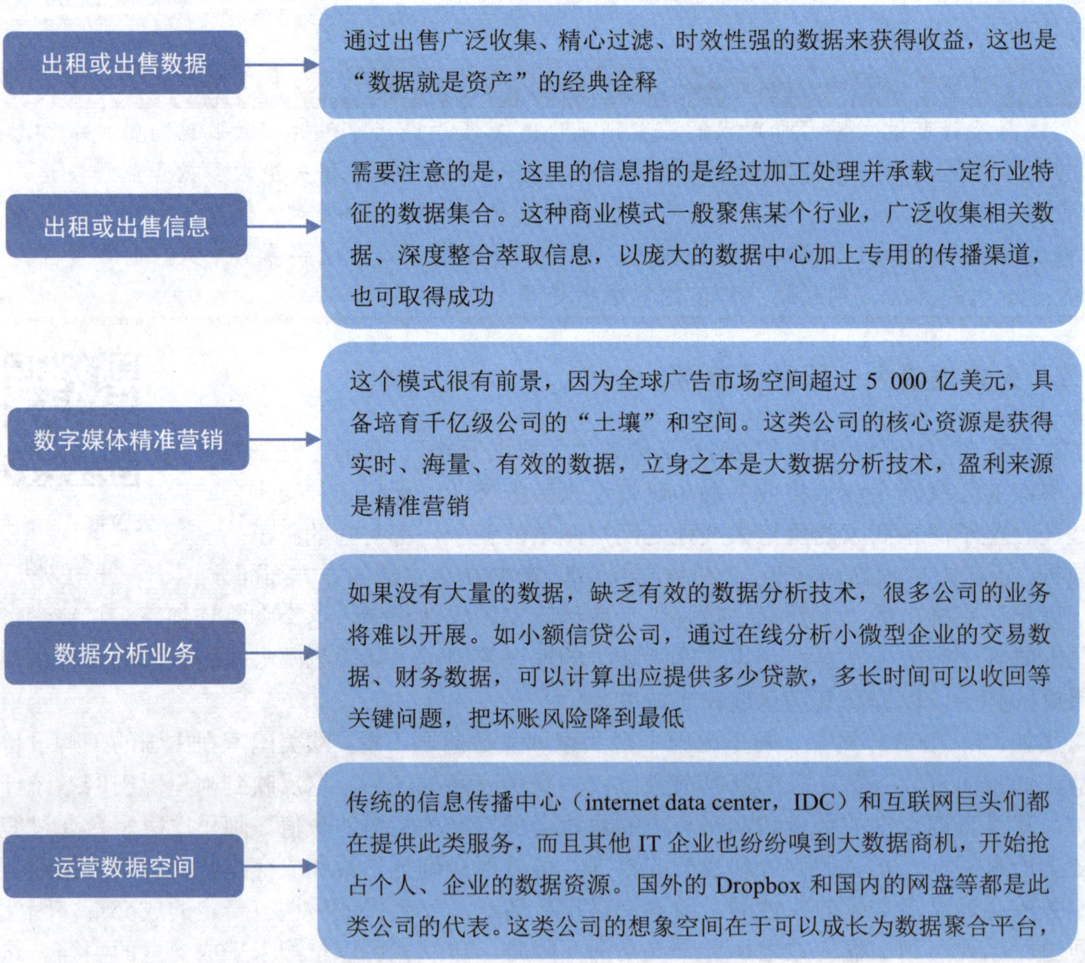

图 1-8　围绕大数据衍生出的 6 种新商业模式

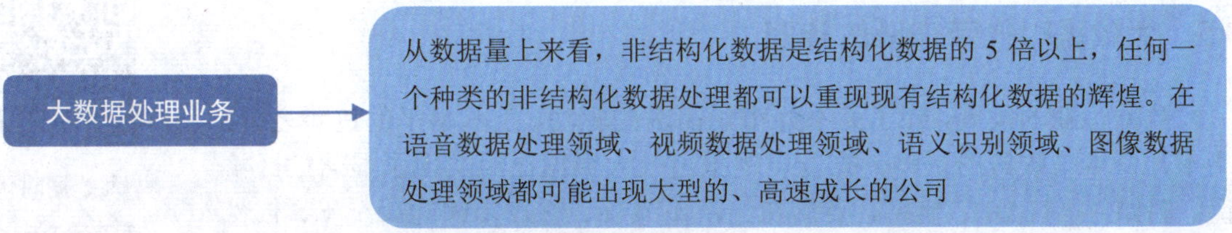

图 1-8（续）

如今，“大数据”这一话题在国内受到投资者的追捧，也不断有高技术人才选择在这个方向创业；但实际上国外对于“大数据”已经走过了概念炒作阶段，出现了实际的应用，产生了实际的效益。例如，美国政府已经开始大规模地投资大数据领域，这是大数据从商业行为上升到国家战略的分水岭，表明大数据被正式提升到战略层面。大数据在经济社会各个层面、各个领域都开始受到重视。

1.3.4　大数据为企业带来更多机会

大数据为企业带来更多机会

通常，企业里面到处都充斥着数据。事实上，各行各业的数据量均经历了几何级的增长，无论是医疗卫生行业还是金融行业，抑或是零售业和制造业。在此类海量数据库中，隐藏着无数商业秘密，也孕育着很多机遇。

大数据意味着大商机。对于企业来说，无论是已经开始做大数据，还是希望做大数据的项目，研究结果表明：有一个企业或者组织利用大数据技术，另一个企业却没有利用，未来它们的财务状况会出现明显的不同。

因此，在今天这样一个数字驱动的大环境中，企业必须能够制订周密的计划并实施可行的解决方案以管理大数据。当然，大数据应用和分析的最终目的还是给企业带来更高的收益，技术积累后的优势会在经营中体现出来，这样的结果才是人们所需要的。

如今，数据分析模式正在发生大的转变，当然这一点也为企业带来了真正的机会。大数据平台让所有企业能够通过这种模式转变所提供的洞察力优势来获得显著的竞争优势。

例如，IBM 在大数据应用和开发方面可以说是处于业界的领先地位。IBM 有 500 多个编程人员和工程师，以及 15 000 次的 IBM 客户参与，而且 IBM Power Systems 全线产品均可运行 Linux 系统。作为 IBM Power Systems 旗下的一条子产品线，Power/Linux 可以通过更少的处理器数量提供更好的系统性能，满足大数据、开源和行业解决方案工作负载的需求，帮助企业尽展大数据分析、洞察智慧。

也许读者还没有看到大数据到底有何优势，那么再举一个典型的案例。作为全球知名硬件产品、解决方案、云计算服务的提供商——中科曙光，推出了曙光行业大数据系统，这是一个能够通过感知和度量数据，全面互联互通的系统，能够快速、智能地分析海量数据，以提高洞察力并帮助企业做出明智决策，为客户提供创新的产品和服务。

▶ 专家指点

在不久的将来，数据可能成为最大的交易商品。但数据量大并不能算是大数据。大数据的数据量大、数据种类多，是非标准化数据的价值最大化。因此，对大数据可通过数据共享、交叉复用来获取最大的数据价值。因此，未来大数据将会如基础设施一样，有数据提供方、管理者、监管者，数据的交叉复用将大数据变成一大产业。

1.3.5　大数据时代带来新的转变

大数据时代
带来新的转变

大数据行业的发展，除了离不开市场需求的驱动、技术水平的进步之外，还离不开资本与政策的帮助。据麦肯锡报道，大数据已经实现了显著的经济价值。例如，早在2013年初，英国在经济不景气、财政紧缩的情况下，依然为大数据一掷千金，投入约3亿美元用于大数据项目。

从目前的实时数据应用状况来看，许多企业和组织其实已经开始了对大数据的应用。因此，这一市场非常需要得到政府的支持。

在线购物网站等已经将大数据应用于实践，如亚马逊购物网站系统会根据用户最近的选择和关注过的商品来推荐对应的产品或服务。同理，政府也可以根据这种模式来研究如何将大数据技术应用到公共数据上。

大数据在我国也已驶入发展的“快车道”，政府、企业和科研院所正多方位布局。早在2011年，我国工业和信息化部就发不了《物联网“十二五”发展规划》，将信息处理技术作为4项关键技术创新工程之一，其中包括海量数据存储、数据挖掘等。

例如，国内的政府机构都在擘画“智慧城市”这一蓝图。然而，“智慧城市”的信息处理与应用需要具备快速从海量数据中获取决策信息的能力。现代化都市中无所不在的移动设备、无线传感器以及互联网应用每时每刻都在产生纷繁复杂的巨量数据。

以视频监控为例，一个大型城市目前用于视频监控的摄像头约100万个，一个摄像头一个小时的数据量就是几个吉字节，每天视频采集数据量在6 PB左右。“智慧城市”的“智慧”主要体现在对上述巨量信息的分析、挖掘处、理。大数据技术的应用恰好有效满足了“智慧城市”信息处理需求。如果说具有感知功能的传感器是智慧城市的“末梢神经”，连接传感器的城市宽带网络是智慧城市的“神经系统”，那么大数据应用就是智慧城市的“大脑”，是城市运行的智慧引擎。

综上所述，大数据成为今天众人瞩目的焦点，是市场、技术、资金，以及政策多个因素作用的结果。

1.3.6　大数据发展的未来展望

大数据发展的
未来展望

在大数据时代，媒体的转型发展既是技术问题，也是战略问题，将对未来的媒体形态和格局产生深远影响。那么，大数据领域又会向着什么样的方向发展呢？大数据发展的未来展望如图1-9所示。

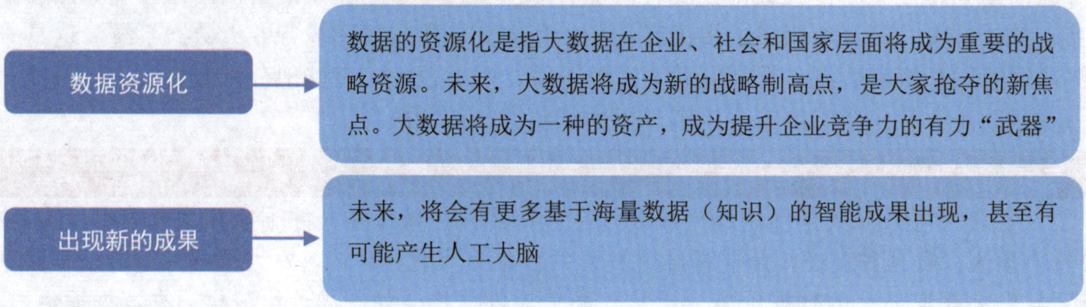

图1-9　大数据发展的未来展望

- **企业将更加钟情于用户数据** → 企业将充分利用用户与其在线产品或服务交互产生的数据，并从中获取价值。为了实现这点，数据分析能力可以为企业提供更多的价值，因此将比商务智能团队更受企业的重视
- **大数据技术与云计算技术深度融合** → 大数据处理离不开云计算技术。云计算为大数据提供弹性可扩展的基础设施支撑环境以及数据服务的高效模式，大数据则为云计算提供了新的商业价值，因此未来大数据技术与云计算技术的结合必然会提供更大的价值
- **大数据将影响市场决策** → 用于市场营销的大数据技术将扮演重要角色，影响着广告、产品推销和消费者行为
- **数据科学将会兴起** → 作为一个与大数据相关的新兴学科，数据科学将有更多专门研究此学科的专业形成，这一学科将会兴起
- **出现数据共享联盟** → 数据是基础，之前在科技部的支持下，已建立了多个领域的数据共享平台，包括气象、地震、林业、农业、海洋、人口与健康、地球系统科学数据共享平台等。之后，数据共享将扩展到企业层面
- **出现大数据新职业** → 大数据将催生一批新的就业岗位，如大数据工程师、数据科学家等，具有丰富经验的数据分析人才将成为稀缺资源，数据驱动型工作机会将呈现出“爆炸式”的增长趋势
- **诞生新的分析堆栈** → 未来，将会出现很多新的数据及分析堆栈，为数据库、分析、可视化提供新的解决方案，这将直接威胁到传统的供应商巨头，而这些供应商也会推出新的解决方案
- **云服务与工具增多** → 云的可视化将成为安全性的关键。用户希望得到更多关于云如何运作的可视化信息。现在云仍处于一种“黑匣子”的状态，用户不知道也不理解发生了什么。未来，将把重点放在使云可视化以及设置访问控制等服务或工具上
- **大数据将备受关注** → 大数据将获得更多的关注、研究、开发和应用，所引起的结果是：大数据体量大、速度快、模态多、价值密度低等特性将变得更明显

图 1-9（续）

1.4 大数据面临的挑战

大数据作为一个新生领域，尽管意味着大机遇，拥有巨大的应用价值，但同时也面临着工程技术、管理政策、资金投入、人才培养等诸多领域的大挑战。只有解决这些基础性的挑战问题，才能充分利用这个大机遇，让大数据为企业和社会提供最大的价值，做出更大的贡献。

1.4.1 大数据的不足之处

大数据的不足之处

大数据是信息通信技术发展积累至今，按照自身技术发展逻辑，从提高生产效率向更高级智能阶段的自然生长。无处不在的信息感知和采集终端为人们采集了海量的数据，而以云计算为代表的计算技术的不断进步，为人们提供了强大的计算能力，由此围绕个人以及组织的行为构建起了一个与物质世界相平行的数字世界。

“大数据”一词广泛出现也使人们渐渐明白了它的重要性，并渐渐向人们展现了它为学术、工业和政府带来的巨大机遇。大数据时代下的信息技术日渐成熟，但是在高科技发展的今天，也存在着诸多不足。大数据的不足之处如图 1-10 所示。

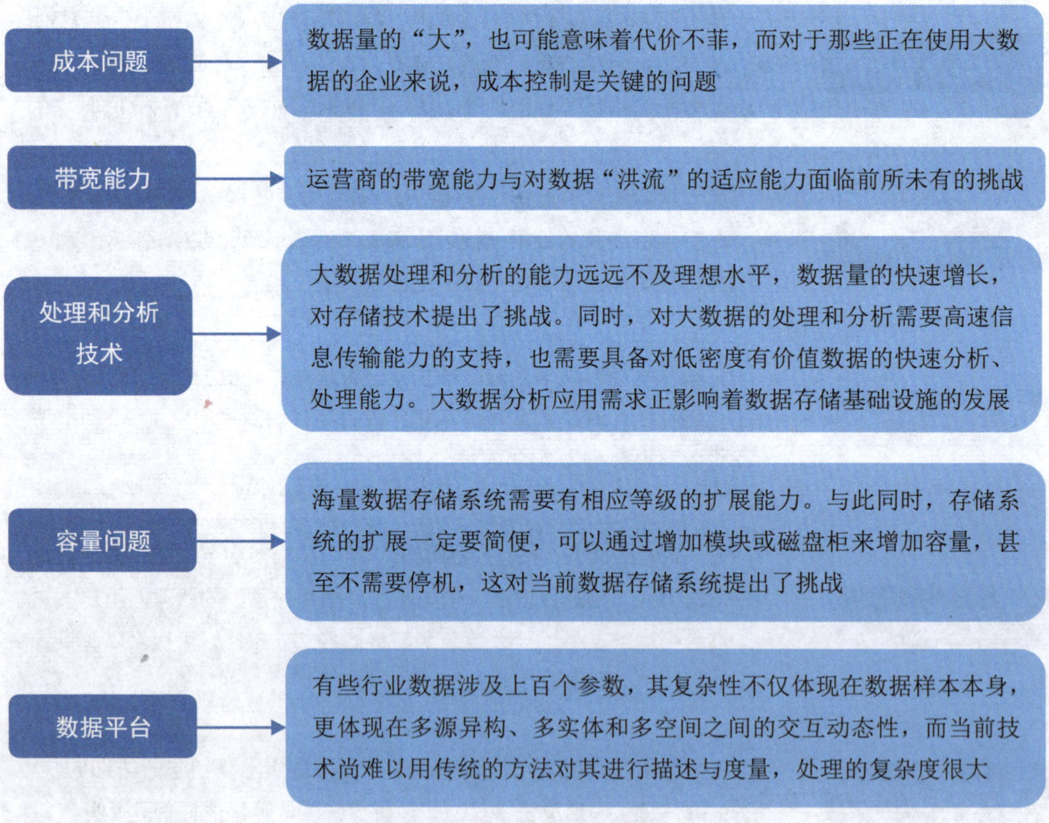

图 1-10 大数据的不足之处

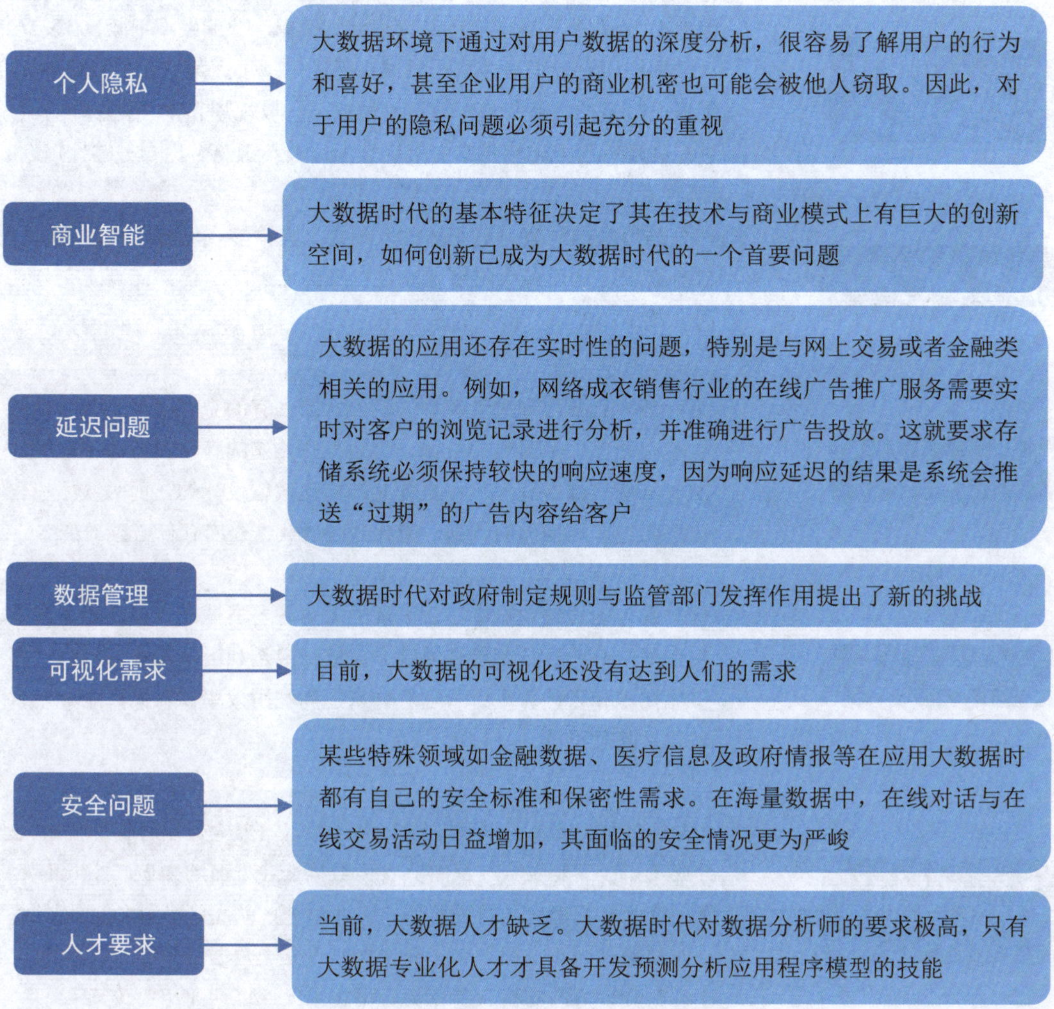

图 1-10（续）

除了对数据的收集和使用，大数据时代需要面对的挑战还有数据的开放。如果说收集数据是一种意识，使用数据是一种文化、一种习惯，那是否开放数据则是一种态度。

1.4.2　应对挑战的主要策略

应对挑战的主要策略

大数据时代的到来已经成为一种事实。每当要做出决策的时候，大数据就能带来相当大的帮助。但与此同时，大数据也向参与的各方提出了巨大的挑战。面对大数据时代的诸多挑战，应采取合适的应对策略，如图 1-11 所示。

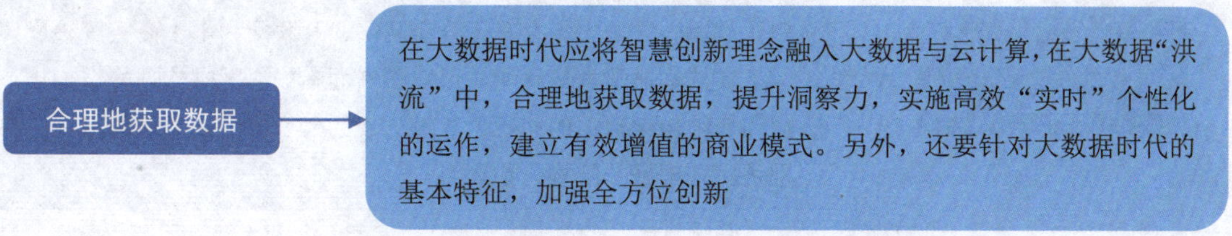

图 1-11　面对大数据时代挑战采取的应对策略

不必急于出台战略性规划 → 国内 IT 企业和地方政府已经意识到大数据产业的发展前景，对发展大数据应用有较大热情。一些城市已经启动了大数据发展战略，计划形成一定的产业规模。在这种情况下，以规划和专项资金等方式进行鼓励有可能破坏正常的市场行为，故不必急于出台战略性规划

筛选与分析大数据 → 充分利用数据洞察自己身边的人或物，在诸多供给方中精准地匹配自身需求，从而最大限度地满足自身的需求，这样才能真正充分利用大数据实现自身价值的最大化

储存随需求而变 → 企业必须具备处理大量数据的能力，因为有的企业可能一天之内就要多次处理拍字节级的数据，这是一些传统的存储设备所不能胜任的。传统的数据仓库软件是针对结构化数据设计的，而大数据包含的主要是非结构化的数据，因此传统的数据仓库软件必须改变

合理建设基础设施 → 针对现有的传统数据中心及大量的旧服务器资源，可以通过建立虚拟数据中心或进行就近合并等方式进行改造利用，探索如何通过虚拟化技术和云计算平台管理软件来提高利用效率。对此，企业应合理建设基础设施

培养大数据时代的分析人才 → 大数据时代对数据分析的要求很高，所以培养大数据时代的分析人才必不可少。相关人才只有具备大数据专业方面的知识，才能更好地研究大数据蕴含的特殊价值。人才培养应从高等教育和企业技术人员再培训两个方面入手，允许大学设立大数据相关专业并进行招生，鼓励地方政府出台关于大数据技术人才培训的相关政策

理性面对大数据的价值诱惑 → 面对社会各界的“大数据热”，我们应理性分析、冷静观察，扎实做好基础性工作，充分认识其内在机理及带来的挑战，进一步理清对策和思路

云计算和大数据相辅相成 → 云计算提供的计算机资源、存储和网络容量，使得大数据与云计算相辅相成，成为“最亲密的朋友”

处理好非结构化数据 → 在大数据中，结构化数据只占 15%左右，其余的 85%左右都是非结构化数据，它们大量存在于社交网络、互联网和电子商务等领域。由于非结构化数据量猛增，用户必然面临如何同时处理好结构化数据和非结构化数据的问题，故对二者的处理应引起足够的重视，特别是应处理好非结构化数据

图 1-11（续 1）

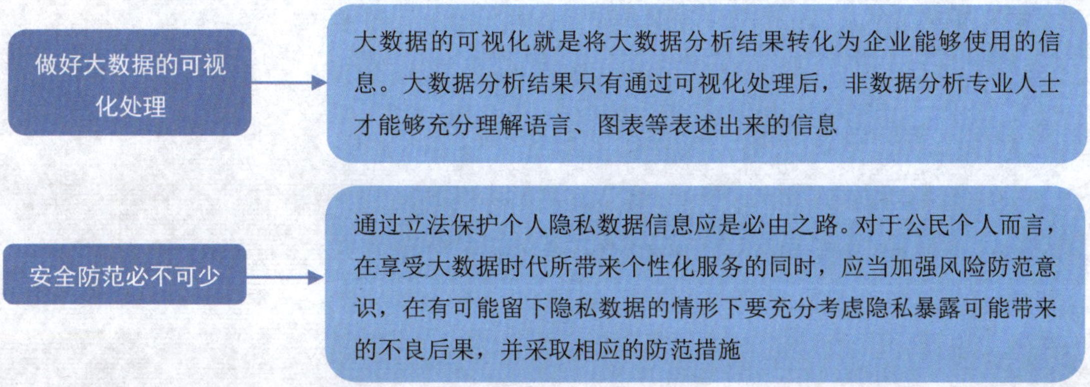

图 1-11（续 2）

在大数据时代，数据增长速度日益加快，数据来源日趋复杂，数据容量迅速扩大，数据类型也变得丰富多样，用户对于数据处理速度的要求越来越高。面对全新的数据业务挑战，企业传统的 IT 建设模式已经远远无法满足数据增长的需求，因此，新一代数据中心的建设成为未来用户业务发展的根本驱动力。

本章小结

本章主要介绍大数据的基础知识，包括大数据概述、大数据带来的变革、大数据的发展趋势和大数据面临的挑战，带领读者快速认识大数据，从零开始掌握相关的基础知识，为后面的相关应用做好准备。

课后习题

1．大数据的基本特征有哪些？请用简单的文字一一列出。
2．大数据的发展经历了几个阶段？请列出每个阶段的时间。

第 2 章 大数据的价值挖掘

2

大数据的价值不是直接体现出来的，在一堆庞大的数据中，有用的信息可能很少，所以在拥有大数据的同时，只有在少量的信息中挖掘出有价值的信息并进行分析解读，才能带来巨大的商机。本章将介绍大数据的价值挖掘技巧，帮助读者更好地把握商机。

本章重点

- 大数据的价值体现
- 大数据的价值挖掘方法
- 将数据转化为价值的技巧
- 通过大数据创新挖掘价值

2.1 大数据的价值体现

如今，“大数据”已经是一个绕不开的话题了，然而怎样最大限度地挖掘大数据的商业价值，却是令众多企业头疼的问题，毕竟大数据能力并不是简单地拥有大数据，而是如何利用大数据来创造价值。Gartner 是一家信息技术研究和分析公司，对此给出了这样的定义：大数据是需要新处理模式才能具有更强的决策力、洞察发现力和流程优化能力来适应海量、高增长率和多样化的信息资产。本节将介绍大数据的价值体现。

2.1.1 细分客户群体

细分客户群体

并不是所有客户的需求都相同，只要存在两个以上的客户，需求就会不同。利用大数据可以对客户群体进行详细划分。由于客户需求、欲望及购买行为是多元的，所以客户需求与满足情况呈现差异化，那就必须对每个群体进行“量体裁衣”，采取个性化的行动。瞄准特定的客户群体进行营销和服务是商家一直以来的追求。

客户细分是客户关系管理的核心概念之一，是指企业在明确的战略、业务模式和特定的市场中，根据客户的行为、需求、偏好以及价值等因素对于客户进行分类，并提供有针对性的产品、服务和营销模式。

▶ 专家指点

根据帕累托定律（二八定律），20%的客户可给企业带来 80%的销售利润。通过客户细分，企业可以更好地识别不同客户群体对企业的价值及需求，从而指导企业进行客户关系管理，达到吸引新客户、保持老客户、建立客户忠诚的目的。

客户细分方法主要有两种，分别是根据人口特征和购买历史细分和根据客户对企业的价值细分。下面分别进行讲解。

1．根据人口特征和购买历史细分

在消费者研究中，一般通过对人口特征和购买历史的调研可以找到客户忠诚的蛛丝马迹。通常来说，对于客户的忠诚度进行合作可以得出下列 3 个结论：

（1）通过别人推荐而购买的客户远比因广告影响而购买的客户忠诚得多。

（2）以标准价格购买的客户远比以促销价格购买的客户忠诚得多。

（3）有家的人、中年人和乡村人口更忠诚，高流动人口的忠诚度低。

找到了目标消费群就可以知道企业要把价值给谁，以及到底要给什么价值。

2．根据客户对企业的价值细分

根据客户对企业的价值来细分客户对于企业而言是一种重要的方法，因为这是一种有目的的细分，目标就是给企业带来最大价值的客户。

衡量客户对企业的价值可以有很多方法，计算客户的终身价值是一个切实可行的方法。所谓客户终身价值，是指作为企业客户在周期内为企业带来的利润贡献的折现总和。影响客户终身价值的最重要的两个因素是计算周期和贴现率。

一般而言，周期与价值成正比，在贴现率不变的情况下，客户成为企业客户的周期越长，那么纳入计算的客户价值就越高，客户的终身价值就越高；而贴现率与价值成反比，在计算周期一定的情况下，贴现率越高，未来的收益就越不值钱，则客户终身价值就越低。

客户终身价值的计算比较复杂，需要获得以下信息：客户的时间周期、企业的贴现率、周期内客户的购买频率、同品牌的平均贡献和客户购买该品牌的概率等。

随着数据库技术发展，尤其是数据挖掘和数据仓储技术的发展，企业越来越依赖客户价值评估。相比较而言，金融服务部门、电信服务部门根据客户价值进行市场细分的可能性大一些。

另外，对客户的细分需要一定的流程，哟根据流程一步步进行筛选，发掘出最合适的客户群。客户细分通常的流程是：定义目标、确定细分标准、收集数据、进行市场细分和市场定位。

2.1.2 提高投资回报率

提高投资回报率

大数据的价值之一，就是提高大数据成果在各相关部门的分享程度，提高整个管理链条和产业链条的投资回报率。

Wikibon 的一项研究显示，对于大多数企业来说，大数据项目的投资回报率都是微小的。有研究者指出，从长远来看，企业期望的投资回报率是 3～4 倍。但是根据分析，目前企业获得的平均投资回报率约为 55%。所以 Wikibon 总结了各种因素，最后认为企业无法实现大数据投资回报率最大化的原因主要有 3 点。

1. 缺乏有经验的大数据专家

数据科学家的短缺是众所周知的现象，并且可能会持续一段时间。Wikibon 的研究员表示在缺乏经验丰富的大数据从业者方面，其没有看到任何变化。

2. 技术不成熟

大数据工具应用仍处于初级阶段，需要为更广泛的业务人员服务，而不只是为训练有素的数据科学家服务，这是很多软件开发人员正在努力解决的问题。

3. 缺乏迫切的需求

企业往往是盲目地进行大数据项目的投资，而没有结合特定的、可预见的业务应用。在这种情况下，相关项目在很大程度上是由 IT 部门的主导，企业开始在 Hadoop 中积累大量数据。当然并不否认其中有些数据能够帮助数据科学家和商业分析师进行探索性分析，但是同样也存在其他数据没有得到充分利用的现象。

在企业的各个部门中，每个部门的职责、能力、管理范围各有不同，大数据能力强的部门可以通过云计算、互联网和内部搜索引擎把大数据成果同大数据能力应用比较薄弱的部门分享，帮助他们利用大数据创造商业价值。

如何从这些数据中获得价值，提高投资回报率呢？最主要就是从以下 3 个方面着手准备，如图 2-1 所示。

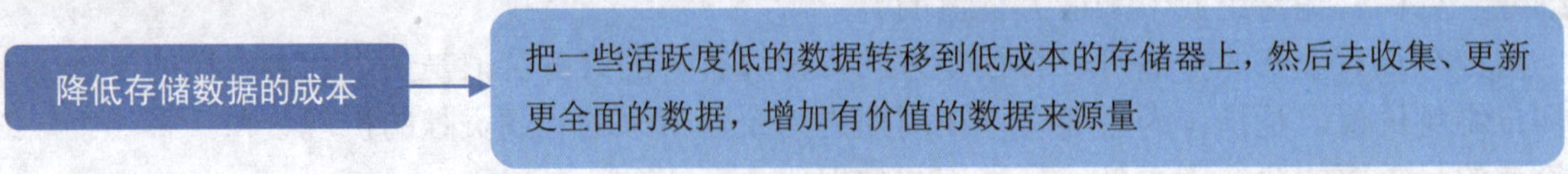

图 2-1　提高投资回报率的 3 个方面

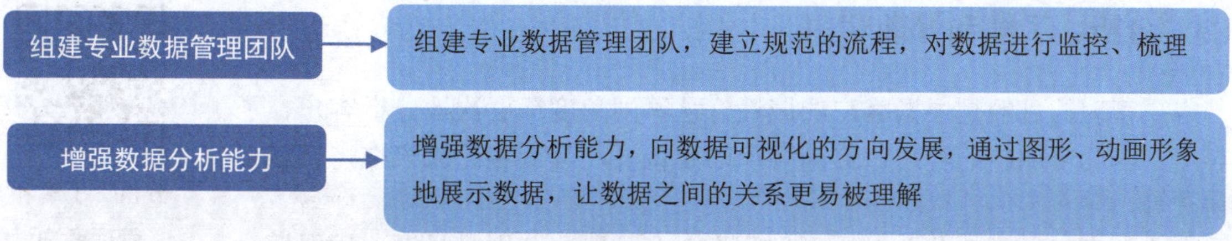

图 2-1（续）

提高大数据的投投资回报率需要考虑到的问题和因素有许多，只有解决每个问题并将每个因素考虑到才能从大数据中得到最大限度的商业价值。

2.1.3　数据存储空间可租赁

数据存储空间可租赁

大数据的容量逐年成倍地增长，将来总会有一天，个人、企业等的数据库将无法承载这么庞大的数据。基于此，数据存储空间就成了一个新兴的商业盈利项目，甚至是商业中不可或缺的一个行业。

企业和个人有着海量信息存储的需求，只有将数据妥善存储，才有可能进一步挖掘其潜在价值。目前而言，数据空间出租针对两大客户群，分别是个人文件存储用户和企业数据存储用户。通过易于使用的应用程序编程接口（application program interface，API），用户可以方便地将各种数据对象放在云端，然后按用量收费。目前已有多个公司推出相应服务，如亚马逊、网易等。

在互联网经济免费模式盛行的当下，对于个人用户，无论是互联网公司还是运营商，都倾向于为其免费提供云存储空间，形成使用黏性，但是运营商可以通过其他增值服务进行收费。

当然免费增值模式基本上提供的是基础性服务，增值服务部分通过包月收费、流量收费来实现。用户一般在使用一段时间的免费基础服务以后可能变成付费用户。

例如百度网盘，用户在刚开始安装使用时只有几个吉字节的存储空间，但是如果用手机下载百度网盘应用程序（application，APP）的话，就会获赠 2 T 的容量。在这过程中，移动运营商会收取流量费，同时百度公司会在 APP 上投放广告，从而收取广告费。当人们已经习惯了云存储时，其数据量已经变得很多，此时就不得不花钱去买容量了，所以这时候的运营商就完全可以有理由收取空间出租费用了。

随着数据量越来越庞大，如何快速找到自己想要的信息在很大程度上依赖于数据搜索能力。大数据的商业应用价值将与广告完全结合起来，几大搜索巨头将迎来更好的发展。

▶ 专家指点

任何一个新产业的出现都会带动一系列的连锁产业出现，产业与产业之间互相影响、互相干预，一个产业的商业盈利会带动多个产业同时盈利。就像大数据与搜索引擎，虽然很难将二者联系在一起，但是随着数据量的增加，让这二者互惠互利不再是幻想，所以在以后的商业发展中，随着数据量的增加，存储空间出租还会带动更多的商业行业发展，而能否预知发展就是相关企业能否胜人一筹的关键。

2.1.4 分析、了解和管理客户

分析、了解和管理客户

客户管理的目的是根据客户的属性，从不同角度深层次地分析客户、了解客户，以此增加新的客户，提高客户的忠诚度，降低客户流失率，增加客户消费等。

企业与客户之间的关系发展可划分为3个阶段，分别是早期、发展期、增强期，如图2-2所示。

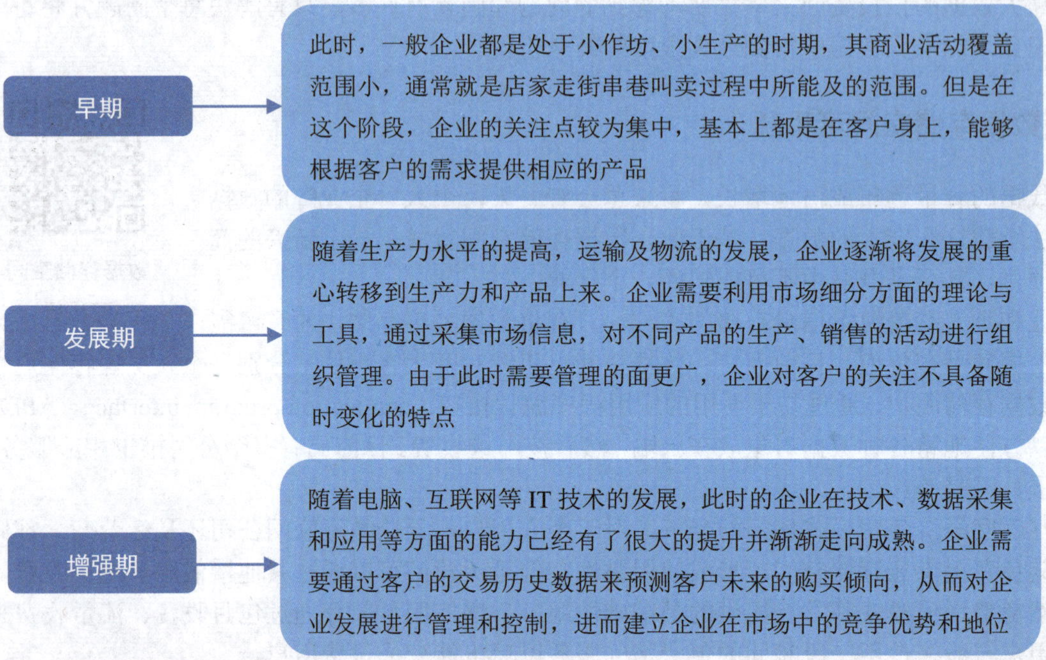

图2-2 企业与客户之间的关系发展的3个阶段

> **专家指点**
>
> 其实在企业的发展过程中，无论企业与客户的关系是紧密还是疏远，对其来说，客户的需求就是市场，所以利用大数据来预测市场动向，紧抓客户一环，了解客户所想、所需、所求，就能获得更大的商业价值以及发展的空间。

2.1.5 进行个性化的精准推荐

进行个性化的精准推荐

精准推荐在销售行业中已经很常见了，下面将从网店和实体店的推荐手段来具体分析精准推荐的应用。网购已经成为时下年轻人日常生活中不可或缺的一部分，因为这些产品不仅可以通过网络送货到门，有些产品的价格相对于实体店还便宜了许多。

近两年一些传统行业也纷纷加入电子商务的行列。他们面临着“如何卖东西”的重要问题。

网店与实体店不同，网上的商店琳琅满目，如何让用户第一眼就发现这家店铺并打开预览就成了关键。另外，网店的差异性越来越小，原来只卖数码产品、电脑配件的，现在可能也卖图书了。因为在商家看来，只有涉足多个行业，不管这个行业是赚是赔，多少都能分得一勺羹。

这些都是传统的手段，如果说仅仅靠这些手段，那将永远只能分得这个行业中最少的一勺羹。

电子商务网站的精准推荐就是将预览者变为购买者，以海量数据挖掘、分析为基础，收集顾客的行为信息，利用个性化推荐算法和分析消费者相似的群体行为，通过多种算法进行精准推荐，不断地提高推荐质量。当然，与此同时，网店也要像传统卖场一样，学会向客户主动推荐其可能需要的产品，以此来提高成交率。网站可以有效保留用户，提高网站的点击率和用户的忠诚度。

与电子商务网站相比，实体店的精准推荐就弱了许多，但是不得不承认，网店存在的缺点大多是实体店的优点，例如，网店上的商品都是图片，再加上有些商家拍的图片与实物差异太大，导致用户购买的商品与实际商品反差较大，从而降低了网店的信誉度，这种情况在实体店中一般是不会存在的。

在大数据时代，网店可以通过用户的搜索词条匹配出适合用户的广告信息并投放至用户浏览的网页上。实体店也不甘示弱。目前许多实体店都实行会员制度，通过一张会员卡来预测客户未来的需求。

不要小看这一张小小的会员卡，商家就是通过这张会员卡来洞察消费者的消费记录，以此来预测顾客现阶段需要什么的。这里有一个小故事，可以很好地说明大数据在实体店、零售行业中的应用。

《纽约时报》的一份报道中阐述了 Target（塔吉特）公司怎样在完全不和准妈妈对话的前提下预测一名女性在什么时候怀孕。一般来说就是通过信息搜集的方式，将孕妇的所有信息收集起来，并通过分析信息与信息之间的关系来做出判断。

对于该公司的零售商来说，知道一个顾客是否怀孕是非常重要的。因为这是一对夫妻改变消费观念的开始，也是一对夫妻生活的分水岭。当家庭中有人怀孕时，一家人就会关注育婴方面的知识以及在这方面进行消费。所以塔吉特公司的市场专员们通过一个人的购物方式来判断她是否怀孕。

公司的分析团队首先查看了签署婴儿礼物登记簿的女性的消费记录。通过分析发现，当孕妇怀孕大概 3 个月的时候就会买很多无香乳液。在往后几个月中，她们会买一些孕妇营养品。最后公司找出了大概 20 多种关联物，通过这些关联商品进行交叉佐证，从而判断孕妇的怀孕趋势。这些相关关系甚至使得该公司能够比较准确地预测预产期，这样其开始对有怀孕趋势的顾客发放孕妇优惠券，这才是该公司的目的。

所以通过这个案例可以发现，对于实体零售业来说，对大数据的使用一点不输于网店，甚至有的时候，其对于信息的利用程度和对商品的推荐力度更是超过了网店。通常来说，无论是电商行业还是实体零售业，只要能掌握大数据、利用大数据，都能创造出巨大的商业价值。

▶ 专家指点

如果将大数据的商业价值比作金字塔的话，那么精准推荐就是金字塔的塔尖，无论是什么行业，精准推荐虽然不是唯一获得商业价值的渠道，但却是重要渠道，大数据就是创造商业价值技术中最重要因素。当然在推荐的时候要考虑的因素还有许多，在精准推荐的时候也要结合实际情况考虑一下推荐内容是否合理。

个性化的精准推荐表面看起来是对数据的分析与对商品的推荐，但其实里面有许多值得注意和解决的问题。下面统计了在个性化精准推荐方面需要注意的 5 大问题。

1．数据稀疏问题

在大数据商业时代，人们可以获得的数据量非常大，但不得不承认，能为人们所用且能为人们带来价值的数据量占总数据量的比重较小，所以如何在大量的数据信息中最快、最精准地找出有用的数据信息，是决定企业商业效率的重要因素。

2．冷启动问题

冷启动问题主要有两方面，一是因为新用户含有的可利用的行为信息比较少，所以对其很难给出精确的推荐，二是新商品由于被选择的次数很少，也难以找到合适的办法推荐给用户。要解决这种问题，可以在用户注册时询问用户并获得一些属性信息，如年龄、居住城市、受教育程度、性别、职业等。

3．数据处理与增量计算问题

在庞大的数据库中，有用的数据很稀疏，大部分数据都对应着以百千万计的用户和商品，因此，如何快速、高效地处理这些数据成为迫在眉睫的问题。由此，算法时间复杂性得到了空前重视。一个高效的算法，必须要做到复杂性低。另外一条可能的解决之道是设计增量算法，这种算法通常用于新增用户，即当产生新用户、新商品以及新的连接关系时，只需要考虑所增加节点和连边局部的信息，对原有的结果进行微扰，就快速得到新结果。

4．多样性与精确性两难的问题

如果要给用户推荐其喜欢的商品，通常的方式就是为其推荐一些特别流行的商品或者是根据用户的实际需要推荐商品，因为这些商品有更大的可能性被喜欢。其实这两种方式本身都没有错，但是在选择上通常让人头疼，因为做到多样性就难以做到精准性，相反做到精准性就很难做到多样性。

多样性通常比较保险，因为在各种各样的商品中总会有用户喜欢的，但是多样性容易造成视觉疲劳。对于琳琅满目的商品，大部分用户只是大概扫一眼，并不能轻易发现自己所需的商品。而精确性正好相反，通常比较冒险，因为对于推荐的商品，用户需要一眼便可看出，所以精确推荐需要对用户的信息了解得更为详细。

5．垃圾信息问题

个性化的精准推荐要能够掌握住“火候”，即明确在什么时候向用户推荐是非常重要的。对于用户来说，被推荐的商品无论多么好、自己多么需要，如果推荐的时机不对，那么就会大减削弱效果，甚至被认为是垃圾信息。例如，在用户工作期间进行推荐基本上是无用的。所以商家在这方面还需要做足准备，在恰当的时间内进行精准的推荐，那么推荐成功率就会大大提高。

2.2　大数据的价值挖掘方法

数据挖掘是一种新的商业信息处理技术，其主要是对商业数据库中的大量业务数据进行抽取、转换、分类和进行其他模型化处理，从而提取出能够辅助商业决策的关键性数据。数据挖掘是一个很有技术含量的过程，在此过程中需要挖掘出潜在的模式，帮助决策者调整市场策略、降低风险和做出正确的决策。本节将重点介绍大数据的价值挖掘方法。

2.2.1　分类挖掘数据

分类数据挖掘

分类挖掘是找出数据库中一组商业数据对象的共同特点，并按照不同的特点，将数据划分为不同的商业类别，从而通过分类模型，将数据库中的数据项映射、归类到某个特定的类别中。

分类挖掘主要可以应用到客户的分类、客户的属性分析、客户的特征分析、客户满意度分析、客户的购买趋势预测等方面。例如，在汽车保险行业，保险公司就可通过司机的一年事故量等方式来获取司机的驾驶信息，包括平均每天行驶多少公里，是开快车还是慢车，经常走高风险路段还是低风险路段等。对于保险公司来说，这些数据能派上大用场，可确定司机下一年的保险额。

在数据分类中，分类方法起到了关键的作用，它能使分类的信息主题更加明确、内容更加直观。常用的分类方法如图 2-3 所示。

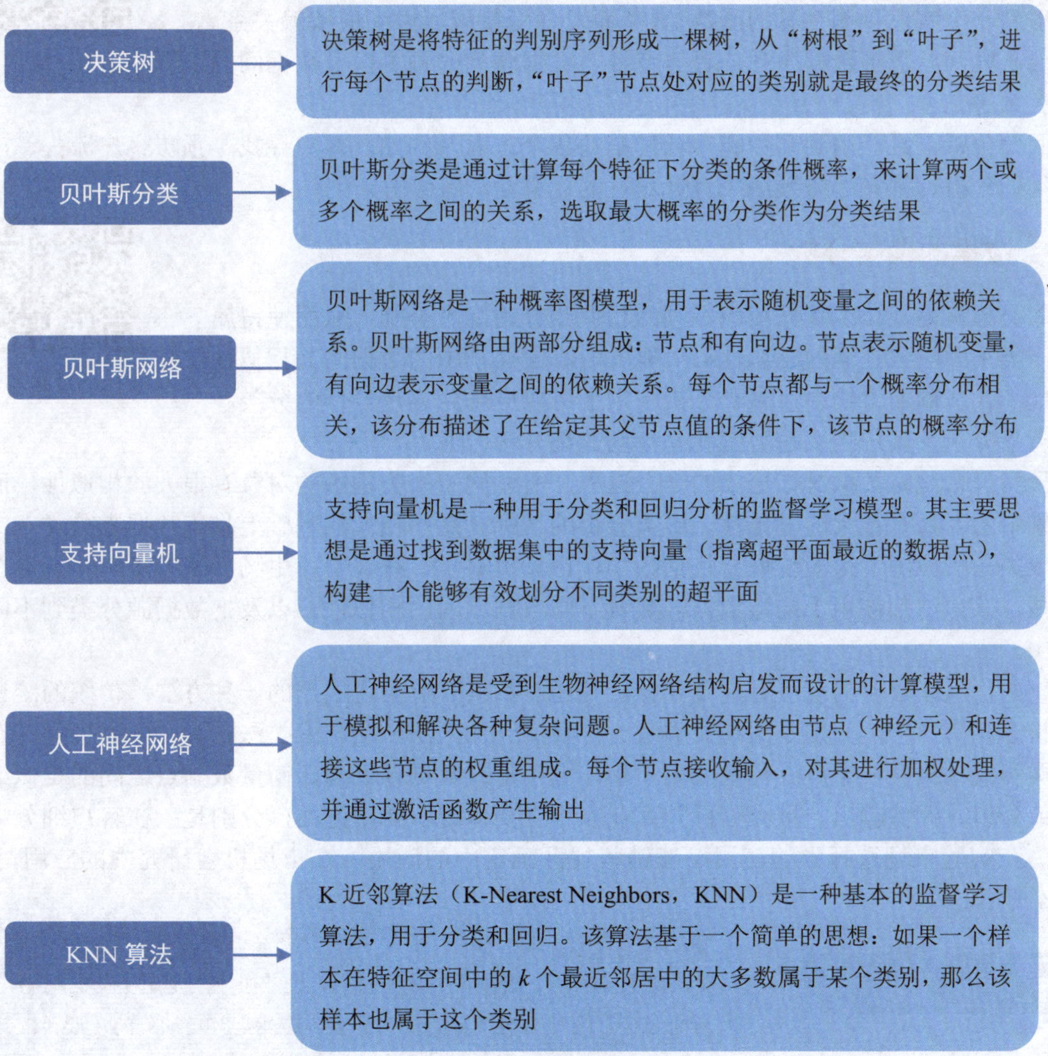

图 2-3　常用的分类方法

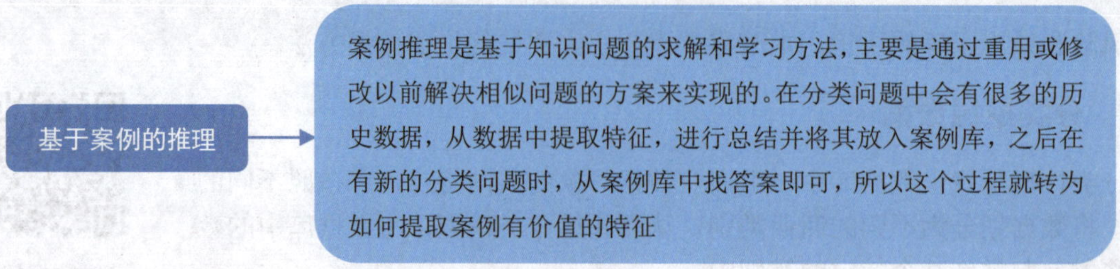

图 2-3（续表）

▶ 专家指点

数据分类的作用是分析输入数据，通过数据表现出来的特性为每一个类找到一种准确的描述或者模型，由此生成的类描述就可用于对未来的预测以及对数据的分类。

2.2.2 数据的回归分析

数据的回归分析

回归分析反映的是数据库中的属性值在时间上的特征，那将一个数据项映射到一个实值预测变量的函数上，从而发现变量或属性间的依赖关系。其主要研究问题包括数据序列的趋势特征、数据序列的预测以及数据间的相关关系等。

回归分析已经应用到商业和市场营销的各个方面，例如，客户寻找、预防客户流失、产品生命周期分析、销售趋势预测及有针对性的促销活动策划等。

2.2.3 数据的聚类分析

数据的聚类分析

聚类分析是把一组数据按照不同的相似度分为几个类别，从而使得属于同一类别中的数据间的相似性尽可能大，不同类别中的数据间的相似性尽可能小。在商业营销中，聚类分析基本上可以应用到客户群体的分类、客户背景分析、客户购买趋势预测、市场的细分等方面。

聚类分析是将数据进行分类的一个过程，所以同一个类别中的对象有很大的相似性，而不同类别中的对象有很大的差异性。聚类分析的目标就是在相似的基础上收集数据来分类。

聚类分析应用于很多领域，包括数学、计算机科学、统计学、生物学和经济学，无论在哪个领域，该方法都被用于描述数据，衡量不同数据源间的相似性，以及把数据源分类到不同的类别中。

例如，从统计学的观点看，聚类分析是通过数据建模简化数据的一种方法。传统的统计聚类分析方法有 7 种，分别是系统聚类法、分解法、加入法、动态聚类法、有序样品聚类、有重叠聚类和模糊聚类。聚类分析主要有 4 步，分别是：数据预处理、衡量数据点之间的相似度、聚类或分组、评估输出。聚类分析的商业应用主要体现在 4 个方面，分别是：在客户细分中的应用、在实验市场选择中的应用、在销售片区确定中的应用、在市场机会研究中的应用，如图 2-4 所示。

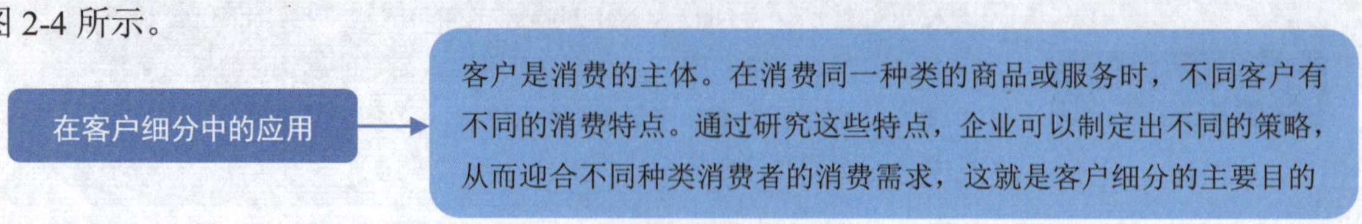

图 2-4 聚类分析的商业应用

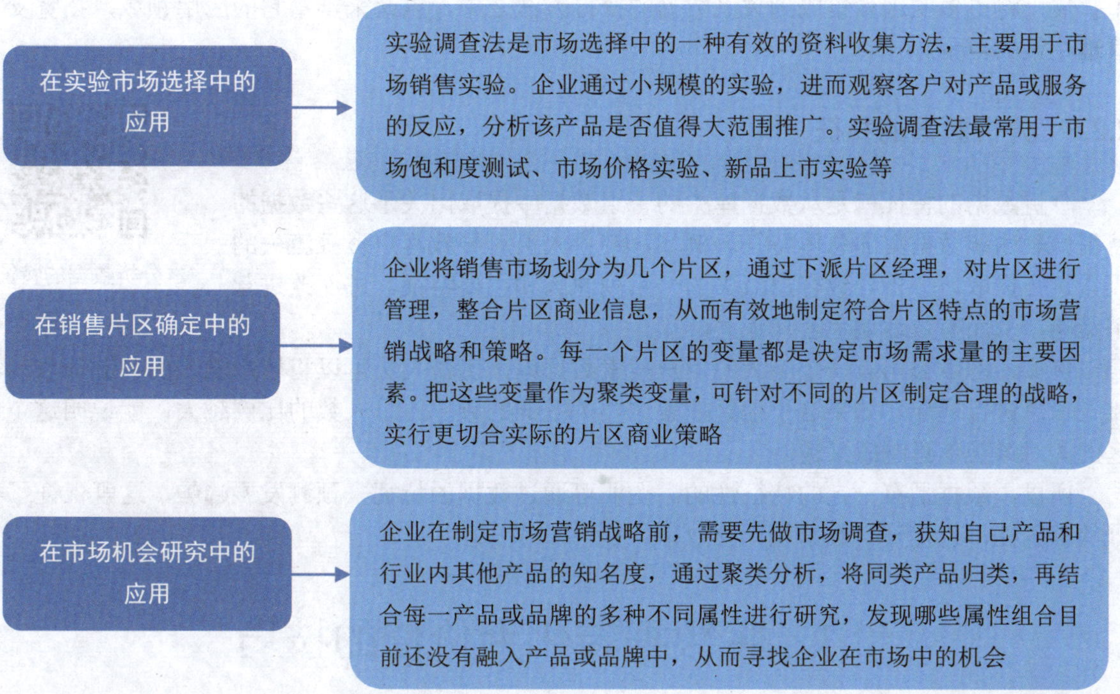

图 2-4（续）

2.2.4　分析数据的关系

分析数据的关系

分析数据的关系就是描述数据库中的商业数据项之间所存在的关系的规则，即根据一个事物中某一项的出现情况，从而推理出其他事物中某一项的出现情况，也就是获得隐藏在数据间的关联或相互关系。

在商业客户信息管理中，通过分析信息与信息之间的数据关系，可为产品定位、定价，定制客户群，客户寻找、细分与保持，市场营销与推销，营销风险评估和诈骗预测等决策提供参考依据。

有一个经典的案例：在沃尔玛超市里有一个有趣的现象——尿布和啤酒总是摆在一起出售。但是这个奇怪的举措却使尿布和啤酒的销量双双增加了，也就是说啤酒卖得好，尿布也相应卖得好。沃尔玛拥有世界上最大的数据仓库系统，为了能够准确了解顾客在其门店的购买习惯，沃尔玛对其顾客的购物行为进行数据分析，目的就是了解顾客经常一起购买的商品有哪些。

沃尔玛数据仓库里集中了各家门店详细的原始交易数据，其在这些原始交易数据的基础上进行分析，发现啤酒和尿布的销售量成正比。后来经过大量的实际调查和分析，揭示了美国人的一种购物行为模式，那就是在美国，年轻的父亲在下班后都会到超市为孩子买尿布，因为妻子在家里照顾孩子，抽不开身，而这些年轻的父亲下班后通常会喝一点酒，所以当他们进入超市买尿布后会顺带买几瓶啤酒。所以在美国的沃尔玛超市经常会看见啤酒和尿布放在一起，或者是在尿布旁标记啤酒摆放的位置。

从上面的例子可以看出，对关系数据的挖掘通常比较适用于记录中的指标取离散值的情况。由于许多应用问题往往比超市购买问题更复杂，因此大量研究从不同的角度对数据关系规则做了扩展，将更多的因素集成到关系数据的挖掘方法之中，以此来丰富它的应用领域，拓宽支持管理决策的范围。

2.2.5 分析数据的特征

分析数据的特征

分析数据的特征就是从数据库中的一组数据中提取出关于这些数据的特征，表达该数据集的总体特征。例如，销售人员对导致客户资源流失的因素进行提取，分析导致客户流失的一系列原因和主要特征，进而改进营销策略，从而有效地避免客户流失。

例如，谷歌公司有一个庞大的用户搜索数据库，工作人员可以将用户输入的关键词自动与相关信息进行匹配，如果这个地区搜索这类关键词的频率占总人数的比例越大，就说明这个地区的人对该类信息越感兴趣。

所以，数据是有一定的特征性的。企业可通过数据的特征来预测发展趋势，这既保证了数据的准确性，也提升了数据统计的效率。

2.3 将数据转化为价值的技巧

在信息爆炸的时代，各行业的信息量都呈几何式增长，高效利用好数据并将数据转化为价值，能为世界带来巨大变革。那么，如何将数据转化为价值呢？本节将介绍相关的知识。

2.3.1 价值转换需要一定的投入

价值转换需要一定的投入

大数据的投入门槛很低，用一个 Excel 就可以起步。但随着研究的深入，数据量的不断积增，想利用大数据分析获利，还需要一定的预算和投入，只有充分考虑到投入与回报之间的关系，才能发挥出大数据应有的价值。大数据的商业投入主要体现在 3 个方面，如图 2-5 所示。

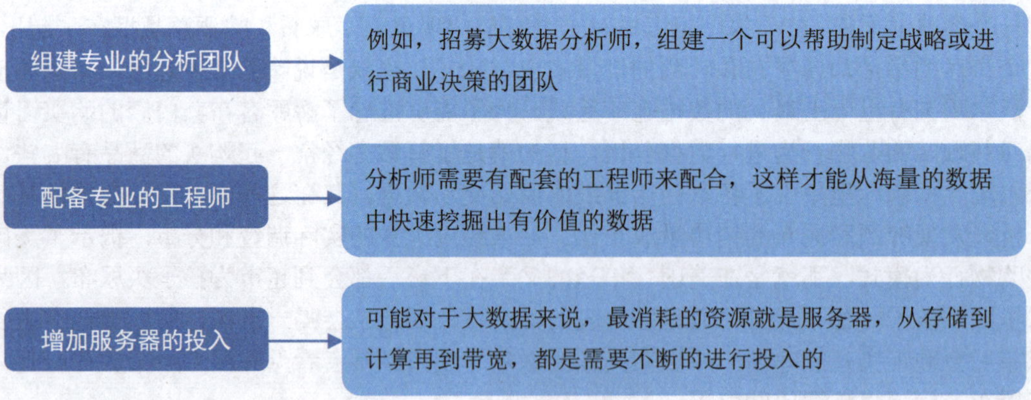

图 2-5 大数据的商业投入

所以商业公司在进入这个行业前要考虑自己是否有足够的预算，没有一定的投入，是不可能有多高的回报的。

2.3.2　数据本身是不产生价值的

数据本身是不产生价值的

山上的石头可以随意丢弃，毫无价值可言，但是石头经过运输、加工等一系列程序之后，就成了产品，也就产生了价值。数据也是如此，数据的本身不产生价值，但其在经过分析、处理、归类、利用后也能产生价值。

例如，热播美剧《纸牌屋》的出品方奈飞公司公司（Netflix)。该公司网站制作的，该网站是一个视频点播网站，用户每天在这个网站会产生上千万的行为，如收藏、回放和暂停等。通过长期的积累，该网站已经积累了大量的用户行为数据。

该公司利用大数据分析了用户喜欢的情节、演员组合、导演和编剧等，并据此将收视率高的剧情搭配上受欢迎的演员和导演，生产出热播的电视剧。

但具体来看，该公司处于大数据应用链的顶端，而为其提供分析服务、大数据存储、数据清洗的公司于中下游。Netflix 除了自身产生数据且具备数据分析能力外，关键的是具备把分析结果转化为产品的能力。将本身没有价值的数据转化为具有一定价值的产品，这才是产生高利润和竞争力的核心。

2.3.3　结合行业挖掘大数据的价值

结合行业挖掘大数据的价值

大数据影响着各行各业，以医疗卫生行业为例，我国的医疗卫生行业正在迈入大数据时代，原因是医疗卫生行业具有典型的大数据特征：一是数据量大；二是数据类型复杂。利用好大数据会给医院带来“大价值”。大数据的医疗价值主要体现在 3 个方面，分别是：发掘数据资产价值、IT 投资的价值和提高服务惠及患者的能力。

根据估算，我国一个中等城市（1 000 万人口）50 年所积累的医疗数据量就会达到 10 PB 级。同时，随着时间的推移和业务系统的不断升级换代，医疗数据模式的一致性也无法保证。因此，每天都会有大量的数据持续不断地导入区域医疗数据中心。区域医疗数据中心并不是简单的传统数据仓库，它的模式更灵活，写入和更新的操作更多，而对数据存储水平和可扩展性的要求也更高。

同时，医疗销售数据是关系复杂的多维数据，是多种数据源数据的汇总，数据之间的关系非常复杂。比如，在进行一个简单的医疗化验时，必须同时记录患者的检验时间、检验项目、标本编码，以及患者的就诊机构、申请科室、申请医师标识号、报告医师标识号、审核医师标识号、正常值参考等。所以，一条检验记录就可以把患者、医生及医院的不同科室、机构在不同层次上关联起来。

对于企业来说，降低成本就是盈利的一种方式。美国快捷药方公司（Express Scripts）是一家药房福利管理公司。该公司每年能从超过 1 亿个客户手中收到超过 10 亿个处方，并对每个处方中有价值的数据信息进行分析，通过数据输入、药店管理和系统执行等方式追踪每一个处方，并以同样的方式追踪各种各样的数据信息。这种方式不仅可以加快公司药品交货的效率，同时也降低了错误率。

该公司通过邮购药品的数据可以分析出患者是否以最优惠的价格购买了处方药，如果不是的话，就会向其提供高出优惠价格那部分费用的信息，并调整药品递送方式以减少患者的麻烦。例如，某患者常常从零售药店购买治疗心脏病的药物，而该公司就会根据患者购买的数据信息及患者的情况发送邮件，让他们通过邮购方式购买药品，这样会为他们节省买药的开销。

2.4　通过大数据创新挖掘价值

大数据具有很大的潜能，就算在别人看来数据已经被挖掘、利用得差不多了，其实它的价值仍可以不断地释放出来，如通过创新的方式在原有的、已经利用完的数据之上进行合理的改进、分析与再利用，会创造出超越数据本身价值的商业价值。那么，如何通过大数据创新挖掘价值呢？本节将介绍相关的技巧。

2.4.1　数据的再利用

数据的再利用

大数据只是互联网的延续。随着时间的推移，企业可以收集、分析并利用的数据越来越多，但是大多数企业只用了其中的一部分数据，并以其为样本来解决各个方面的问题，这显然是不够的。只有分析所有的相关现象，所有的数据或者说大多数的数据，才能够发现此前没有发现的一些问题。所以，企业在将大数据应用到商业中时，要能够擅于挖掘它的潜在价值。对于挖掘大数据的潜在价值，可以简单地理解为数据的再利用。数据的再利用对数据所能创造的价值具有重要的意义。下面就来看一个关于电动汽车的案例。

近几年，电动汽车已经不是什么新鲜事物了，路上常看见正在充电的电动汽车，如图 2-6 所示。但是它的使用量还是没有燃油车高，这是因为电动汽车作为一种交通工具能否被成功普及，其决定因素很多，其中一个重要因素就是电池的寿命。

图 2-6　正在充电的电动汽车

电动汽车与传统的燃油车不同，燃油车没有油时，司机只需将车开进加油站，两分钟就能加满油箱，而电动汽车想要将电池充满则需要几个小时，所以要想让电动汽车普及起来，就要增加充电站，为电动汽车的充电提供便利。

此前，IBM 和美国加利福尼亚州的太平洋天然气与电气公司以及汽车制造商本田合作，收集了大量信息来回答关于电动汽车应在何时、何地获取动力及其对电力供应的影响等基本问题。

基于对于大量信息数据的分析，如对汽车的电池电量、行驶的耗电量以及附近充电站的可用插槽等的分析，IBM 开发了一套复杂的预测模型，将这些数据与电网的电能消耗以及历史功率使用模式相结合，通过分析来自多个数据源的巨大实时数据和历史数据，从而得出司机为汽车电池充电的最佳时间和地点，并揭示出充电站的最佳设置点。

最后，系统需要考虑附近充电站的价格差异，并考虑天气情况。例如，如果这段时间是晴天，附近的太阳能供电站会充满电，但如果预报未来几天都会是阴雨天气，那么太阳能电池板将会被闲置。

过去，一旦数据的基本用途实现了，人们便认为已经达到了目的，准备将其删除、丢弃，毕竟数据的首要价值已经实现。而在大数据时代，数据在其首要价值实现后仍能不断产生价值。

尽管如此，挖掘数据潜在价值的重要性还没有被企业和社会充分认识到。例如，纽约联合爱迪生公司的高管中就几乎没有人想到，19 世纪的电缆信息和工作人员的维修记录会被用来预防未来事故的发生。所以很多互联网公司、大数据公司直到现在才意识到数据潜在价值的挖掘、数据的再利用在今天的重要性。当然，想要完全利用大数据信息，还必须通过新一代统计人员的不懈努力并借助新一代的方法和工具。

2.4.2 数据的重组

数据的重组

数据的重组就是用新的方式混合数据，通过数据与数据之间的内在联系、数据与想要完成的任务之间的关系，组合出更有创意的东西。

例如，为了研究手机能否增加患癌的可能性，丹麦研究团队结合 10 多年的数据，对 35 万多名手机用户进行了分析。与此同时，丹麦研究团队还记录了超过 1 万名患有中枢神经系统肿瘤的患者信息。对于这个研究团队来说，这就拥有了足够量的样本，这是分析数据的重要条件。

紧接着，丹麦研究团队结合这两大数据集，寻找手机与患癌之间的关系。一是手机用户是否比非手机用户患癌的频率要高；二是患癌的频率与使用手机的时间是否成正比。

尽管研究的规模、数量非常大，但是却没有出现丝毫的混乱或者模糊不清的情况。由于研究结果关系到医疗和商业两大方面，因此两大数据集的数据都经过了严格的质量标准的检验，以保证信息源的准确性。最后的研究结果显示手机与患癌之间没有任何关系。如果有关系的话，相信这个消息在那个时候将会登上世界各地的头版头条。

数据在整合后的价值远远大于零散数据的价值之和，局部数据的价值永远比不上数据的价值总和，当将多个数据集按需要重新组合在一起的时候，可能这个组合的数据集的价值比单个数据集的价值总和更大。

2.4.3 数据的扩展

数据的扩展

大数据创新的一个重点就是在刚开始的时候就要设计好它的可扩展性，但是很少有人会意识到这一点，因为许多人觉得把数据整理出来，使数据发挥它的商业价值，任务就基本上完成了，但除此之外，确实有一些方法可以使相同的数据发挥多种作用。

举一个最简单的例子，现在许多商场都会安装监控，最主要的目的就是保障安全，但是很少有人通过监控视频来分析顾客在哪个柜台前逗留以及逗留的时间有多长。

当顾客走进商店并径直走进了某个柜台，说明那个柜台的商品是比较吸引人的，如果顾客只是看看效果，而没有购买，或者只是多多询问商品信息，那么说明那个柜台的商品只是在样式上很吸引人，而实际的使用效果或价格可能并不被顾客喜欢。由此，商店就可以做出调整，根据大多数顾客的喜好，调整柜台布局，或者调整某一商品的销售方式或价格等。

所以，数据的扩展就是寻找“一分钱两分货”的买卖，如果监控只是用于商店的安保，那么这就是 1∶1 的等价交换，如果能够扩展事物本身的职能，那将是 1:n（$n \geqslant 1$）的商业投资。

▶ 专家指点

数据的再利用与数据的扩展有很大的区别，数据的再利用是将已经发挥了其本身价值的数据，继续使用，将数据的所有有利于商业发展的信息全部“榨干”，再利用的数据与已经利用完的数据是不重复的。而数据的扩展是在数据利用之前就将其规划好，明确数据的主要任务是用来做什么，次要任务是用来做什么。用来扩展的数据与数据本身的职能基本上是相同的。

2.4.4 旧数据的使用

旧数据的使用

大多数数据的有效性是有限的，也就是说在数据运作中，数据信息可能随着时间的推移而“贬值”。

例如，在购物网站中，对于用户对某一件商品做出的评价，在刚开始的时候，商家可能没有太在意，直到一年以后才想到要利用这些评价，但是这些评价的信息可能大部分已经过了时效，因为这些客户做出的评价针对的是当时的商品等，而随着时间的推移，用户可能改变了价值观，商品也可能改进了许多，若这时商家再想用之前的数据做出商业调整，则该数据基本上已经没有了当时的价值。

新数据会不断代替旧数据，那么如何淘汰旧数据或者将旧数据有效地保存以备不时之需就成了关键。

淘汰旧数据的难度在于无法判断该数据是否还具有价值。在这方面，亚马逊公司建立了复杂的数据模型来帮助公司有效地分离有用和无用的数据，如，若顾客通过以往的交易记录、评价记录、推荐信息等在网上购买或浏览了某一本书，那么公司就能分析出这项折旧的购买记录仍然有存在的价值，之后可再通过顾客的浏览、购买频率来判断这项数据的折旧率大概是多少。

然而并非所有的数据都会贬值，虽然一些数据的基本用途价值在降低，但是其潜在价值却依然很强高。旧数据只是此时用不到，但是它的价值可能依然存在，所以许多企业都要求尽可能长时间地保存数据。

但是若旧数据不删除，占内存是一方面，更重要的是当人们需要某项数据资料的时候需要从大量的数据中查找。所以在互联网信息时代，基本上所有软件会将数据进行有序排列，如电脑文件夹里的信息数据就可以按修改日期、大小等方式排列起来，如图 2-7 所示。

除此以外，在搜索引擎中，用户每天都会上传大量的信息到网页中去，能让用户最方便、最快捷地找到最新的信息是非常重要的。所以像百度公司这样的搜索引擎公司，通常会将某一类最新的信息放在靠前的位置，来方便用户查找。例如，在“资讯”中搜索“湖南”，对关于“湖南”的新闻可以按照时间先后顺序从上往下排列起来，如图 2-8 所示。

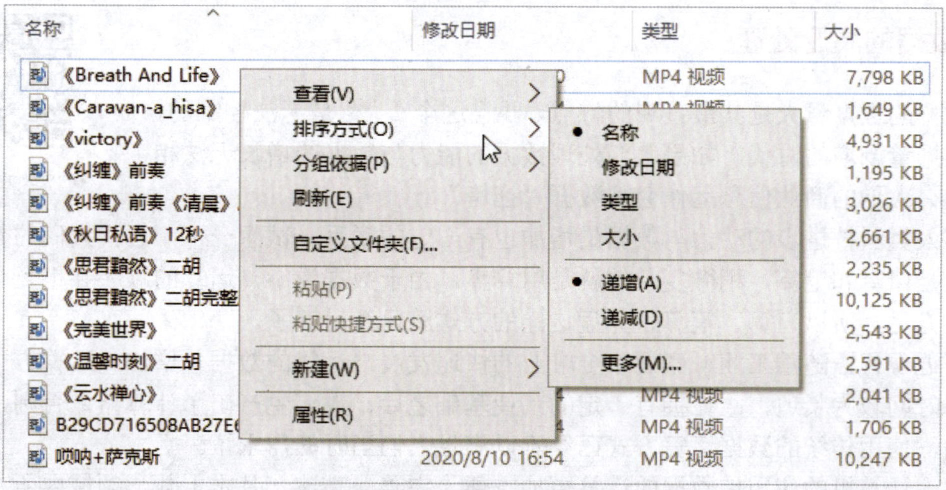

图 2-7　电脑文件夹里的信息数据

图 2-8　在“资讯”中搜索“湖南”

虽然旧数据与新数据相比已经没有太大的商业价值，但是要在可能存储的空间内将其保存起来，因为谁也不知道什么时候会再次需要这些数据，就像前面所提到的的案例，也许在不久后的某一天，旧数据会发挥其巨大的潜在价值，为企业、个人带来丰厚的商业价值。

▶ 专家指点

数据的再利用与旧数据的使用同样有很大的区别，数据的再利用是将数据利用完之后丢弃，而旧数据的使用是无论这个数据有用与否，都要在尽可能的情况下将其保存起来。前者是“用完就丢”，而后者是“装不下再丢”，对二者在行为意识上是有很大区别的。

2.4.5　数据的高速处理

数据的高速处理

大数据的数据量大是其最直观的特点，并且这个“大”是无法控制的，所以在数据量剧增的时代，如果人们处理数据的能力与数据的增长无法相匹配，那么人们的商业信息运作会被数据“拖垮”。

其实人类科技进步的动力与数据量增加也有一定的联系。试想一下，古代人们的数学运算基本上就是口算和笔算，稍微复杂的就是用算盘，由于数据量小，运算的顺序并不复杂，运算时间较为充足，所以口算、笔算、算盘这样的方式就已经足够了。

到了近现代，随着工业、商业、金融业的快速发展，运算的数据量增加，运算方式的复杂化，运算时间较为紧迫，故在拥有一定的工业基础之后，人们生产出了计算器。否则，随着数据的激增，使用传统的数据运算方式已经难以满足人们当时的需求了。

之后，计算机的应用使数据的运算更加方便、完善、高速。基本上数学领域内所有的运算需求都可以通过计算机满足。数据的高速处理自古以来就是商业创新的一个重要任务，也是以后商业发展的一个重要任务。

虽然现代商业信息数据处理的速度已经很快了，但是想要在商业、产品等方面有所突破，信息的处理速度还可再进一步。

本 章 小 结

本章主要介绍大数据的价值挖掘，包括大数据的价值体现、大数据的价值挖掘方法、将大数据转化为价值的技巧和通过大数据创新挖掘价值，带领读者快速认识和了解大数据的价值挖掘，帮助读者更好地把握大数据的价值。

课 后 习 题

1．大数据的价值挖掘方法有哪些？请用简单的文字一一列出。

2．通过大数据创新挖掘价值的方法有哪些？请用简单的文字一一列出。

第 3 章 大数据的管理和利用

大数据中包含海量的信息。人们需要通过一些管理操作，如整合、去粗存精等，将其中所需的部分保存下来，随后便可以将这些信息用到实处了。本章将讲解大数据的管理和利用技巧。

本章重点

- 大数据信息整合
- 大数据去粗存精的步骤
- 大数据信息的使用技巧
- 大数据信息的应用案例

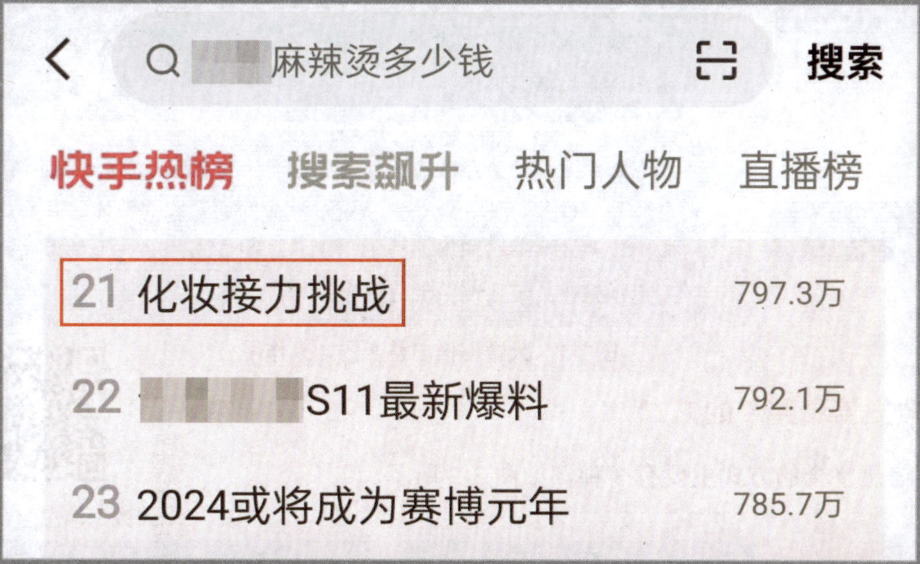

3.1 大数据信息整合

大数据信息整合是指将某一范围内原本离散、多元、异构、分布的信息资源，以有逻辑、有物理关系的方式组织为一个整体，从而有利于进行商业管理和利用。本节将介绍大数据信息整合的相关知识。

3.1.1 大数据信息整合的作用

大数据信息整合的作用

商业信息整合的目的就是在分布式环境中，在正确的时间内，以正确的方式，将正确的信息传送给正确的用户。大数据信息整合主要有以下 4 大作用，如图 3-1 所示。

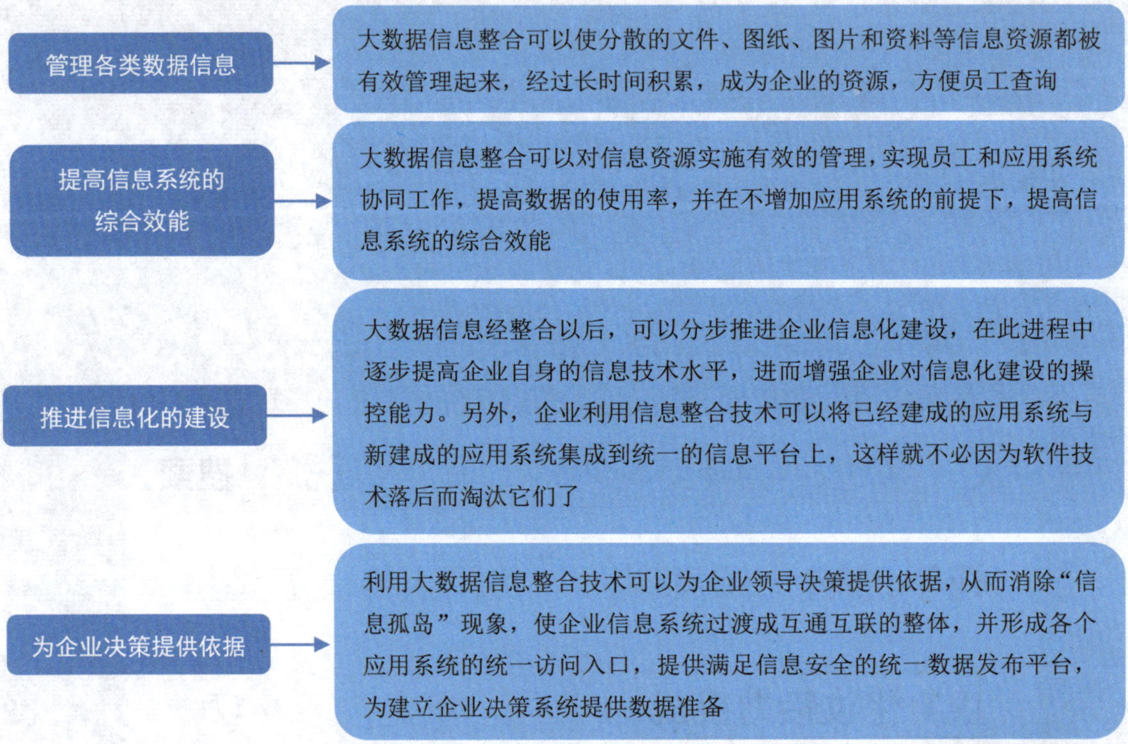

图 3-1　大数据信息整合的 4 大作用

3.1.2 大数据信息整合的方式

大数据信息整合的方式

大数据信息整合的方式主要有 3 种，如图 3-2 所示。

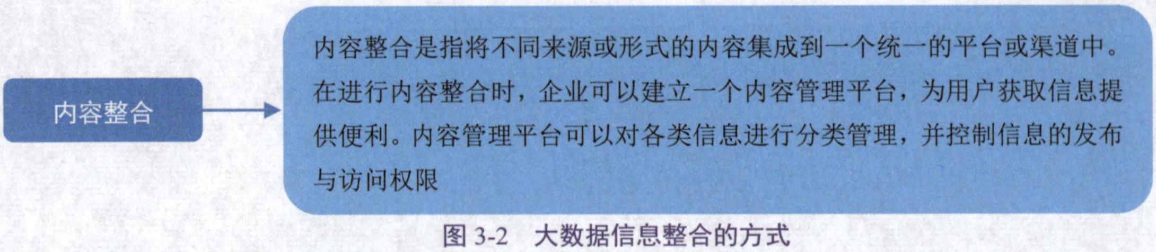

图 3-2　大数据信息整合的方式

数据整合 → 数据整合就是对分散的数据源实现统一的访问，利用分析系统或其他应用系统，将有价值的数据进行进一步加工，将不同的数据库集成起来，提供一种单一的虚拟数据库，这样既保持了数据库数据与应用软件数据一致，也与企业实际情况相符

过程整合 → 过程整合是将企业规则和过程转移到企业应用软件以外，变成一种外在的过程和规则。过程和企业规则的这种外在转移增加了灵活性，从而可以对过程的改善做出更加有效的反应。其最终目的是通过提高外在和内在的过程，提高过程执行的整体效率，达到优化过程的目的

图 3-2（续）

3.1.3　大数据信息整合的渠道

大数据信息整合的渠道

大数据信息整合的渠道主要有 3 个，分别是网络数据整合、媒体数据整合和调查问卷数据整合，如图 3-3 所示。

网络数据整合 → 网络数据整合是将非结构化信息从不同的网页中抽取出来，保存到数据库中并进行整合的过程。数据库的格式可以为 Excel、CSV、Access、MSSQL 和 MySQL 等

媒体数据整合 → 媒体数据整合是对各种营销工具和手段的系统化结合，根据环境进行即时性的动态修正，使交互双方在交互中实现价值的增长。媒体整合方案可以让用户用更低的价格，创造更好的效果

调查问卷数据整合 → 调查问卷的数据是最直观的。通常来说，调查问卷所反映的问题都能切中要害，反映事物本身的问题。对调查问卷数据进行整合、处理和保存之后，可以将其留作后用

图 3-3　大数据信息整合的渠道

3.2　大数据去粗存精的步骤

大数据去粗存精通常要经过 3 个步骤，即准备数据、挖掘数据和结果表示。

3.2.1　准备数据

准备数据

准备数据是人们从相关的数据源中选取所需的数据并整合成用于数据挖掘的数据集，其具体步骤如图 3-4 所示。

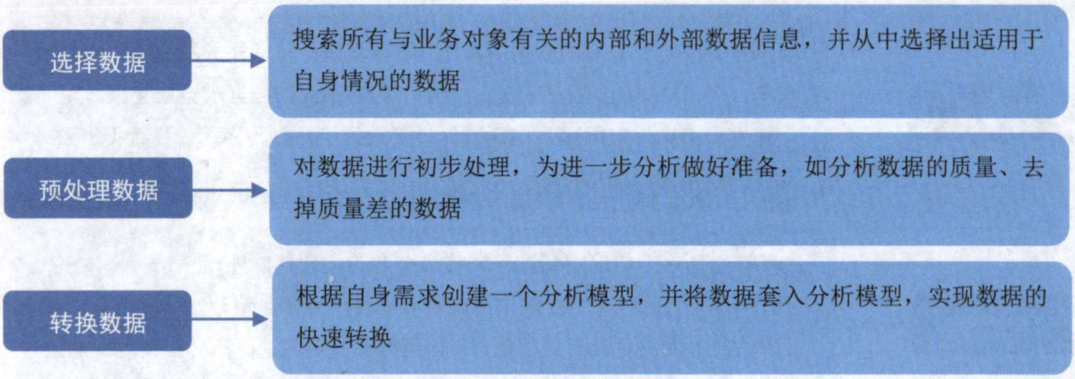

图 3-4　准备数据的具体步骤

3.2.2　挖掘数据

挖掘数据

挖掘数据是指对得到的数据进行挖掘，获得更多有用的信息，其一般流程如图 3-5 所示。

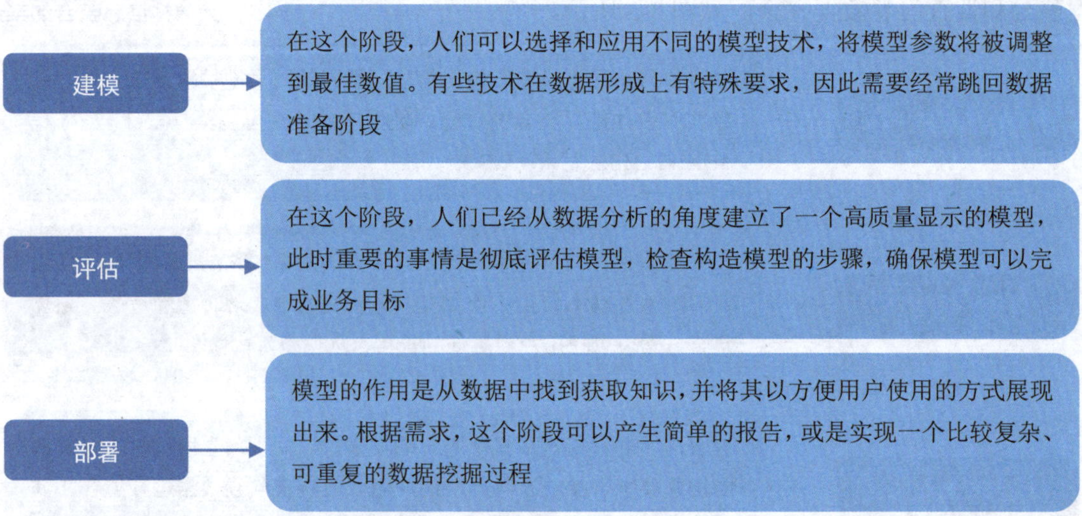

图 3-5　挖掘数据的一般流程

3.2.3　结果表示

结果表示

结果表示是指根据客户的决策要求，对挖掘出的信息进行分析，抽取出最有价值的部分，并通过决策支持工具提交给决策者。结果表示的一般流程，如图 3-6 所示。

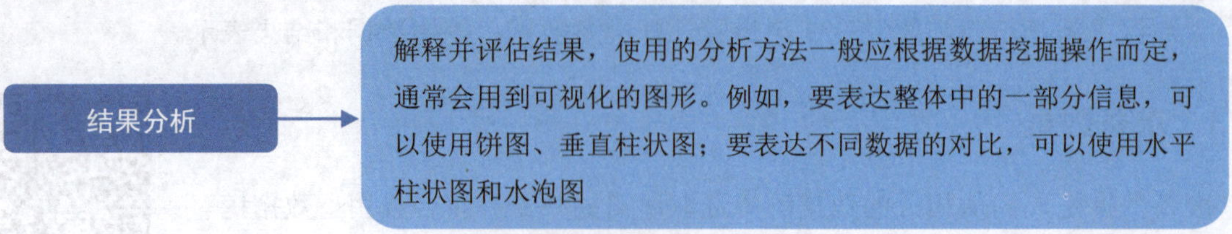

图 3-6　结果表示的一般流程

知识的同化 → 将分析得到的知识集成到业务信息系统的组织结构中

图 3-6（续）

在数据挖掘中发现的知识可直接用于指导联机分析处理（online analytical processing，OLAP），这是一种数据处理方法，旨在提供快速、多维度的数据分析能力，而联机分析处理得到的新知识也可以立即补充到系统的知识库中。

为增强数据挖掘的效率，可以将粗糙集理论与神经网络、遗传算法、模糊数学、决策树等方法相结合。一般情况下，粗糙集理论用于产生确定规则，神经网络用于产生非确定规则。粗糙集理论的使用提高了系统的运算速度，同时神经网络提高了产生的规则集的泛化能力提高。

大数据是一种具有隐藏法则的“人造自然系统”，寻找大数据的科学模式将带来对研究大数据之美研究的一般性方法的探究，尽管这样的探究十分困难，但是如果找到了将非结构化、半结构化数据转化成结构化数据的方法，已知的数据挖掘方法将成为大数据挖掘的工具。

3.3　大数据信息的使用技巧

对数据商业信息的利用是挖掘数据信息的最终目的，这样便可根据数据信息所能带来的商业价值，提高企业在商业运作上的效率，为企业带来更高的收益。

3.3.1　大数据信息的使用步骤

大数据信息的使用步骤

企业竞争力如逆水行舟，不进则退。《欧洲金融》杂志对全球 600 多位企业高管进行了一次调查，结果显示有 38%的企业表示自己在竞争力方面比对手做得更好，并认为大数据信息对竞争特别重要。那么，如何更好地使用大数据信息呢？通常分为 5 个步骤，如图 3-7 所示。

关注正确的数据 → 企业在使用大数据信息时，要关注正确的大数据信息，及时地给合适的员工提供合适的大数据信息。例如，某个保险公司有一个呼叫中心，该呼叫中心衡量员工的标准是其能否帮助客户解决问题。他们可能也在追踪另外一个信息，即呼叫中心的员工每天接了多少电话，但是这个不应该让员工了解，否则，员工可能会为了接听更多电话而牺牲服务质量

剔除不需要的数据 → 在大数据信息增加的过程当中，一定要取其精华，去其糟粕。在现实中，真正能应用所搜集的大数据信息中的 75%以上的企业还很少。在这种情况下，剔除不需要的大数据信息，就能提高大数据信息的应用率

图 3-7　大数据信息的使用步骤

让更多人使用数据 →	企业需要在培训方面花更多的精力，让员工更主动地参与大数据信息的挖掘和分享。例如，企业可以搭建一个内部的社区，社区中包括常用数据资料、搜索功能、问题平台等，员工有疑问的可以在社区中提问，或者直接在社区中寻找答案
提高数据使用的便利程度 →	大数据信息的载体是多元化的，最好让员工能在便携的载体上进行大数据信息的摄取，而且要做到一目了然，让没有 IT 背景的人也能简单方便地使用
树立一个典型 →	企业要树立典型，让大家意识到有效地使用大数据信息能够带来什么样好处。企业的信息战略，不仅可以交给 IT 部门，还可以让业务部门参与其中，因为只有业务部门才能在第一时间获得一手信息，并将其推广，让企业员工能够真正受益于商业分析

图 3-7（续）

3.3.2 大数据信息的营销推广方法

大数据信息的营销推广方法

营销推广指在以等价交换为特征的商业推销活动中，商业组织以各种手段向客户宣传产品，以激发他们的购买欲望和行为，从而扩大产品销售量的一种经营活动。

营销和推广是两个部分。营销一般由业务员负责，而推广一般由具有相关技术的专业部门负责。营销与推广也有关联。例如，不少中小型企业或个体卖家会以营销来带动推广，即便不懂得怎样去推广产品，也知道揽住“回头客”，获得较好的口碑，这样在不知不觉间就为自己的营销做了推广。

利用大数据信息进行营销推广的方法有很多，下面介绍几种常见的营销推广方法。

1. 搜索引擎推广

搜索引擎推广是指利用搜索引擎、分类目录等具有在线检索功能的大数据网络工具进行网站推广的方法。就像前面所提到的精确投放广告一样，搜索引擎通过用户的搜索词条（大数据统计的数据所显示的热门内容）来为企业或产品做推广，从中获利。

搜索引擎推广的方法有基于搜索引擎的方法和基于分类目录的方法两种，前者包括搜索引擎优化、关键词广告、固定排名、基于内容定位的广告等多种形式，而后者主要是在分类目录合适的类别中进行网站登录。随着搜索引擎形式的进一步发展变化，也出现了其他一些方法，不过大都是以这两种方法为基础。

搜索引擎推广方法又可以分为多种不同的形式，常见的有登录分类目录、搜索引擎优化、关键词广告、关键词竞价排名、网页内容定位广告等。从发展趋势来看，搜索引擎推广在网络营销推广中的地位依然重要，并且受到越来越多认可的企业，搜索引擎推广的方式也在不断发展、演变，因此企业应根据环境的变化选择合适的搜索引擎推广方法。

2. 资源合作推广

资源合作就是合作伙伴利用彼此的资源（如大数据统计的各类数据信息）进行合作，从而互相做推广。通过网站交换链接、交换广告、内容合作、用户资源合作等方式，在具有类似目标网站之间实现互相推广的目的，这是最常用的资源合作推广方式。

每个企业网站均拥有自己的资源，这种资源可以表现为一定的访问量、注册用户信息、有价值的信息数据等。其可利用网站的资源与合作伙伴开展合作，实现资源共享，进而实现共同扩大收益的目的。在上述资源合作推广方式中，交换链接具有一定的互补优势，即合作伙伴对方分别在自己的网站上放置对方网站的产品名称、标识甚至直接为其推广等，使得用户可以从合作伙伴的网站中发现双方的网站，达到互相推广的目。

交换链接具有获得访问量、增强用户浏览时的印象、增加在搜索引擎中的排名优势和增加用户的信任度等作用。一般来说，每个网站都倾向于其他链接价值高的网站，因此获得其他网站的链接也就意味着获得了合作伙伴同类网站的认可。

3. 微信营销推广

微信营销推广就是指通过微信平台提供的大数据信息（如统计用户喜欢看哪些内容，从而为用户推送相关的商品），为商家和个人等创造价值而执行的一种营销推广方式。

企业可将微信作为品牌的根据地，先吸引更多人关注企业的微信公众号，再通过内容和沟通将普通用户转化为忠实用户。当用户认可企业品牌，建立了信任后，就可能成为企业的忠实客户。微信公众号平台就相当于“鱼塘理论”中的鱼塘。例如，微信公众号“龙飞摄影”中经常会为用户分享摄影技巧类文章，所以除了该公众号的用户之外，微信公众号平台还会借助大数据分析将该公众号的文章推送给对摄影内容感兴趣的用户。

通常来说，在对摄影内容感兴趣的人群中，会有一部分人想要进行系统的学习。因此，微信公众号“龙飞摄影”在发布的技巧类文章也会为用户推荐一些摄影类图书，并为有需要的用户提供便捷的购买渠道，如图 3-8 所示。

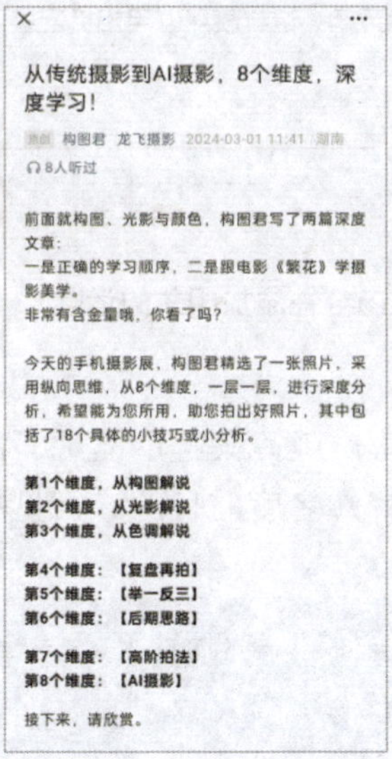

（a）

（b）

图 3-8　在发布的微信文章中为用户推荐摄影类图书

4．微博营销推广

微博营销推广是指通过微博平台提供的大数据信息，为商家、个人等创造价值而执行的一种营销推广方式。微博的火热发展使得其营销推广效果尤为显著，该营销推广方式更加注重内容的互动、系统的布局以及准确的定位。微博营销推广主要特点如图 3-9 所示。

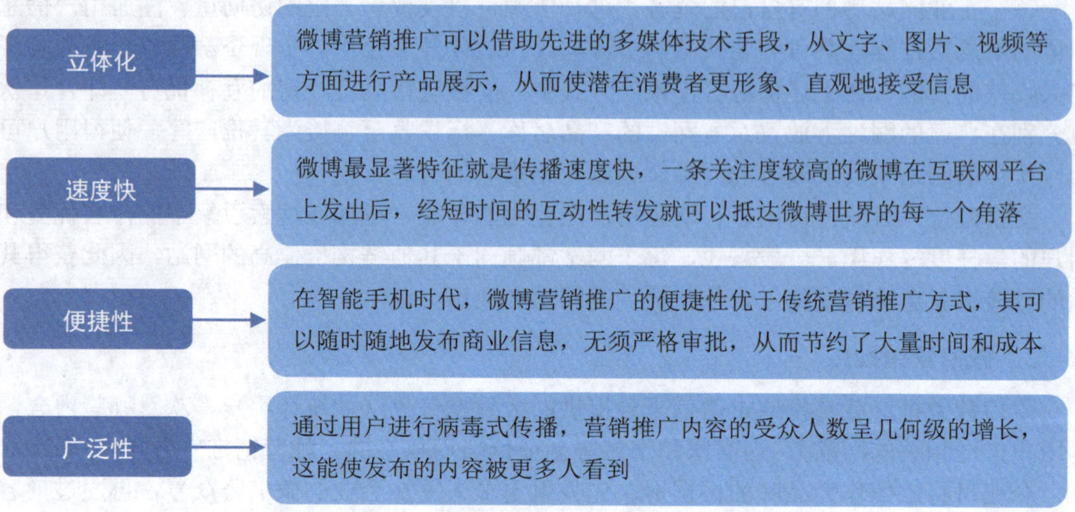

图 3-9　微博营销推广的主要特点

例如，用户可以在微博中发布内容，并添加相关的话题，如图 3-10 所示。这样，微博就会利用大数据将该微博推送给对相关话题感兴趣的用户。这种微博营销推广方法不仅能凸显内容中的关键词，还能提高营销推广的针对性。

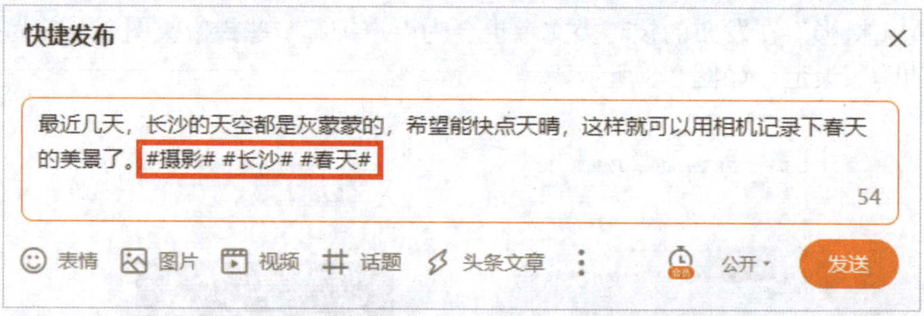

图 3-10　用户在微博中发布内容并添加相关的话题

5．抖音营销推广

抖音营销推广是指在抖音平台上运用各种营销推广手段来推广品牌、产品或服务，增加其曝光度、吸引用户，最终达到提高销售额或增强品牌知名度的目的。常见的抖音营销推广方法如图 3-11 所示。

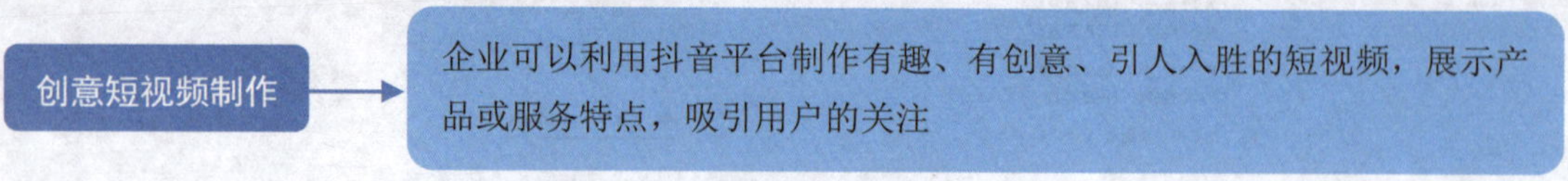

图 3-11　常见的抖音营销推广方法

- 发起品牌挑战赛 → 企业可以发起品牌挑战赛，鼓励用户参与制作与品牌相关的创意视频，通过提升用户的参与度，增加品牌的社交互动和传播
- 投放抖音广告 → 企业可以利用抖音的广告平台发布短视频广告，进行精准投放，以提高品牌的曝光度和增强广告效果
- 与关注度较高的用户合作 → 企业可以与在抖音上关注度较高的用户进行合作，借助他们的影响力来增强品牌曝光度，增强其他用户的信任度
- 用好直播推广 → 企业可以利用抖音的直播功能实时进行产品展示、互动答疑，提高用户对产品的了解和增强信任度
- 合理利用音乐 → 抖音短视频的质量与所选的音乐有很大的关系，合理运用流行音乐、热门音效等元素可以增加视频的吸引力和娱乐性

图 3-11（续）

以发起品牌挑战赛为例，需要借助抖音进行营销推广的品牌运营者可以发起挑战赛，并发布挑战赛的规则和奖品，吸引用户参与其中。这样，随着参与的用户越来越多，品牌和相关产品也会被更多人看到。图 3-12 为部分品牌在抖音上发起的挑战赛。

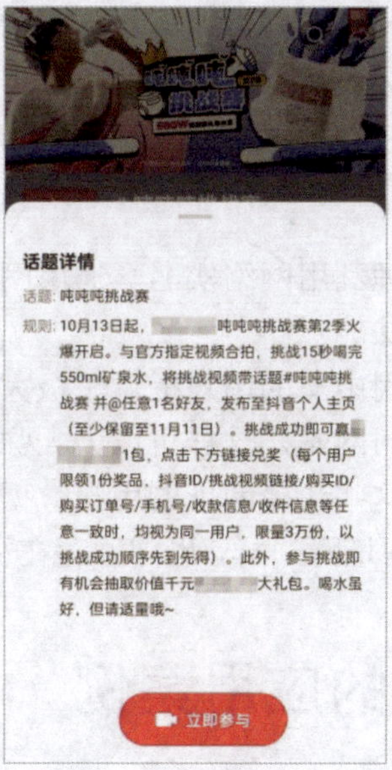

（a）

（b）

图 3-12　部分品牌在抖音上发起的挑战赛

6．快手营销推广

快手营销推广是指借助快手的大数据信息，在快手平台上进行的一系列营销活动，旨在通

过快手短视频平台推广品牌、产品或服务，吸引用户关注，增强曝光度，最终实现销售额增长或品牌推广的目标。常见的快手营销推广方法与抖音大致相同。

在做快手营销推广时，企业可以先查看快手的热点内容，了解用户感兴趣的信息，并据此制作相关短视频，借势推广自己的品牌产品或服务，从而吸引用户观看短视频并购买短视频中推广的品牌产品或服务。

图 3-13 为 2024 年 3 月某一天的“快手热榜”，由图可以看到，该该榜单第 21 位是“化妆接力挑战”。对此，销售化妆品的企业可以拍摄给人化妆的短视频，在短视频中展示自己的产品，并添加“化妆接力挑战”这个话题，让更多对该话题感兴趣的人群看到短视频和产品。

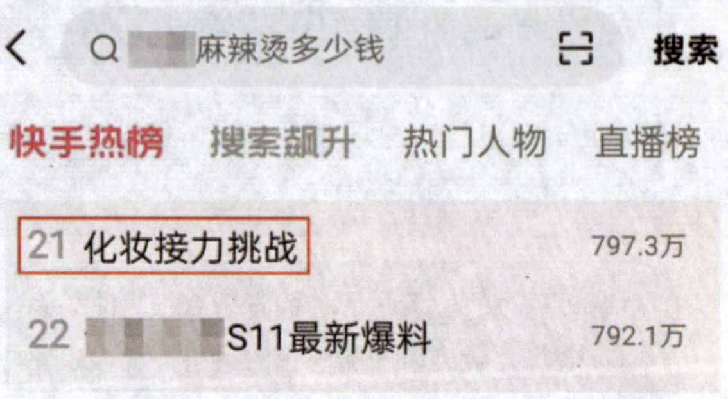

图 3-13　2024 年 3 月某一天的“快手热榜”

7．电子邮件营销推广

电子邮件营销推广是网站营销推广的重要手段，其方法是借助大数据记录和分析信息，并通过电子刊物、会员通信、专业服务商的电子邮件广告等方式，将重要信息传递给目标人群。与滥发邮件不同，许可营销比传统的营销推广方式及未经许可的 Email 营销更具有优势，如基于用户许可的 Email 营销可以减少广告对用户的骚扰，从而增强企业与客户的关系，提高客户的品牌忠诚度等。

8．快捷网址推广

快捷网址推广就是借助大数据记录的信息，合理利用网络实名、通用网址以及其他类似的关键词网站快捷访问方式，实现网站营销推广的方法。

快捷网址使用自然语言对应关系，这为习惯使用中文的用户提供了极大的方便，用户只需输入比英文网址更加容易记忆的快捷网址就可以访问网站，这样可以大大弥补英文网址不便于宣传的不足。随着企业注册快捷网址数量的增加，这些快捷网址的用户数据也相当于一个搜索引擎，就算用户搜索的关键词与网站所注册的中文网址不一样，也同样存在被用户发现的机会。

3.4　大数据信息的应用案例

数据管理和利用对企业来说究竟有何意义，先看看以下几个事件：

事件 1：当在网上搜索一条飞往北京的航班信息时，便看到网站上出现了北京的宾馆打折信息。

事件 2：正在观赏的某部新电影采用了以几十万吉字节数据为基础的计算机图形图像技术。

事件 3：某商店在对客户行为数据进行分析的基础上推出了某个活动，在短期内实现了营业额的快速增长。

事件 4：航空公司用算法预测人们的购票需求，并以不可预知的方式调整机票价格。

事件 5：智能手机的 App 识别到用户的位置，因此会收到附近餐厅的服务信息。

这些都是对海量数据进行管理和利用的结果。本节将主要介绍大数据信息的应用案例，希望对读者有一定的启发。

3.4.1　利用大数据筛选高危患者

利用大数据筛选高危患者

通常情况下，医生会通过一系列检查来确定人们的健康情况。然而，麻省理工学院的研究者约翰·古塔格和柯林·斯塔尔兹创建了一个计算机模型来分析心脏病患者丢弃的心电图数据。

他们利用数据挖掘和机器学习技术，在大量的数据中筛选，发现了心电图存在 3 类异常情况的人。这些人在 1 年内死于第二次心脏病发作的概率比一般患者高出 1～2 倍。这种创新方法能够更全面地识别出高危患者。

如何应对“大数据”是摆在医院 IT 部门面前的一个“大考验”。如果处理不好，“大数据”就会成为“大包袱”“大问题”；反之，如果应对得当，“大数据”则会为医院带来“大价值”。而这一切，都离不开科学地规划和部署存储架构。

只有每个用户都可以随时管理、查询自己的健康医疗数据，而且这样的数据将不局限于体检结果、就诊记录，还可以衍生到基因数据，日常健康行为监测数据，医疗大数据的价值才能真正实现，人类对自身的认识也将上一个新的台阶。

3.4.2　利用大数据控制产品库存

利用大数据控制产品库存

美国的某个在线鲜花预定网站需要为 4 万多家连锁花店提供配送服务。由于鲜花极易枯萎，该网站不得不均匀地削减库存，否则可能导致商品过快地售罄或库存的鲜花凋谢。

另外，由于日交易量较高，该网站的管理人员需要对零售情况进行大量的分析，如转换率，也就是多少页面浏览量将产生销售。例如，如果 100 人中仅有 5 人看到玫瑰时就会购买，而盆景的转换率则为 100∶20，那么不是页面设计有问题，就是玫瑰的价格设置有问题。此时，该网站就要迅速对网站上的玫瑰价格进行调整。对于可能过快售罄的商品，该网站通常不得不在网页中弱化该商品或取消优惠价格，从而设法减缓该商品的销售。

过去，这一工作通常由人工来完成，效率极其低下。该网站营销副总裁表示：“自己分析数据浪费时间，需要一种浏览数据的方式，能够即刻采取行动。”

因此，该网站采用了某公司的数据挖掘服务——HitBox，使网站管理者在业务高峰日也能够对销售情况做出迅速反应。这个提供数据挖掘服务的公司为 700 多家公司提供多种获取信息的跟踪服务，每月为其客户分析的网页超过 300 亿个。采用 HitBox 后，该网站的管理人员可以借助显示器来查看销售数据和转换率，大大提高了工作效率。

HitBox 是分析领域的新突破，它将专业、实时的数据收集体系架构与挖掘用户数据的能力整合在一起，得到快速反应、精确到秒的访问者智能，使业务人员大幅提高在线活动的性能。

作为一种完全托管的 on-demand（即按照需求）服务，HitBox 可实时收集访问者或客户的行为信息，并通过简便的浏览器界面提供定制数据。这种服务不需要软硬件投资，可以在数天内实施。

对于商业型企业来说，通过收集、加工和处理涉及消费者消费行为的大量信息，确定特定消费群体或个体的兴趣、消费习惯、消费倾向和消费需求，进而推断出相应消费群体或个体下一步的消费行为，然后以此为基础，对所识别出来的消费者进行特定内容的定向营销，这与传统的不区分消费者对象特征的大规模营销手段相比，大大节省了营销成本，提高了营销效果，为企业带来更多的利润。

3.4.3 利用大数据进行大脑研究

利用大数据
进行大脑研究

人类连接组项目（human connectome project）是美国国立卫生院资助的一个 5 年项目。该项目由几个不同的大学或研究所分成两组进行。第一组以由圣路易斯华盛顿大学为首，预计投资 3 000 万美元；另一组由哈佛大学、麻省总医院，以及加利福尼亚大学洛杉矶分校组成。

该项目旨在通过扫描 1 200 名健康成年人的大脑，比较他们大脑各区域神经连接的不同，以及由此导致的认知和行为方面的个体差异，最终描绘出人类大脑的所有神经连接情况。

人类连接组项目使用 3 种磁共振造影观察脑的结构、功能和连接。一旦绘制出精细的大脑结构、功能图，就可以进一步研究神经环路的构造，从而探寻精神疾病的根源；还可以研究大脑在多大程度上由基因决定，以及不同的大脑结构和行为的关系，给其他所有类似的研究提供参考。

▶ 专家指点

除了连接组，人类的身体里面还有很多充满数据的“组”，具体如下：

基因组：由脱氧核糖核酸（deoxyribonucleic acid，DNA）编码的或者由核糖核酸（ribonucleic acid，RNA）编码的（比如病毒）全部基因信息。

转录组：由一个有机体的 DNA 产生的全套 RNA“读数”。

蛋白质组：所有可以用基因表达的蛋白质。

代谢组：一个有机体在新陈代谢过程中产生的所有小分子物质，包括中间产物和最终产物。

意识从何而来？思维和智能是如何出现的？这些终极问题都蕴藏在人类的大脑里面。人脑是终极的计算机器，也是终极的大数据困境，因为在独立的神经元之间有无数可能的连接。

人类连接组项目是一项雄心勃勃地试图绘制出不同脑区之间相互作用的计划，是一个对大脑进行的逆向工程研究，充分挖掘大脑里的有效数据，借此明白大脑是怎么被建造的，而后就可以再建模拟的大脑，从而真正地实现人造智能。

3.4.4 利用大数据协助银行销售

利用大数据
协助银行销售

蒙特利尔银行是加拿大历史最悠久的银行，也是加拿大第三大银行，至今已有 190 多年的历史。

行业竞争的加剧导致蒙特利尔银行需要通过交叉销售来锁定 1 800 万客户。交叉销售是指借助客户关系管理（customer relationship management，CRM），发现客户的多种需求，并通过满足其需求而销售多种相关服务或产品的一种新兴营销方式。

交叉销售体现了银行的一个新焦点——客户，而不是商品。银行应该认识到客户需要什么产品以及如何推销这些产品，而不是等待人们来排队购买。然后，银行需要开发相应的产品并进行营销活动，从而满足这些需求。

在应用数据挖掘之前，银行的销售代表必须于晚上 6～9 点在特定地区通过电话向客户推销产品。但是，正如每个处于接收端的人所了解的那样，大多数人在工作结束后对于产品推销并不感兴趣。因此，在晚餐时间进行电话推销的反馈率非常低。

为了扭转这种不利的局面，银行开始采用 IBM DB2 Intelligent Miner Scoring 系统，基于银行账户余额、客户已拥有的银行产品以及所处地点和信贷风险等标准来评价记录档案，这些评价可用于确定客户购买某一具体产品的可能性。另外，该系统能够通过浏览器窗口查看数据，这为管理人员的工作提供了极大的便利。

蒙特利尔银行的数据挖掘工具为管理人员提供了大量信息，从而帮助他们对于从营销到产品设计的任何事情进行决策。现在，当进行更具针对性的营销活动时，银行能够区别对待不同的客户群，以提升产品和服务质量，同时还能制定适当的价格和设计各种奖励方案，甚至能确定利息费用。

交叉销售的核心是向原有客户销售多种相关的产品和服务，但并不是简单地将客户还没有购买的本企业的产品和服务推销给客户，而是通过对客户数据的分析和应用，发现客户的不同需求并满足其需求的营销方式。

企业在进行交叉销售时首先要分析现有客户的消费行为数据，通过客户细分对客户进行盈利性分析，使用数据挖掘进行交叉规则的提取，识别并锁定目标客户。交叉销售的数据挖掘过程如图 3-14 所示。

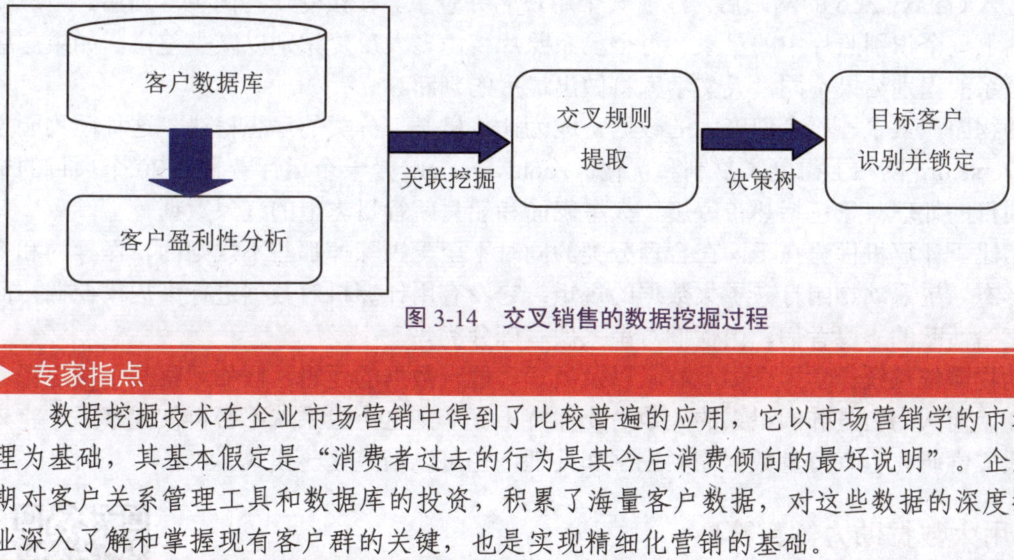

图 3-14　交叉销售的数据挖掘过程

> **▶ 专家指点**
>
> 数据挖掘技术在企业市场营销中得到了比较普遍的应用，它以市场营销学的市场细分原理为基础，其基本假定是“消费者过去的行为是其今后消费倾向的最好说明”。企业通过长期对客户关系管理工具和数据库的投资，积累了海量客户数据，对这些数据的深度探索是企业深入了解和掌握现有客户群的关键，也是实现精细化营销的基础。

3.4.5　利用大数据开展普查工作

利用大数据
开展普查工作

星系动物园（Galaxy Zoo）是英国研究机构开展的天文学研究中规模最大的一次普查活动。该活动的志愿者通过网上的图片对 100 万个最明亮的“疑似”星系进行识别，分辨出每张图中是否出现了星系，并对出现的星系进行归类。

星系动物园计划上线 5 年之后，已经有超过 65 万名来自世界各地的天文爱好者参与其中，该活动产生的信息帮助科学家发表了多篇高质量的论文。

图 3-15 为星系动物园的志愿者们发现的背光星系之一。它被其后方的另一个星系照亮，来自背后的光令前景星系中的尘埃清晰可辨。星际尘埃在恒星的形成中扮演了关键的角色，但它本身也是由恒星制造的，因此检测其数量和位置对于了解星系的历史至关重要。

图 3-15　星系动物园的志愿者们发现的背光星系之一

用户进入 Galaxy Zoo 的网站后，注册一个用户名并登录。在接受一些简单培训后，用户就可以在网站上逐个识别照片中的星系。每个星系照片将由多人反复识别以减少差错。如果志愿者对某一星系的识别结果不同，天文学家将做出最后的判断。

星系动物园积累了志愿者们庞大的数据，成为计算机学习分类的理想材料，这种动物园方法在 zooniverse.org 网站上得到了复制和优化。zooniverse.org 是一个运行着大约 20 个项目的机构，这些项目的处理对象包括热带气旋、火星表面和船只航行日志上的气象数据。

人类相比于计算机优势在于，在合理分类的同时不至于剔除掉那些不规则的、怪异的和令人惊奇的形态。星系动物园打破了大数据的规矩：它没有用计算机对数据进行大规模挖掘，而是把图像交给活跃的志愿者们，由他们对星系做基础分类。

星系动物园依赖统计学、众多观察者以及处理、检查数据的逻辑。假如观察某个特定星系的人数增加，而认为它是椭圆星系的人数占比保持不变，则这个星系就不必再被观察了。将来如果我国天文学研究也有海量数据需要挖掘和处理，也可以借鉴这一模式。

3.4.6　利用大数据助力体育赛事

利用大数据助力体育赛事

美国著名的国家篮球队教练利用 IBM 公司提供的数据挖掘工具临场决定替换队员。想象一下，如果你是篮球教练，你靠什么带领球队取得胜利呢？当然，最容易想到的是全场紧逼、交叉扯动和快速抢断等具体的战术。

如今，数据挖掘成了篮球教练们的“新式武器”。据悉，很多球队都使用 IBM 公司开发的数据挖掘应用软件——Advanced Scout，来优化战术组合。Advanced Scout 是一个数据分析工具。利用其教练可以使用便携式计算机在家里或在路上挖掘存储在服务器上的数据。每一场比赛的事件都会被统计分类，教练可以通过时间标记来搜索篮球比赛的录像，并根据统计数据来制定相关的战术。

例如，某篮球队利用 Advanced Scout 的分析得出：先发阵容中的两个后卫在前两场中被评为 - 17 分，这意味着他们在场上时本队输掉的分数比得到的分数多 17 分。然而，当其中一个后卫与替补后卫组合时，该篮球队的得分为＋14 分。因此，该篮球队在下一场比赛中特意增加了替补后卫的上场时间。结果显而易见：替补后卫得了 21 分，与其组合的后卫得了 42 分，该篮球队以 88：79 获胜。

本 章 小 结

本章主要介绍大数据的管理和利用，包括大数据信息的整合、大数据去粗存精的步骤、大数据信息的使用技巧和大数据信息的应用案例，带领读者快速认识和了解大数据的管理和利用技巧，让大数据更好地为读者服务。

课 后 习 题

1．大数据的整合方式有哪些？请用简单的文字一一列出。

2．大数据信息的使用有哪些步骤？请用简单的文字一一列出。

第 4 章 大数据的常见架构

大数据都会有自己的基础架构平台，一般推荐基于云计算的动态弹性平台，因为这将为大数据的分析处理提供强有力的支撑。但是，企业要想让如此规模的数据真正转化为财富，数据中心必然将面临一次漫长而充满艰辛的基础设施及架构变革。本章将介绍大数据的常见构架。

本章重点

- 世界各地的基础设施部署方案
- 全球著名的大数据分析平台
- 大数据基础架构的应用案例

企业名称	IBM（International Business MachinesCorporation）
分析平台	InfoSphere 大数据分析平台
上线时间	2011 年 5 月
公司地址	美国纽约州阿蒙克市
主要业务	软件、服务器、存储、IT 服务以及云计算等解决方案

4.1　世界各地的基础设施部署方案

近年来，大数据应用剧增，多种多样的创意都变成现实。即使最谨慎的观察家也承认，大数据的商业应用时代已经来临，正因为它的前所未有“从海量到精准”的预测能力，所以大数据被认为是下一个创新、竞争和生产力的前沿，谁率先掌握大数据就意味着谁能够在未来的市场竞争之中取得优势。

俗话说：“工欲善其事，必先利其器。”在大数据实践之中，基础架构就犹如基石一般，是构建一切的基础，基础架构基石不稳，大数据“大厦将倾”，具有优秀的基础架构才能够让用户在未来的大数据之路中越走越宽。本节将回顾在世界各地的大数据基础设施部署方案。

4.1.1　利用大数据建立更准确的血缘关系

Ancestry 是一家家谱在线服务网站，它拥有大量的家族遗传数据。长久以来，Ancestry 都是使用 apache Hadoop，以及其他的开源工具来进行数据处理和分析。然而，想要将 Hadoop 架构与数据处理联系起来，是非常有挑战的。因此，Ancestry 构建了搜索引擎（该引擎可以对网站的结构化数据和非结构化数据进行整理），并对算法，以及记录连接软件进行了仔细的调优。

利用大数据建立更准确的血缘关系

Ancestry 的网站包含了大量出生、死亡、人口普查，以及其他相关记录，这些记录起初大多是非结构化数据。随着用户以及家族数据的不断增长，Ancestry 公司希望改善其信息检索的算法。不久后，公司招募了一些数据科学家，他们选择了使用最新的工具，把 Hadoop、mapreduce 以及 R 语言引入了 Ancestry 的工具集。

Ancestry 的团队使用 Hadoop 架构来对搜索进行优化，同时对客户流失率进行预测建模，并开始使用 Hadoop 以及相关的列式数据存储来对 Ancestry 的 DNA 产品进行扩展。新的大数据平台利用高级内容处理技术对全部相关信息加以索引，使用染色体 DNA 测试技术来为用户提供更好的服务，从而保证数据的可搜索性，甚至能够对远亲进行准确识别，这也让 Ancestry 获得了更多用户的认可。

例如，Ancestry 通过对唾液进行采样，能够对客户的 DNS 进行排序并将结果与数据库中的其他客户加以匹配，客户甚至可以找到多年没有联系的表亲。

Ancestry 帮助人们将自己与家庭史结合起来并创建独一无二的树状家谱。从表面上看，这个主意似乎没什么技术含量，但为了实现这项功能、网站需要维护超过 110 亿条记录与高达 4PB 的数据量；其中包括历史记录、出生记录、死亡记录、战争与移动记录甚至年鉴等，有的其中采取手写格式。

想要构建这一大数据平台，需要涉及到大量的操作，大约有 70 万个 DNA 样本要与 Ancestry 数据库汇总已有的相同数量样本进行配对比较。Ancestry 的团队对学术算法进行了改写，从而可以在 Hadoop 和 Hbase 上运行并行的任务，这样做可以大大提升海量数据处理的速度。

Ancestry 拥有明晰的盈利方式，以及庞大的付费用户。付费用户可以分为两类，查看美国本土资料的用户和查看世界资料的用户而收费不同。另外，在开发个人用户价值之外，Ancestry 还盯上了企业用户，比如数据库能使得企业的宣传销售更具针对性，以便提供个性化服务。数据库里的庞读者谱相当于“商品”，用户有需要时，便可付费购买。

4.1.2 利用大数据探索个性化医疗

利用大数据探索个性化医疗

西奈山医院始建于 1852 年，是美国历史最悠久和最大的教学医院之一。该医院因临床治疗、教学和科研方面的杰出成绩而闻名于世。

西奈山医院的很多新设备都是用来采集和分析数据的，它运行 Hadoop 软件以进行大数据分析。医院希望计算机专家利用大数据来寻找新的发现，如在重症监护室（intensive care unit，ICU）中发现微生物的 DNA，或者跟踪从患者处发来的数据流并快速分析病情。

来自 Facebook 的首席数据科学家负责设计这一切，他用数据技术来分析各类基因数据和生物学信息，目的是减少医疗费用，同时探索个性化医疗。

例如，西奈山医院曾利用来自大数据新兴企业 Ayasdi 公司的技术对整个大肠杆菌基因组序列进行分析，其中包括超过 100 万个 DNA 变异，旨在努力理解某些菌株如何在与抗生素的共处中获得抗药性。细菌的抗药性影响着全球各地数以百万计的患者。Ayasdi 的技术为数学研究、拓扑数据分析开辟了一片新天地，有助于人们更深刻地理解数据形态。

在研究的基础上建立相应的数据库，结合日益普及的个人基因监测服务，正成为个性化医疗的基础。个性化医疗会彻底改变人们对待健康和疾病的方式。

4.1.3 利用大数据实现电力供需的平衡

利用大数据实现电力供需的平衡

美国加利福尼亚州独立系统运营商（California Independent System Operator，CAISO）管理着全加州地区超过 80%的电网供电，每年提供的电力惠及 3 500 万民众，供电线路的总长度超过 40 233.6 km。

CAISO 所有的大型电厂都已经用上了企业后台办公系统，其中包括地理信息系统、停电管理系统及配电管理系统。为了实现电网的智能化，CAISO 利用带有分析工具的历史数据功能接收数据流，将其与历史模式进行比较，以便快速发现数据中的异常情况，实现对电网高效管理。

CAISO 利用软件实现情景智能化管理，从而对大规模多个来源的数据进行关联与分析（数据包括天气状况、传感器数据以及计量设备测绘结果等），并以可视化的形式帮助用户查看和理解如何对可再生能源进行优化，以实现整个电网的电力供需平衡并快速应对潜在危机。

4.1.4 利用大数据打造可视化地图

利用大数据打造可视化地图

Hydro One 是加拿大安大略省多伦多市最大的电力输送集团，它负责为全省的家庭及企业提供电力。Hydro One 经营着安大略省内总长度近 30 000 km 的高压输电网络，直接面向 130 万用户进行低压配电。

Hydro One 使用的是由 Space-Time Insight 提供的地理空间与可视化分析软件，旨在改进当前输电与配电资产的健康性与可靠性。Space-Time Insight 是一家将大数据、数据可视化、地图基于位置服务（location based service，LBS）整合起来的公司，其将企业需要的大量专业数据以地理信息的形式展现在地图上，让企业更好地了解相关的信息。

Space-Time Insight 打造的这套系统能帮助资产管理者及时获取相关情报，包括资产性能随时间推移而发生的变化、资产更换战略以及资产维护需求等；还能将数据与其他多种不同的系统功能结合起来，从而帮助 Hydro One 更好地掌控自身的资产。

虽然 Space-Time Insight 的主要重心仍然放在电力行业，但无疑其他能源、运输、气象等行业都具有广阔的前景。而且除了企业市场，这类地图可视化技术在传统消费、生活服务市场也有乐观的应用前景。

▶ 专家指点

在大数据时代，企业更应该聚焦非结构化数据，因为结构化数据已经有了不错的归宿，非结构化数据才是人们处理的难题。据预测，到 21 世纪 20 年代末，非结构化数据将数十倍于传统的结构化数据，成为大数据最主要的数据来源。

4.1.5 利用大数据进行视频行业的新探索

利用大数据进行视频行业的新探索

Netflix 是一家在线影片租赁提供商，不仅能提供超大数量的数字多功能光盘（digital versatile disc，DVD），还能将客户挑选的影片递送到客户手中。

Netflix 已经成为美国规模最大的商业视频流供应商。这家公司同时也成为吸收新增数据的“海绵”。用户在看什么、喜欢在什么时段观看、在哪里观看以及使用哪些设备观看，爆增的信息量成为 Netflix 手中的宝贵资产。Netflix 甚至掌握了用户在视频的哪个时间点后退、快进或者暂停，以及看到哪里直接将视频关掉等信息。

在美国众多的视频服务商里，Netflix 是最早尝试将大数据和媒体行业结合起来的服务商。现在 Netflix 开始推出自己的原创节目，而节目制作的依据正是刚刚提到的这些数据。例如，Netflix 投资的电视剧《纸牌屋》，让人们见识了大数据分析对 Netflix 这样的新媒体公司的价值。

现在的 Netflix 不只是一家提供线上影片出租与影片推荐服务的公司，更是一家能够推出自制影集的全方位娱乐公司，其商业模式如图 4-1 所示。

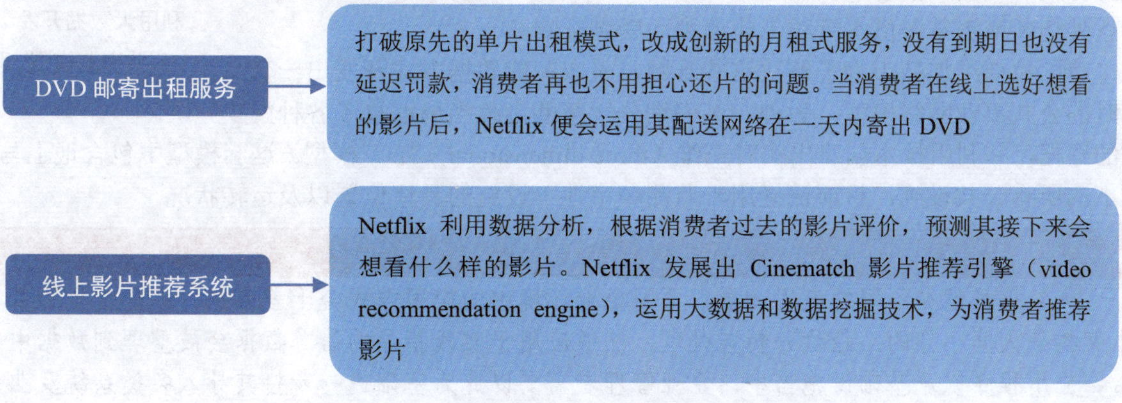

图 4-1 Netflix 的商业模式

当初，Netflix 由于缺乏相应的设计人员和数据平台，而颁发了 100 万美元的大奖，希望计算机专家和机器学习专家们能够改进 Netflix 推荐引擎的效率。随后，来自 186 个国家的 4 万多个团队经过近 3 年的较量，一个由工程师、统计学家、研究专家组成的团队夺得了 Netflix 的大奖。该团队成功地将 Netflix 的影片推荐引擎的推荐效率提高了 10%。Netflix 大奖的参赛者们不断改进影片推荐效率，Netflix 的客户也因此而获益。

4.1.6 利用大数据提高物资的利用效率

利用大数据提高物资的利用效率

俄勒冈健康与科学大学（Opegon Health and Science University，OHSU）是美国一所历史悠久、以研究为取向的综合性公立大学，下辖一座一级创伤恢复中心和一家儿童医院。该大学致力于人类健康事业的发展，专注于食品安全、疑难疾病的预防与治疗等方面的研究。为了追踪学校内 4 000 个注液泵的实时位置与工作状态，更快地掌握注入到患者循环系统中的药物或者营养物质等，校方将数据虚拟化技术结合起来，改变传统的手动执行方式。该技术还允许校方对历史及当前资产数量进行分析，进而更好地规划未来物资的数量水平，提高库存物资的分配与利用效率。

数据虚拟化技术将数据运算与美观的图表完美地结合在一起，它的程序很容易上手，各公司可以用它将大量数据拖放到数字“画布”上，转眼间就能创建好各种图表。该程序的理念是：界面上的数据越容易操控，公司对自己在所在业务领域里的做法到底是正确的还是错误的，就能了解得越透彻。

▶ 专家指点

如今，每个企业都会产生很多数据，为了分析这些数据，人们可以创建图表把数据与相关问题联系起来，但在很多时候人们不确定哪种图表可以得到要找的答案。数据虚拟化技术通过把数据搁置于独立、静态的图中，限制了能够解决问题的数量，它所带来的商业洞察力和回答问题的速度能与思想同步。

4.1.7 利用大数据开发公共事业模型

利用大数据开发公共事业模型

过去，大部分城市中的公共事业机构都采用古老的手动记录方式来处理各种资产，因此信息准确度十分低。例如，居民往往会由于某条供电线被意外切断或者某条供水管线老化爆裂而受到影响。

美国拉斯维加斯市为了解决这些难题，采取智能数据方式开发出一套实时的公共事业网络模型。另外，某咨询公司帮助市政当局汇总了各种渠道的数据，并利用技术创建出实时三维（three dimensional，3D）模型。这套模型中包含地上与地下的所有公共设施，目前已经用于监测城市地下设施的具体位置以及运转状况。

▶ 专家指点

大数据虽然在不同的应用场景，不同企业环境中的应用方式会千差万别，但是常见的基本架构是大同小异的。经过分析与处理，能够应用于实践指导的信息数据会被整理到数据中心、应用程序以及基础设施当中。企业管理者需要以此为基础进一步将其导入各类系统及业务流程，并最终获得（近乎）实时的决策能力。

4.1.8 利用大数据辅助政府决策

利用大数据辅助政府决策

迈阿密-戴德县是位于美国佛罗里达州东南部的一个县。它响应 IBM 提出的“智能化城市”的倡议，将 30 多个区域自治单位与迈阿密市聚拢起来，努力帮助政府领导做出更为明智的管理决策，包括充分利用水资源、减少交通拥堵以及改善公共安全保障情况等。

为此，IBM 通过云计算环境下的深层分析为该县带来一套情报仪表板，从而帮助各机关与部门彼此协作并实现可视化管理。

智慧城市具有 3 项基本特征，分别是物联化、互联化和智能化。基于这 3 个特征的“IBM 智慧地球计划”已经开始实行，并且在近年来获得了加速发展，出现了很多成功的落地项目。例如，IBM 先后发布了基于智慧云的智慧交通、智慧云上的智能运算中心新版本及智慧云上的智慧水新版本。基于这一系列方案，IBM 搭建了涵盖公共安全、交通、水资源等多个领域的解决方案，并搭建了智能运营中心。

▶ 专家指点

城市管理只有利用大数据，才能获得突破性改善，诸多产业利用大数据，才能发现创新升级的机会，进而获得先发优势。有了云计算、物联网，但缺乏大数据分析处理的核心技术，智慧城市的“大脑”就不够发达，“智商”就不够高，能力就不够强。

4.1.9　利用大数据进行赛事分析和决策

利用大数据进行赛事分析和决策

澳大利亚网球（简称“澳网”）公开赛是网球 4 个大满贯赛事之一，也是 4 个大满贯赛事中每年最先开始的，通常于每年 1 月的最后两个星期在澳大利亚墨尔本市的墨尔本公园举行。

澳网公开赛的总奖金在 2023 年达到 7 650 万澳元（约合 3.6 亿人民币），是 4 个大满贯中奖金最高的赛事。澳网公开赛目前由澳大利亚网球协会主办，自 1905 年创办以来，至今已经有 110 多年的历史，。

在平时，澳大利亚网球协会的运作状态与普通的小型企业没什么差别，然而一旦到了为期两周的澳网公开赛时期，该协会瞬间就成了一家规模庞大、对数据极度渴求的大型企业。其需要不间断地访问准确的内容、数据以及统计结果，从而进行分析并做出决策。

目前，澳大利亚网球协会采用 IBM 的实时数据分析软件来查看赛程进行状态、运动员人气、历史数据记录以及社交媒体上球迷们对比赛网站提出的实际需求。根据实际需求，这项技术能够为分析工作分配必要的计算资源。

澳网公开赛网站上提供了 IBM 的 SlamTracker 工具，能分析 8 年内大满贯比赛的 4 100 万个数据。除此之外，该工具还有一项被称为“Keys to the Match（比赛关键点）”的功能，可帮助球迷了解球员为了在某项特定比赛中取胜而需要做哪些工作。当一场比赛拉开帷幕时，该工具根据关键点测评每个球员的表现并实时更新，从而提供更深入的洞察，如高比例第二发球接发或者上网成功率是否有助于挑高球过人等。

例如，在我国某位网球运动员与美国某位网球运动员的比赛中，我国网球运动员获得赢球的关键包括 3 项指标：一是一发（首次发球）得分率要超过 69%；二是 4-9 拍相持中得分率要超过 48%；三是发球局 30-30 或 40-40 时得分率要超过 67%。

而在实际的比赛中，我国网球运动员只完成了第二项指标，相比之下，这位美国网球运动员则完成了两项指标。因此，据此分析，我国网球运动员出局这主要跟一发得分率低、双方平分时未能获得关键分数有关。

为了打造完善的大数据基础设施，澳大利亚网球协会还与某公司共同构筑安全可靠、灵活、可扩展的无线网络，而它所具备的环境意识功能更可有效管理紧凑赛程网络状况。这意味着协会能够非常准确地预测网络连接需求高峰的时间和地点，从而调整网络以满足所需。

据悉，在某一年澳网公开赛期间，单是带有某个标签的内容就有100多万条微博上，澳网Facebook页面增加到约887 158个。社交媒体洞察在澳大利亚网球协会和其他机构的决策及其与客户互动方面具有越来越重要的作用。在赛事期间，协会使用先进的IBM分析软件和自然语言处理来评估Twitter、Facebook、新闻网站、博客和视频等网站上数十万社交媒体消息分享的正面或负面情绪。

▶ 专家指点

数据分析已经深入体育运动，并且在改变着体育运动的发展模式。大数据将改变人们消费、观看网球等体育运动及互动的方式。对于那些拥护并利用该技术为业务决策及与球迷联络提供相关信息的机构，在竞争中，将占有优势。

4.1.10 利用大数据技术掌握建筑的运作情况

利用大数据技术掌握建筑的运作情况

美国加州大学旧金山分校斥资15亿美元在米慎湾兴建了一座医学中心，这也是第一座建造时间超过10年的医学中心，其承包商为DPR Construction公司。

DPR Construction公司利用来自Autodesk公司的3D技术，帮助设计师们收集空气流量、建筑物朝向、楼体间距、环境永续性以及建筑性能等数据，并将结果导入到一套单独的虚拟模型当中。通过这种方式，建筑师、设计师队伍能够以可视化的方式掌握遍布整个运作环境的数亿个数据标记。

▶ 专家指点

Autodesk公司的Vault数据管理软件可以帮助设计、工程和施工团队组织、管理和跟踪数据的创建、仿真和文档编制流程。

借助版本管理功能，企业可以更好地控制设计数据，快速查找和重用设计数据，从而更加轻松地管理设计与工程信息。使用Autodesk Vault后，企业可以在一个平台下管理所有的计算机辅助设计（computer-aided design，CAD）和非CAD数据，提高工作效率。

4.2 全球著名的大数据分析平台

大数据近几年来可谓蓬勃发展，改变了人们的生活。在大数据的帮助下，警察可以通过犯罪数据和社会信息来预测犯罪率，部分科学家可以通过遗传数据预测疾病的早期迹象……可以说，大数据的应用前景广阔。

在大数据时代，企业和机构要想实现更大的业务价值，首先需要解决的就是基础架构问题，其中存储又是重中之重。目前，我国从事大数据领域的企业少之又少，而国外的科技企业将大数据看作云计算之后的另一个巨大商机，很多企业开始加入到大数据的淘金队伍中，这一领域已经成为实实在在的“红海”。本节将介绍全球著名的大数据分析平台（排名不分先后）。

4.2.1　IBM 的 InfoSphere 平台

IBM 的 InfoSphere 平台

IBM 是一个拥有 110 多年历史的公司。它曾经生产打字机，还生产大型 PC 机，其产品使用开源技术进行交互操作。在 IBM 的发展过程中，很多产品都是通过一系列兼并得来的。最重要的是，IBM 是一家服务公司，有着工作在全球各地的顾问团队。IBM 的基本信息如图 4-2 所示。

图 4-2　IBM 的基本信息

IBM 展示了将大数据与企业连接的重要性和一个主流服务组织，还展示了在业务软件中嵌入分析功能的力量。InfoSphere 大数据分析平台包括 BigInsights 和 Streams，二者互为补充。

（1）BigInsights 基于 Hadoop，可对大规模的静态数据进行分析。它提供多节点的分布式计算，可以随时增加节点，提升数据处理能力。例如，丹麦能源企业维斯塔斯通过使用 BigInsights 大数据软件分析伯字节级别的天气数据，优化风力涡轮机的放置位置，从而获得最佳能量输出效果。以前需要数周方可完成的分析现在仅需不到 1 个小时。

▶ 专家指点

Hadoop 本身不提供分析的功能，因此 BigInsights 平台增加了文本分析、统计分析工具。

（2）Streams 采用内存计算方式分析实时数据。Streams 最早是由美国国土安全部和 IBM 合作的项目，这个项目最终发展成一个商用的项目。

另外，InfoSphere 大数据分析平台还集成了数据仓库、数据库、数据集成、业务流程管理等组件。

4.2.2　亚马逊的 MapReduce 平台

亚马逊的 MapReduce 平台

亚马逊原本的业务是图书音像制品销售，但现在这只是其业务的一个组成部分，而且已经不是公司业务的核心。如今，亚马逊已经成为一家拥有大数据，并以此获得持续利润的云计算企业。将电子商务的数据合并在这些大数据之中，仅仅是亚马逊将数据变为收益的一种方式。亚马逊的基本信息如图 4-3 所示。

亚马逊对于云计算和大数据等新技术的发展具有先见之明，早早地推出了弹性 MapReduce（Amazon Elastic MapReduce）系统。MapReduce 本身是一种编程模型，用于大规模数据集（大于 1 TB）的并行运算，常用于作 Web 索引、数据挖掘、日志文件分析、金融分析、科学模拟和生物信息研究等。

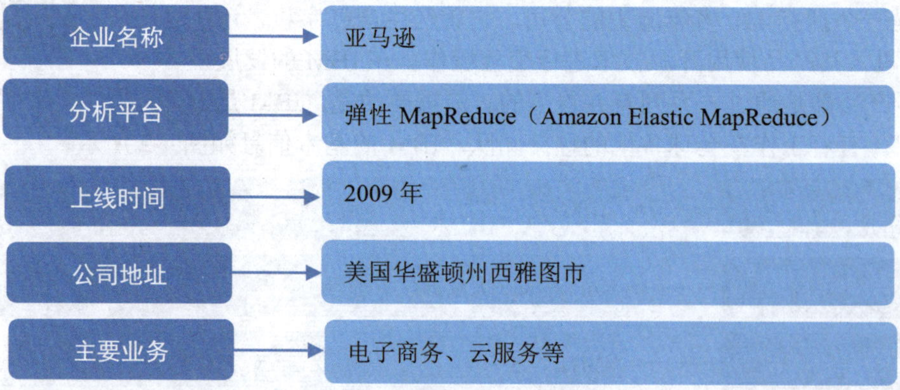

图 4-3　亚马逊的基本信息

弹性 MapReduce 是一项能够迅速扩展的 Web 服务，运行在亚马逊弹性计算云（Amazon EC2）和亚马逊简单存储服务（Amazon S3）上。面对数据密集型任务，如互联网索引、数据挖掘、日志文件分析、机器学习、金融分析、科学模拟和生物信息学研究，用户需要多大的容量，弹性 MapReduce 系统立即就能配置多大的容量。

对于 MapReduce，可以将其简单理解为把一堆杂乱无章的数据按照某种特征归纳起来，然后处理并得到最后的结果。

▶ 专家指点

亚马逊的弹性 MapReduce 系统是在业务流程管理开发平台（AWS enterprise BPM platform，业务流程管理开发 AWS 平台）之上的 Hadoop 实现，用来简化新的 MapReduce 应用，从而让这项技术拥有更加广大的受众。

4.2.3　甲骨文公司的 Oracle 平台

Oracle 平台

甲骨文公司全称为甲骨文股份有限公司，是全球最大的企业软件公司，也是继微软（Microsoft）公司后全球收入排名第 2 的软件公司。甲骨文公司的基本信息如图 4-4 所示。

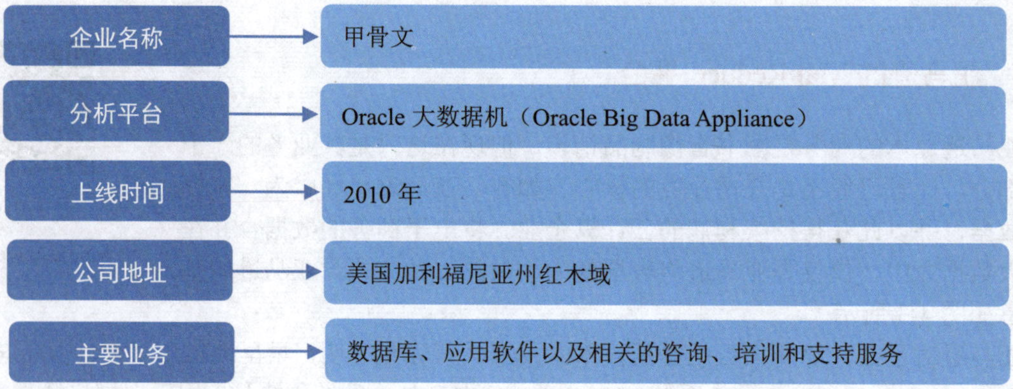

图 4-4　甲骨文公司的基本信息

大数据分析和管理得当与否将对企业数据中心产生极大影响。作为全球最大的数据库软件公司，甲骨文应时而行，推出针对大数据的众多技术产品，在满足企业需求的同时提升自身的价值。

Oracle 大数据机为许多企业提供了一种处理海量非结构化数据的方法。对于那些正在寻求以更高效的方法来采集、组织和分析海量非结构化数据的企业而言，Oracle 大数据机具有很大的吸引力。

Oracle 大数据机同 Oracle Exadata 数据库云服务器、Oracle Exalytics 商务智能云服务器和 Oracle Exalogic 中间件云服务器一起组成了 Oracle 应用最广泛的高度集成化系统产品组合，可以让客户获取和管理各种类型的数据，并且与现有企业数据一起进行分析，获得新的见解，从而在充分获取信息的情况下帮助客户做出最恰当的决策。

▶ 专家指点

Oracle 大数据机之所以拥有强大的优化企业数据仓库的能力，主要是因为其配备了 Oracle Big Connectors 软件。Oracle 大数据机旨在帮助客户利用 Oracle 数据库便捷整合存储在 Hadoop 和 Oracle NoSQL 数据库中心的数据。

4.2.4　谷歌的 BigQuery 平台

谷歌的 BigQuery 平台

谷歌（Google）的产品包括广告（AdWords）、交流和分享（Drive 和 Hangouts）、开发资源（OpenSocial）、社交网络（Google+）、地图（Google Maps）、流媒体（Google Play）、统计工具（Analytics）、操作系统（Android 和 Chrome OS）等。因此，如果对其拥有的海量数据进行深入挖掘，对于提升谷歌搜索乃至所有谷歌服务的价值无可估量。谷歌的基本信息如图 4-5 所示。

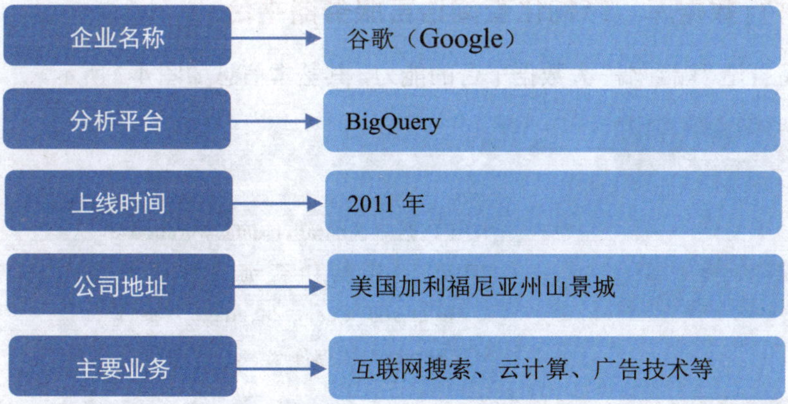

图 4-5　谷歌的基本信息

BigQuery 是谷歌推出的一项 Web 服务。通过该服务，开发者可以使用谷歌的架构来运行 SQL 语句，对超大型的数据库进行操作。即 BigQuery 可以对开发者上传的超大型数据进行直接交互式分析，而且开发者无须投资建立自己的数据中心。据悉，BigQuery 引擎可以快速扫描高达 70 TB 的未经压缩处理的数据，并且可以马上得到分析结果。

4.2.5 电子存储与控制公司的 Greenplum unified analytics platform

电子存储与控制（electronic memory and control，EMC）公司是全球在信息存储及管理产品、服务和解决方案方面领先的公司。EMC 是每一种主要计算平台的信息存储标准，而且世界上最重要信息中的 2/3 以上都是通过 EMC 的解决方案管理的。EMC 公司的基本信息，如图 4-6 所示。

Greenplum UAP 平台

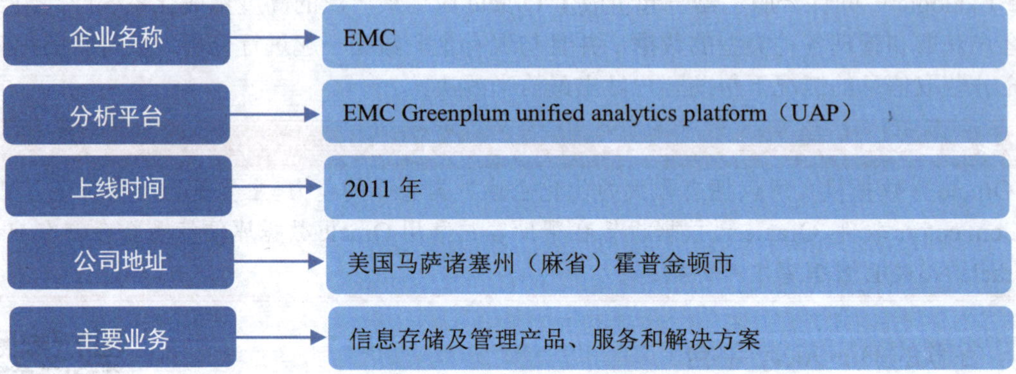

图 4-6　EMC 公司的基本信息

EMC 推出了 EMC Greenplum Unified Analytics Platform（UAP），数据团队和分析团队可以在该平台上无缝地共享信息，进行协作分析。EMC Greenplum UAP 是一个统一的数据分析平台，其独特之处在于它将对大数据的认知和分享贯穿于整个分析过程，实现比以往更高的商业价值。在 EMC Greenplum UAP 问世之后，EMC 提供关键技术来帮助机构用户提取大量数据的核心价值，并创造更多灵活的、基于数据的业务机会。

4.2.6 微软的并行数据库、结构化查询语言服务器平台

微软公司具备打造“端到端”大数据平台的能力，其基本信息如图 4-7 所示。

PDW、SQL Serwer 平台

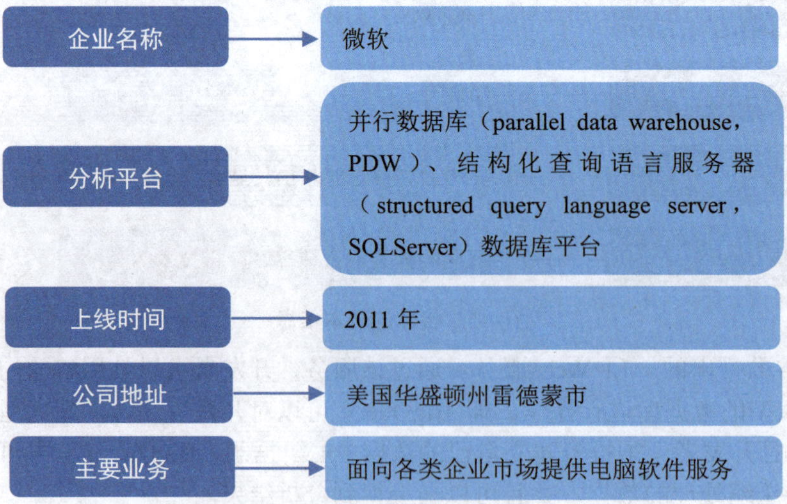

图 4-7　微软公司的基本信息

▶ 专家指点

“端到端”流程是从客户需求端出发，到满足客户需求端去，提供“端到端”的服务，“端到端”的输入端是市场，输出端也是市场。

2011 年初，微软公司就发布了 SQL Server R2 Parallel Data Warehouse，使用了大规模并行处理来支持高扩展性，可以帮助客户部署数百太字节级别的数据分析解决方案。

随后，微软公司又发布了 SQL Server 平台，并添加了 Hadoop 的相关服务，逐渐将数据业务延伸到非结构化数据领域。而伴随着 Windows Azure Marketplace 等工具的推出，微软公司已经具备了打造“端到端”的大数据平台的能力。

▶ 专家指点

Windows Azure Marketplace 可实现大数据的共享，通过开放数据协议展现数百种来自微软公司和第三方公司的应用程序和数据挖掘算法。

4.2.7　英特尔公司的 Apache Hadoop Distribution 平台

Hadoop 商业发行版

英特尔（Intel）公司是全球最大的半导体芯片制造商。1971 年，英特尔推出了全球第一个微处理器，带来了计算机和互联网的革命，改变了整个世界。英特尔公司的基本信息如图 4-8 所示。

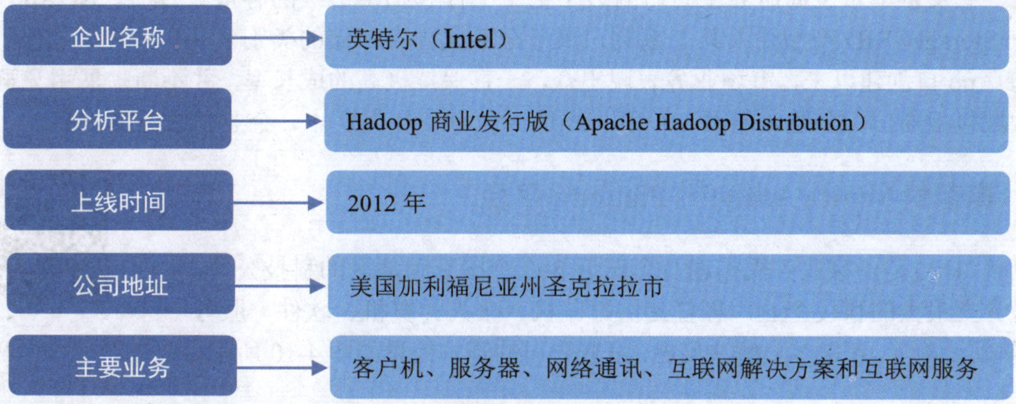

图 4-8　英特尔公司的基本信息

英特尔公司对外发布了 Hadoop 商业发行版（Apache Hadoop Distribution）。Hadoop 商业发行版包含 Hadoop 分布式文件系统、分布式数据库 HBase、分布式计算框架 MapReduce、数据仓库 Hive、数据处理 Pig、机器学习 Mahout 商业套件。

Hadoop 商业发行版包含了所有的分析、集成以及开发组件，并对不同组合之间进行了更加深入的优化。此外，它还添加了英特尔 Hadoop 管理器，从安装、部署到配置与监控，可以提供对平台的全方位管理。目前，英特尔公司已经开放了免费下载。

4.2.8　美国网域存储技术有限公司的 StorageGRID 平台

StorageGRID 平台

美国网域存储技术有限公司（Network Appliance Inc.，NetApp）是 IT 存储业界的佼佼者，自 1992 年创建以来，不断以创新的理念和领先的技术引领存储行业的发展。NetApp 倡导向数据密集型的企业提供统一的存储解决方案，用以整合网络上来自服务器的数据，并有效管理呈爆炸式增长的数据。NetApp 公司的基本信息如图 4-9 所示。

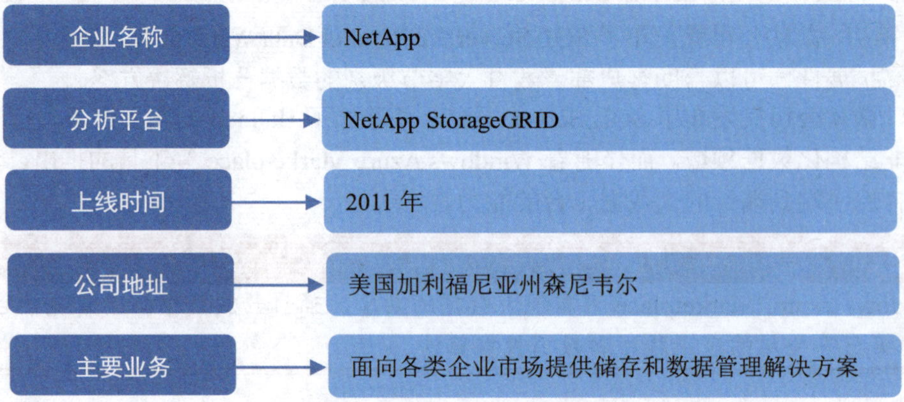

图 4-9　NetApp 公司的基本信息

NetApp StorageGRID 是 NetApp 的对象存储平台，是一个久经验证的存储软件解决方案，设计用于管理拍字节级、全球分布的存储库。这些存储库包含企业和服务提供商的图像、视频和记录。通过消除数据块和文件中数据容器的典型约束，NetApp StorageGRID 提供了强大的可扩展性，它支持单个全局命名空间内的数十亿个文件和拍字节级的容量。目前，NetApp 已将 NetApp StorageGRID 产品并入其 E 系列，属于分布式内容存储的类别。

NetApp 自创建以来，市场业务表现出众，一直保持极高的成长率，并不断扩展用户群。其客户领域包括通信、金融、能源、政府、制造、教育及各类媒体、企业和服务提供商。

4.2.9　惠普的 Vertica Analytics Platform 平台

Vertica Analytics Platform 平台

惠普（HP）是一家业务机构遍及全球近 200 个国家和地区的科技公司。作为世界上最大的科技企业，惠普提供打印机、个人计算机、软件、服务和 IT 基础设施等，帮助客户解决问题。惠普公司的基本信息如图 4-10 所示。

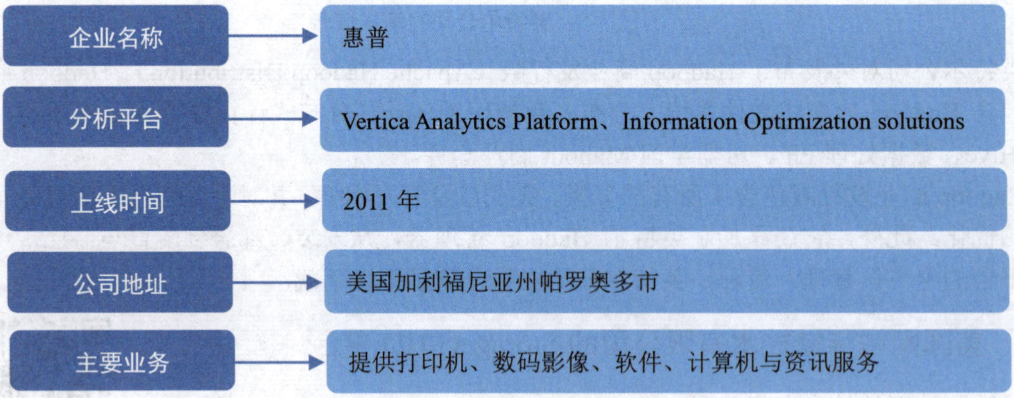

图 4-10　惠普公司的基本信息

惠普公司的子公司 Vertica 发布的大数据平台 Vertica Analytics Platform，能够帮助企业迅速洞悉关键的业务信息，为决策提供辅助。Vertica Analytics Platform 让用户能够大规模实时分析物理、虚拟及云环境中的结构化、半结构化和非结构化数据，从而深入洞悉大数据。

随后，惠普公司发布扩展信息优化解决方案（information optimization solutions），旨在帮助企业充分利用爆炸式增长的运营数据、应用数据和设备数据。

之后，惠普公司又推出了 Vertica 分析平台，能够对大数据进行简化。据了解，该平台通过分析包提升性能，加强与 Hadoop 的集成以及简化 Amazon 云部署，从而优化大数据并将其转化为利润。

另外，惠普公司还扩展了其业界领先的数字营销平台，发布了解决方案——Optimost Clickstream Analytics，在电子商务中为市场营销人员提供客户访问、对话和参与情况的单一、连续的视图，为实现“瞬捷”企业构建灵活的智能环境。

▶ 专家指点

在当今瞬息万变的商业环境下，“瞬捷”企业的创新优势在于能够提供与时俱进的、有竞争力的产品和服务，以加快业务增长。其优化特性则是指具备更高的投资回报率和更低的成本。

4.2.10　Sybase 的 IQ 平台

Sybase 的 IQ 平台

Sybase 公司成立于 1984 年 11 月，是全球最大的独立软件厂商之一，致力于帮助企业等各种机构进行应用、内容及数据的管理和发布。Sybase 公司的产品和专业技术服务，为企业提供集成化的解决方案和全面的应用开发平台。Sybase 公司的基本信息如图 4-11 所示。

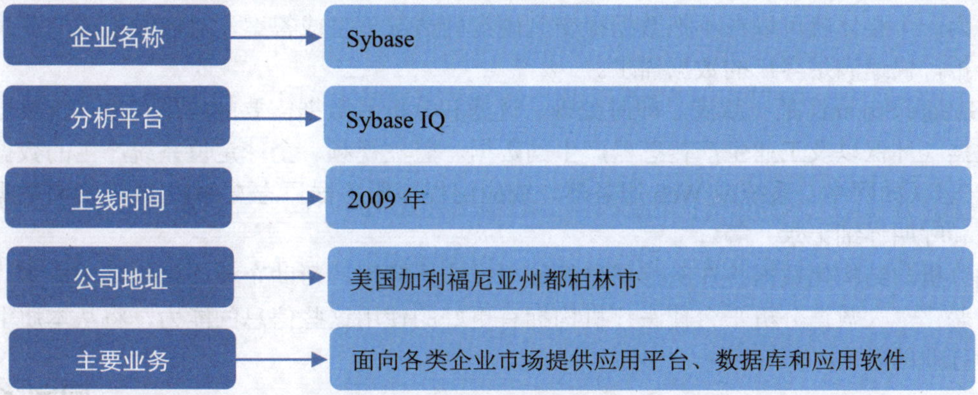

图 4-11　Sybase 公司的基本信息

Sybase 公司推出的 Sybase IQ 是一款为数据仓库设计的关系型数据库。其架构与大多数关系型数据库不同，它特别的设计用以支持大量并发用户的即时查询。其设计与执行进程优先考虑查询性能，其次考虑完成批量数据更新的速度。而传统关系型数据库引擎的设计既考虑在线的事务进程，又考虑数据仓库。

Sybase IQ 15.4 是面向大数据的高级分析平台，将大数据转变成可指挥每个人行动的情报信息，从而让企业在整个用户和业务流程范围内轻松具备分析大数据的能力。

Sybase IQ 大大节约了数据存储成本，而且通过其强大的可扩展性为企业提供了灵活的选择。

另外，Sybase IQ 比传统的数据库更容易维护，不需要经常进行人工调优，易实现扩展，部署时间快速，这些都大幅降低了企业开发数据仓库的成本。

4.3 大数据基础架构的应用案例

目前，很多人往往只关注数据分析与处理层面，其实在尝试大数据解决方案之前，更应从全面的角度去审视自身的基础架构是否适合大数据未来的需求与发展。简而言之，就是大数据实践中，基础架构先行。只有如此，方能在大数据“浪潮”之中淘得“真金”。本节主要介绍大数据基础构架的应用案例。

4.3.1 Streams 利用大数据监控重症婴儿

Streams 利用大数据监控重症婴儿

ICU 是医院主要的科室之一，因其患者多来自院内各科室，且病情危重，致使其院内感染发生率相对增高。患者治愈后又回散到原科室，将 ICU 的耐药菌株携带到医院各处而可能引起他人感染。由此可见，做好 ICU 的感染控制十分重要。

安大略理工大学是加拿大的公立大学，拥有一流的教学设备和师资。学校使用 Streams 监控 ICU 中的新生婴儿，并根据监控数据提前预测新生婴儿的感染情况。健康信息学专家称，这一技术让安大略理工大学能够搞清楚这些数据并分析它们，如揭示败血症的发生前兆，以及这些问题发生前的多种条件。

Streams 提供了一种操作系统以实现这个功能。它在多台计算机之间共享一个特定程序，这样系统作为一个整体就可以在不把数据提交到硬盘的情况下生成答案，对实时生成的海量流数据进行分析，快速满足客户的数据需求。

InfoSphere Streams 是一款满足即时处理、过滤和分析流数据需要的应用程序。流数据包括传感器数据（环保以及工业生产传感器产生的数据、监控视频、全球定位系统产生的数据等）、“数据废气”（如网络、系统或 Web 服务器，或应用程序服务器日志文件）、高速交易数据（如金融交易和呼叫详细记录）等。

预测分析与结构化数据将在医疗保健领域中被广泛应用，帮助企业或机构降低成本，防止患者病情恶化。大数据分析平台使医疗机构拥有更好的使用这些信息的能力，将从本质上改变医疗保健行业的未来。

4.3.2 沃尔玛百货有限公司利用大数据打造数据中心

利用大数据打造数据中心

沃尔玛百货有限公司（简称“沃尔玛”）其实是最早通过利用大数据而受益的企业之一，它曾经拥有世界上最大的数据仓库系统。早在 2007 年，沃尔玛就建立了一个超大的数据中心，其存储能力高达 4 PB 以上。《经济学人》曾报道，沃尔玛的数据量已经是美国国会图书馆的 167 倍。

众所周知，沃尔玛的供应链是全球零售商中较为先进的。早在 20 世纪 80 年代，沃尔玛就率先开发数据交换系统，与供应商信息系统直接进行对接，实现了商品的自动补货。为了加强数据的共享，沃尔玛还投资 4 亿美元发射卫星进行全球数据联网。通过全球网络，沃尔玛的数千家门店可在 1 小时内对每种商品的库存、在架以及销售情况进行盘点。

沃尔玛实验室将沃尔玛的 10 个网站整合成 1 个，同时将 1 个有 10 个节点的 Hadoop 集群扩展为有 250 个节点的 Hadoop 集群，并设计了几个开放资源的数据库迁移、整合工具。

沃尔玛还通过先进的大数据预测分析技术，发现了两个家顾客的购买意向正在向高档产品转移的门店，并及时调整了两家门店的库存，一举将销售业绩提升了 40%。大数据分析技术使得沃尔玛能够实时对市场动态做出积极响应。通过对消费者的购物行为等非结构化数据进行分析，沃尔玛成为最了解顾客购物习惯的零售商，并创造了“啤酒与尿布”的经典商业案例。

沃尔玛进行了一系列的收购，包括收购 Kosmix（沃尔玛实验室的前身）、Small Society、Set Direction、OneRiot、Social Calenda、Grabble 等多家中小型创业公司。这些创业公司要么精于数据挖掘和各种算法，要么在移动社交领域有其专长，可见沃尔玛进军移动互联网和挖掘大数据的决心。

从沃尔玛投入巨资开发大数据工具并推动大数据技术发展的案例中可以发现，对大数据最热心的企业不是 IT 厂商，而是能直接从大数据中获益的传统企业。这些企业已经迫不及待，甚至跑到了工厂厂商的前面。

线下零售的海量数据一旦可以整合，必将极大改变现有的商业模式。零售巨头沃尔玛正在变革其电子商务模式，而大数据是这次变革的动因。如今，沃尔玛在大数据上的投资已经开始产生回报。相信在沃尔玛的带领下，传统行业也会慢慢意识到大数据的重要性，加速步入大数据时代。

4.3.3　Clustrix 公司利用大数据挖掘海量信息

利用大数据挖掘海量信息

Clustrix 公司在创建时将总部设在了美国旧金山市，将研发中心设在了西雅图市。为打开欧洲市场，该公司计划将总部迁至荷兰的阿姆斯特丹市，还在印度设立了办公室。Clustrix 推出了一个可高度扩容的伸缩式数据库解决方案 Sierra。该解决方案不仅提供了和 SQL 数据库相似的功能，还能对数据存储进行无限制扩展。

Clustrix Sierra 被业内称为“云计算时代的 MySQL”，它可以帮助现在要处理海量数据的公司更快地找到数据，并解决日益增长的数据扩容等问题。Clustrix Sierra 可以为 SQL 数据库提供数据应用方法，帮助人们处理大量的数据，使 SQL 数据库无限扩容成为可能。

除了传统的大型企业已经开始进入大数据领域之外，还有不少的创业企业也瞄准了大数据带来的机会，纷纷推出自己的产品，以期抓住大数据时代的机会，Clustrix 便是其中之一。

在前面的章节中已经介绍过，大数据的容量往往是拍字节级别，甚至有些用户的数据量开始达到艾字节级别，这要求未来的存储系统能够具备容量大、易扩展的特点。对海量无意义的非结构化数据进行挖掘提取，整合成结构化数据，并使之有意义或创造价值，这是很多大数据公司的根本愿望。而完成这些任务有一个前提：必须构架一个大数据分析平台，并利用该平台从海量数据中找到所需要的那部分。这就是公司 Clustrix 正在做的。

4.3.4　LSI 公司利用大数据获得领先的解决方案

利用大数据获得领先的解决方案

LSI 公司（LSI Corporation）是一家总部位于美国加利福尼亚州的半导体和软件领先供应商，为加速数据存储中心与移动网络性能提供了许多领先的解决方案。LSI 公司对其数据中心进行了两大创新，如图 4-12 所示。

通过数据的采集、存储和分析，并对多个领域进行深入分析，LSI 公司不断解决用户在大数据方面遇到的技术难点。

不可否认人们已经身处大数据“洪流”中，无时无刻地体验着大数据带来的价值。面对大数据的“洪流”，数据中心已经急需进行变革，其“基石”——IT 基础架构也需要转变。

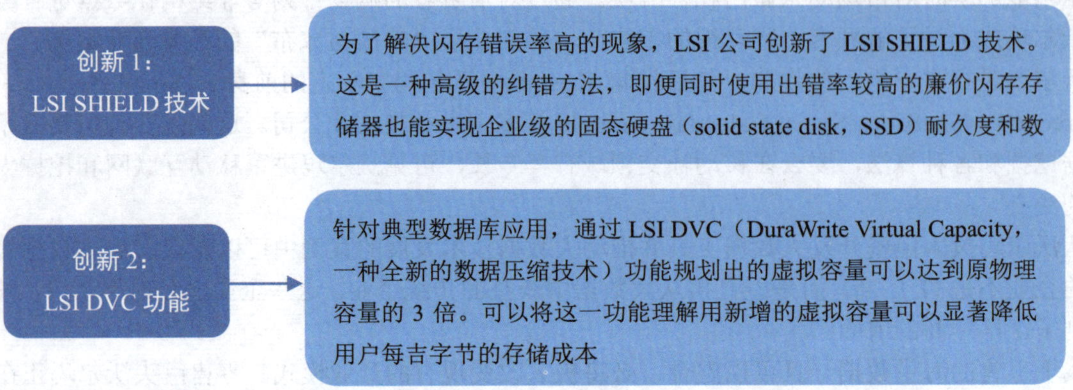

图 4-12　SI 公司数据中心进行的两大创新

通过数据的采集、存储和分析，并对多个领域进行深入分析，LSI 公司不断解决用户在大数据方面遇到的技术难点。

不可否认人们已经身处大数据“洪流”中，无时无刻地体验着大数据带来的价值。面对大数据的“洪流”，数据中心已经急需进行变革，其“基石”——IT 基础架构也需要转变。

大数据具有多元、高速、海量的特点，在基础设施具备足够的规模和经济性的情况下，移动计算架构会向数据流架构转换。为了顺应这种变化，LSI 公司必须拥有智能的芯片解决方案，比如闪存、可共享的直链式存储（direct-attached storage，DAS）架构，以及异构的多核处理器，为迈进全新的数据中心时代做好全面准备。

4.3.5 长虹集团利用大数据推动数据中心的变革

利用大数据推动数据中心的变革

IBM 与长虹集团创建了绵阳 IBM 大数据分析竞争力中心。该中心借助大数据分析和科学管理推动长虹集团智能战略的实施和自身的转型发展，从而推动绵阳市智慧城市的落地。

早在 1999 年，长虹集团就成功使用企业资源计划（enterprise resource planning，ERP）系统进行系统化管理。在家电领域，长虹集团是最早对 ERP 系统进行管理的企业。ERP 系统已经成为长虹集团信息化的 DNA，也是长虹集团现阶段发展大数据战略的关键基础。

2008 年，长虹集团成立了虹信公司，开始对外输出软件业务，让更多企业能使用长虹集团的信息化成果。

2012 年，长虹虹信公司的收入达到 2.5 亿元，为中国西南片区的企业提供了系统的专项服务。

对于长虹集团来说，大数据服务并不是新起“楼阁”，随着长虹家庭互联网成熟的技术与整套产品的落地，云计算、大数据服务这些新兴业务将成为其新的利润增长领域。而围绕大数据商业模式创新，长虹集团已积极展开多项相关技术合作开发，包括与中国科学院软件研究所进行大数据的数据挖掘项目合作。

例如，我国首款电视操作系统轩辕 TVOS、全球首创的电视语音浏览器、超高清数字电视系统等，这些研发为长虹集团带来了更宽阔的视野，也实现了从单一智能终端走向多个智能终端的连接、交互和协同，这无疑是对现有智能终端形态的一次颠覆。

在大数据智能时代，长虹芯片将是长虹智能产品的“大脑”，而软件（操作系统）将是“思想”，二者缺一不可。利用装备了长虹智能芯片和软件的第三代智能电视可以打造很多有趣的应用场景，如电视节目在不同的终端推送，利用电视控制、调节冰箱的状态，以及基于共同的内容产生的社交圈等。

处于大数据时代的长虹集团，无论是在硬件方面还是在软件方面，都占据着相当有利的地位，其实现了各软件之间的融合，以及硬件与软件间的融合，把软件和硬件的优势有效、完美地整合起来。

大数据对于长虹集团争夺家庭互联网入口的意义在于它能使长虹集团的智能电视更“懂”用户，帮助用户实现这样一个梦想：当你坐在沙发上，电视就会自动打开，并且调到你最喜欢看的频道。

本 章 小 结

本章主要介绍大数据的常见架构，包括世界各地的基础设施部署方案、全球著名的大数据分析平台、大数据基础架构的应用案例，带领读者快速认识和了解大数据的常见架构，增加读者对大数据的认知。

课 后 习 题

1. 世界各地的基础设施部署方案有哪些？请用文字列出 8 个。
2. 全球著名的大数据分析平台有哪些？请用文字列出 8 个。

第 5 章 大数据的精准营销

5

大数据让产品的精准营销成为可能，极大地改变了传统的营销模式。企业的营销由广撒网式逐渐转向精准模式，这不仅为企业节省了成本，更提高了营销的效率。本章将介绍大数据精准营销的相关知识，帮助读者快速提升营销的效果。

本章重点

- 精准营销概述
- 客户行为的精准营销
- 客户的精准定位策略
- LBS 大数据精准营销

5.1　精准营销概述

产品的精准营销是实现营销的根本，如果客户连企业的产品名称都不知道，那么企业想要达到营销的目的谈何容易？所以营销的核心就是产品信息的营销。大数据让产品信息的精准营销成为可能，极大地改变了传统的营销模式。企业的营销由广撒网式逐渐转向精准模式，这不仅为企业节省了成本，更提高了营销的效率。

5.1.1　精准营销的基本概念

精准营销的基本概念

精准营销就是在精准定位的基础上，依托现代信息技术建立个性化的客户沟通服务体系，实现企业可度量的低成本扩张之路。与普通的市场营销相比，精准营销更强调的是以下几点。

一是精准的潜在目标客户群与定向传播方式手段的统一。

二是传播方式手段与所载内容的统一。

三是所载内容与营销目的的统一。

精准营销需要用到数据分析、传播途径有效性测评、营销策划、客户关系管理（customer relationship management，CRM管理）、项目活动管理等相关知识和技能，是综合性的营销。精准营销体现了营销的深层次寓意及核心思想，这主要体现在以下几个方面：

⑴精准营销通过可量化的、精确的市场定位技术，突破传统的营销定位只能定性的局限。

⑵精准营销借助先进的数据库技术、网络通信技术及现代高效的分散物流等，保障与客户的长期个性化沟通，达到可度量、可调控等精准的营销效果，使企业低成本快速增长成为可能。

⑶精准营销保持了企业和客户的密切沟通，满足了客户的个性化需求，建立了稳定的企业忠实客户群，实现了客户链式反应增值，从而使企业稳定、高速发展。

⑷精准营销借助现代高效的分散物流，使企业摆脱繁杂的中间环节及对传统营销模块式营销组织机构的依赖，实现了个性化关怀，极大地降低了营销成本。

5.1.2　精准营销的前提条件

精准营销的前提条件

精准营销的关键在于如何精准地找到产品的目标人群，再让产品深入到消费者的心坎里，让消费者认识产品、了解产品、信任产品，甚至是依赖产品。

随着大数据技术的发展，基于大数据的精准营销弥补了传统营销方式成本高、见效慢的不足，以高性价比的优势，逐渐受到企业的青睐。那么，如何利用大数据技术进行产品信息的精准营销呢？关键还是要做好3点，如图5-1所示。

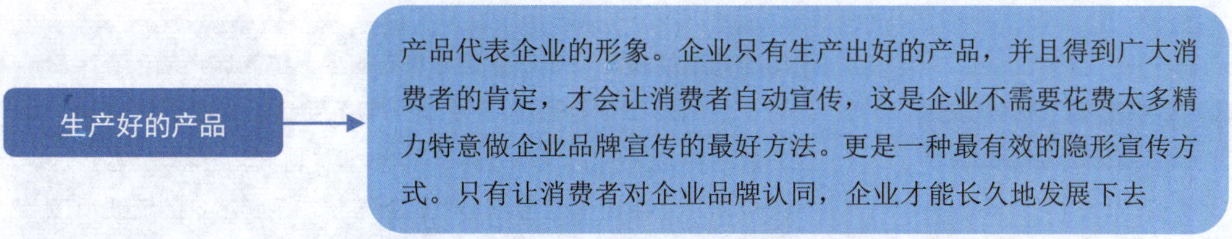

图 5-1　大数据技术进行产品信息精准营销的关键点

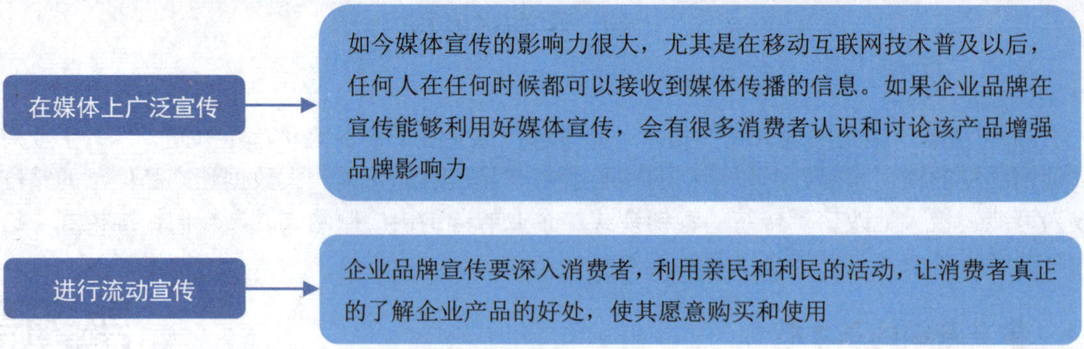

图 5-1（续）

5.1.3 精准营销的主要步骤

精准营销的主要步骤

品牌宣传对于一个企业来说是非常重要的，企业品牌传达给消费者的是企业的经营理念、企业文化、企业价值观以及企业对消费者的态度，这是企业进行自我宣传的一个绝佳的手段，而正确、合理的精准营销，不仅能够为企业做好品牌宣传，更能在较短的时间内帮企业实现盈利。在大数据分析的基础上，针对目标客户进行精准营销主要有4个关键点，如图5-2所示。

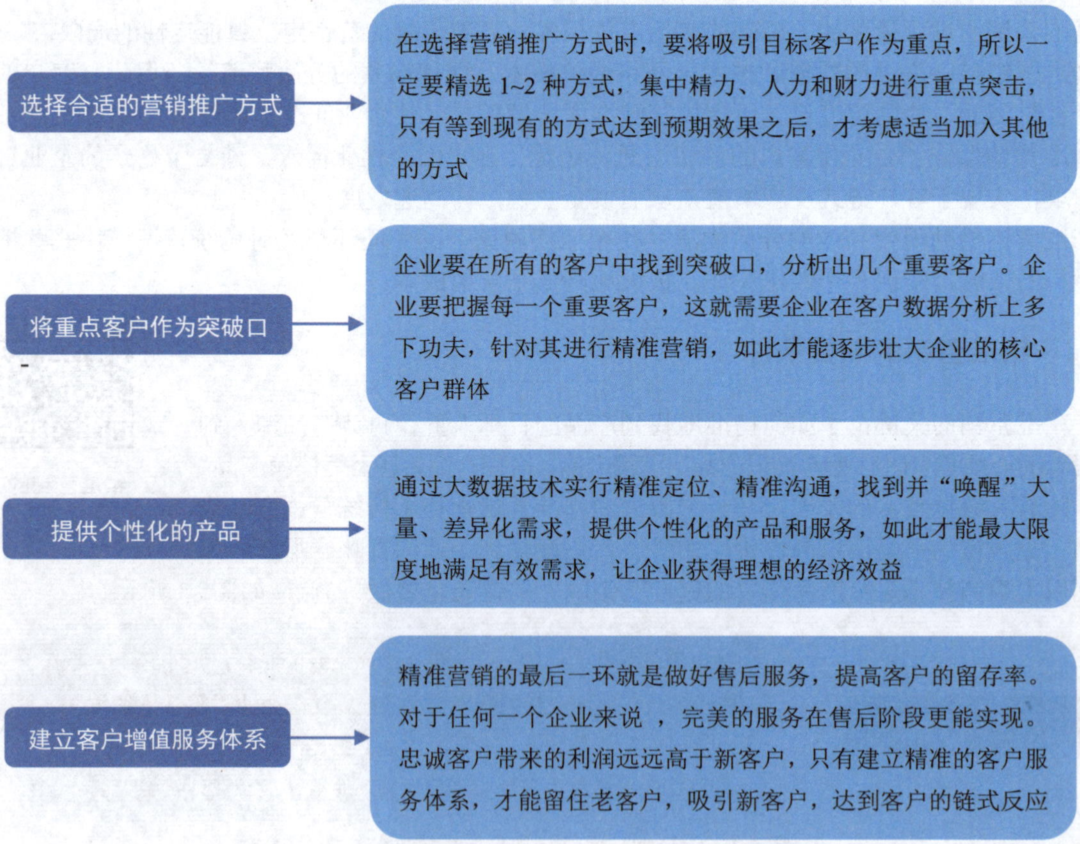

图 5-2　针对目标客户进行精准营销的关键点

▶ 专家指点

对于企业来说，除了让客户购买自己的产品或服务之外，还需要确保客户的购买率、回购率和推荐率。在精准营销中，只有及时和迅速地收集客户的意见，才能真正做到精益求精，形成公司的品牌效应，将营销的效果长期保持并不断提高。

5.2　客户行为的精准营销

在商业营销中，“谁掌握了大数据技术，谁就能胜人一筹”，但是这些激动人心的“口号”喊了无数遍，能够真正做到合理利用大数据并为自身创造商业价值的企业却没有多少。不是因为需要的数据太少，而是因为不知道如何从那些并不起眼的数据中找到自己想要的东西。本节将客户的行为进行精准分析，以便更好地进行精准营销。

5.2.1　充分发挥大数据的价值

充分发挥大数据的价值

生活中无时无刻都在产生数据，人们在日常生活中需要处理的数据越来越多，而且这些数据的信息量正在呈直线上升，数据类型也越来越复杂。数据从形式上可以简单地分为结构化数据和非结构化数据两种，如图 5-3 所示。可以据此分类、整理数据，让数据有序地呈现。

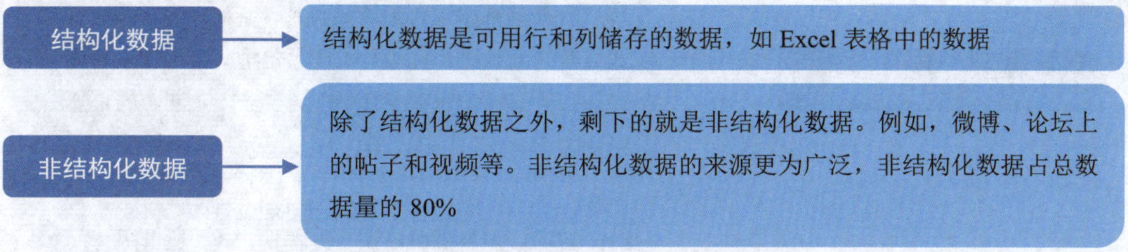

图 5-3　数据从形式上的分类

在商业活动中，不同企业因为要定位不同的客户，所以获取信息的渠道也不同。在大数据时代，很多时候不是去挖掘数据，而是数据自动“扑”过来。大数据主要有 3 大来源，如图 5-4 所示。企业可以从不同的渠道收集数据，丰富自己的数据库。

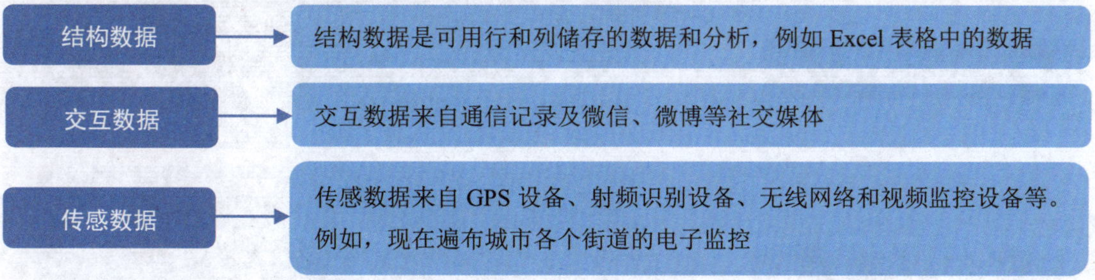

图 5-4　大数据主要大来源

数据收集是对客户进行定位，以进行精准营销，从而获得巨大商业价值的基础。例如，消费者在购物时都会向商家索要发票，商家可以将某段时间内打印的发票整理一下，用以分析店内客户的购物情况，判断哪个价位的商品比较受消费者的欢迎。

随着社会的快速发展，数据量呈现快速增大的趋势。据统计，全球每个月有 4 EB 的数据出现，在这么庞大的数据量之下，企业间比拼的可能不只是效率，更是数据，或者说谁有数据，谁会收集和利用数据，并通过数据了解客户。

在大数据的收集中，企业要走出一个误区，那就是数据不是信息，而是有待理解的“原材料”。当企业理解了这些“原材料”，企业的信息量就会逐渐增大，由“原材料”转换的信息带给企业的商业价值才会增加。有些人觉得获得了数据信息，找到了数据的价值所在，就可以对其进行使用了，这种想法其实是错误的，因为还需要重点做好一件事，那就是数据的分析。

数据分析的目的就是找到数据的本质，是将数据最大化利用和将客户定位准确化的重要手段。

▶ 专家指点

大数据技术是一个重要的技术，它还有许多方面等着人们去探索和挑战。但是，企业也要把精力放在大数据能给人们带来的好处上，借助大数据让自身获得稳步的发展，因为只有让企业安全地生存下去，才能让自身有能力迎接挑战。

数据分析是大数据发展应用中的关键步骤。无论数据有多大价值，若没有对其进行应用，则数据永远还是“死”的，所以数据应用是让数据产生价值的重要一步。商家可以从多个角度对客户进行定位，让大数据更好地为自己所用。商家对客户定位的角度如图 5-5 所示。

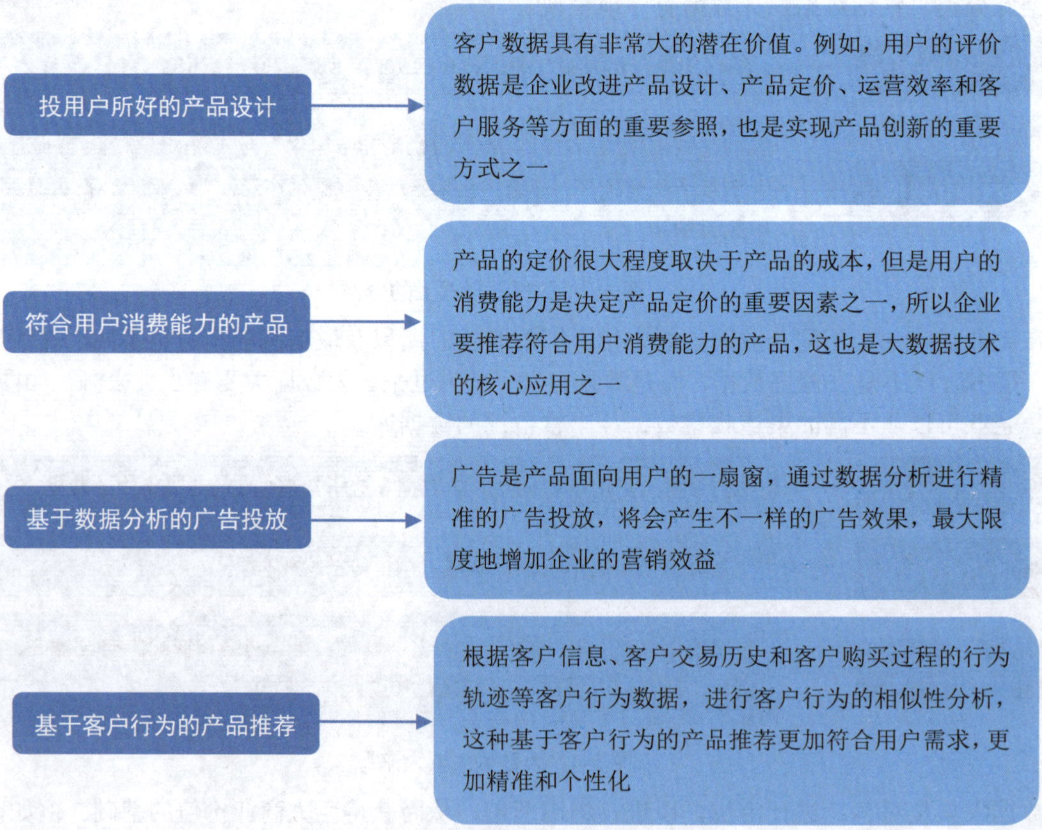

图 5-5　商家对客户定位的角度

基于社区热点的趋势预测	社区中的热门话题和在搜索引擎中的热点，通常具有先兆性的特征，能够成为一种流行趋势的预测，企业围绕这种趋势进行营销能达到更好的效果
基于环境数据的外部形势	从市场竞争者的产品和促销中与从外部环境的数据中，找到对外部形势演变的先导性预测，能够帮助企业应对环境的变化

图 5-5（续）

5.2.2　对客户的行为进行分析

对客户的行为进行分析

大数据的客户行为分析是企业和商家在拥有基本数据的情况下，对有关数据进行统计和分析，从而发现目前的营销活动中可能存在的问题，并为问题的进一步修正或重新制定策略提供决策依据。下面就来为读者讲解客户行为分析的相关知识。

1．客户类别分析

想要分析客户的行为，对客户进行定位，就要对客户进行大致的分类。从营销的角度来看，可以将客户分为 4 类，如图 5-6 所示。

经济型客户	这类客户的消费能力不是很强，因为他们不会花太多的时间去进行消费，消费时关心得最多的还是产品的价格，所以这类客户的消费水平通常比较低
道德型客户	这类客户通常会关注知名的企业和品牌产品，因为他们比较信任大品牌和口碑较好的产品，所以这类客户通常具有一定的消费能力
方便型客户	这类客户追求的是购买的方便性，例如支付的便捷、选择的便捷和收获的便捷等。他们一般没有太多的时间花在购物上，但是他们的消费能力却是不能忽视的
个性化客户	这类客户的消费没有什么定性，一般是凭自己的感觉，只要有满足自身需求的产品就会购买，在价格和品牌上没有太多的要求

图 5-6　从营销的角度将客户分为 4 类

2．影响客户行为的因素分析

消费者的行为是一个变量，而随着消费者行为的变化，相关的数据势必也会跟着变化。所以，摸清客户消费行为的影响因素，是对用户进行长期定位的必需手段。影响客户消费行为的因素主要有 4 种，如图 5-7 所示。

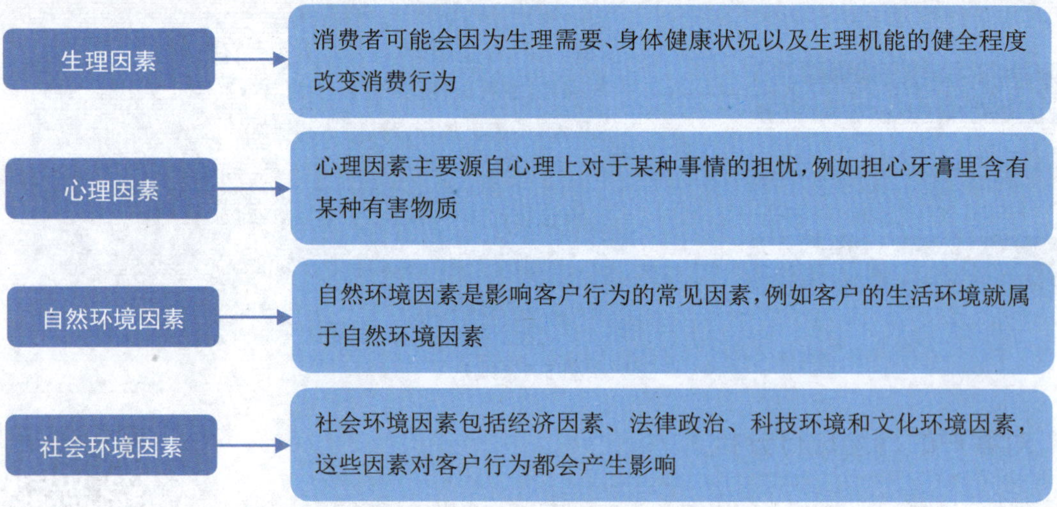

图 5-7 影响客户消费行为的因素

掌握了这些因素对于客户行为的影响，也就掌握了对客户进行长期定位的技术，为以后的精准推荐和精准营销打下了基础。

3．重点数据分析

客户行为的分析重点就在于从庞大的数据中找出重点数据，因为重点数据才能体现出数据的价值。在分析客户行为时，需要重点进行数据分析，如图 5-8 所示。

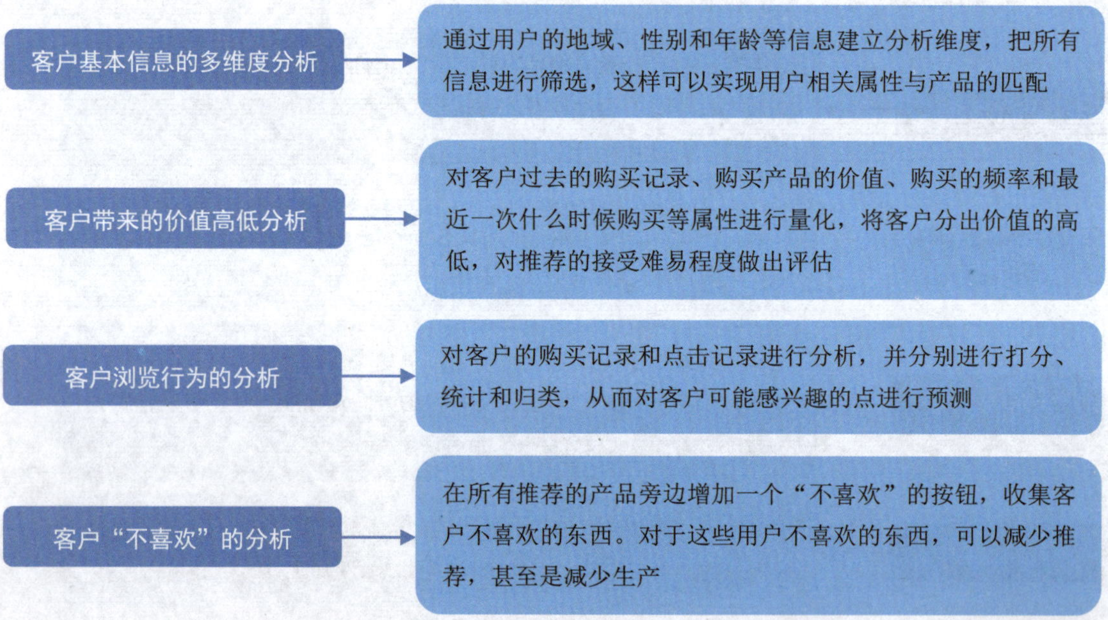

图 5-8 分析客户行为需要重点进行数据分析

5.2.3 对客户的特征进行分析

对客户的特征进行分析

如果说客户的行为分析是对客户的横向分析，那么客户的特征分析就是纵向分析。因此，对客户的特征信息需要借助大数据进行统一分析和管理，但是这些信息往往难以直接采集和获得。下面就为读者介绍几种客户特征分析的方法。

1. 目标消费群体分析

目标消费群体是企业产品的主要消费人群，例如某企业生产的是导航仪，那么该产品的目标消费群体就是有车一族；如果某企业生产的是英语学习机，那么该产品的目标消费群体就是中小学生以及他们的家长。所以，目标消费群体可以说是客户定位的另一种方式。

目标消费群体的定位可以细分为很多个维度，例如性别、年龄、职业、风格和场景，如图 5-9 所示。

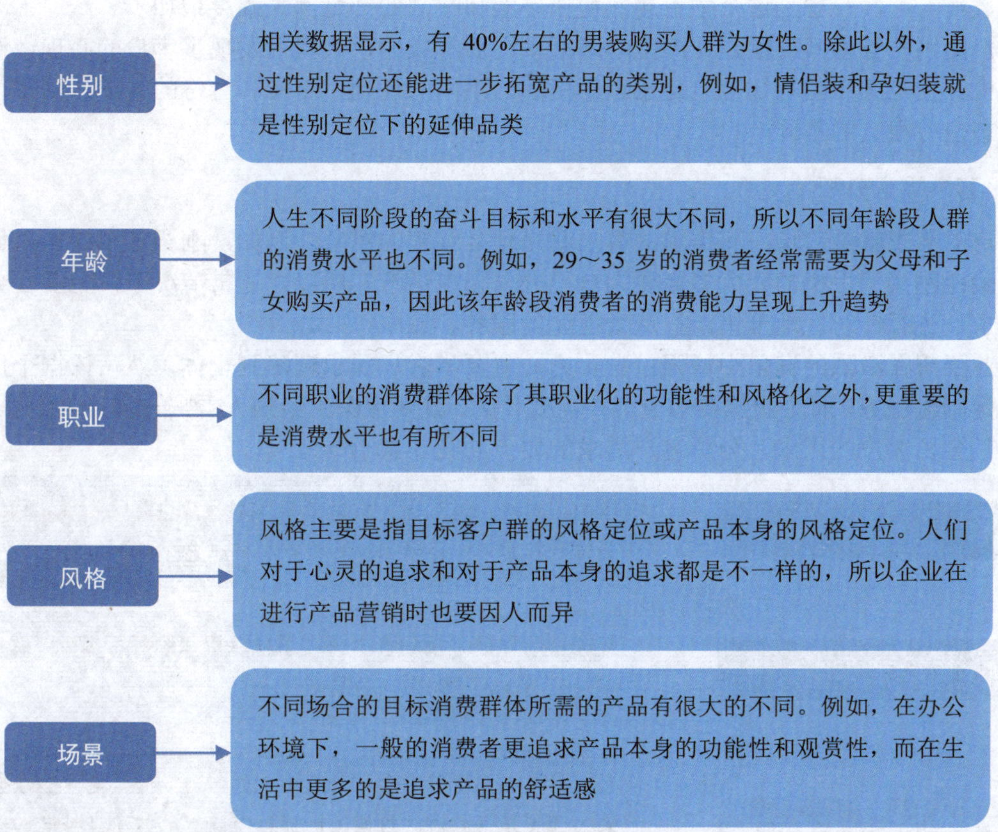

图 5-9 目标消费群体的定位细分

2. 客户行为习惯分析

客户的行为习惯是客户定位的产物，同时也是客户定位的依据之一。简单来说，就是客户定位可以分析出这一类型客户的行为习惯，而客户的行为习惯也可以促成企业的定位，二者相辅相成，齐头并进。

例如，某公司就通过大数据调查得知，青年女性中活泼好动的占大多数，尤其是晚上睡觉爱动来动去，但是她们生理期的晚上就好像被绑在床上一样，不敢随便乱动。于是，该公司就认准了这个共性的习惯，他们生产的卫生巾在有效预防侧漏的前提下，加上了夜用功能，并且取得了较好的绩效。

总的来说，该公司就是通过对青年女性的客户定位，了解她们的睡眠状况及习惯，而通过对一些用户的睡眠状况进行分析，总结和定位产品的客户群。

3．客户心理分析

客户心理分析旨在分析客户的心理活动。例如，客户需要购买多少件这款产品？客户希望的赠品是什么样的？买这件产品客户，一般还会购买哪些商品？对这些心理活动进行分析可以有效地提高销售率。

全球零售业巨头沃尔玛就根据商场里的消费记录，啤酒与尿不湿经常会同时支付。经过细致地分析发现，买完尿不湿后再买啤酒的都是男性。因为妻子在家带孩子没时间，而上了一天班的男性在外出购物的同时，通常希望喝上两瓶啤酒来犒劳自己。于是，商场决定将啤酒和尿不湿摆放在一起，没想到这个举措居然使尿不湿和啤酒的销量都大幅度增加了。

客户的消费行为其实就是在产生心理活动之后形成的，谁提前发现了客户的心理，谁就抢占了先机。但是客户的特征也不是永远不变的，不同的性别、年龄和身份的客户，消费行为和购买心态也有很大的不同。

4．客户需求分析

客户的需求就是市场，有需求的客户就是精准营销的对象。例如，刚买了车的人，他一定需要车险；刚买了手机的人大多需要为自己办一张电话卡。所以，通常情况下，企业会分析客户的需求，进行针对性地推销，打造个性化的服务。

企业要想在激烈的竞争中增强自身实力，就要将客户需求精确到个体，然后依据个体需求来提供定制化服务。而企业想要知道客户需要什么，就要像医生给病人看病一样，学会通过“望闻问切”分析客户的需求。分析客户需求的要点如图 5-10 所示。

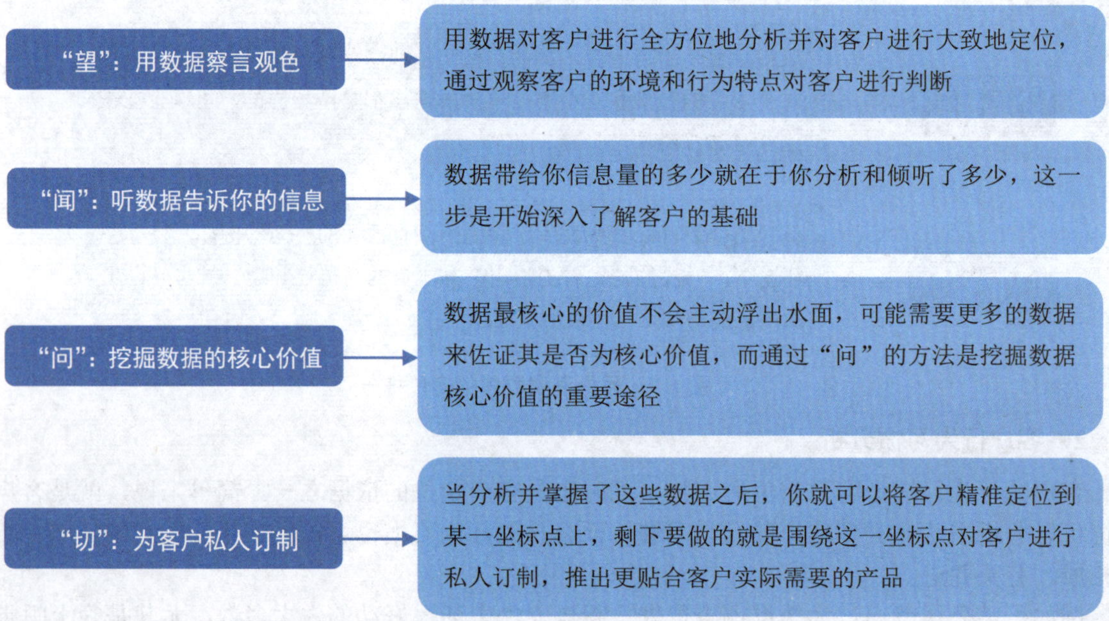

图 5-10　分析客户需求的要点

5.3　客户的精准定位策略

在大数据时代，数据可以渗透到客户的每个角落，只要通过数据做好客户定位和客户行为分析，并进行精准的营销，那么就不愁没有客户。本节将介绍客户的精准定位策略。

5.3.1　寻找客户资源的技巧

寻找客户资源的技巧

在市场经济高速发展的今天，不管做哪一行都需要客户的支持，没有了客户，企业就失去了发展的动力。而当下随着经济的发展，各行业之间的竞争日趋激烈，对客户的争夺也是愈演愈烈。如何寻找客户资源是当下许多从业人员不断探索而又不知其解的一个问题。这一节，就来重点为读者介绍寻找客户资源的技巧。

1．对客户的属性进行分类

在客户定位中，最怕的一句话就是"老少皆宜"。就算企业经过长期的发展，几乎可以做到"老少皆宜"，但是营销的初期还是要找一个精准的客户群进行切入，切入越精准，风险就越少，也就越容易获得成功。

想要做到客户的精准定位，就要对客户的属性进行分析。属性分析可以从 3 个方面来考虑，如图 5-11 所示。

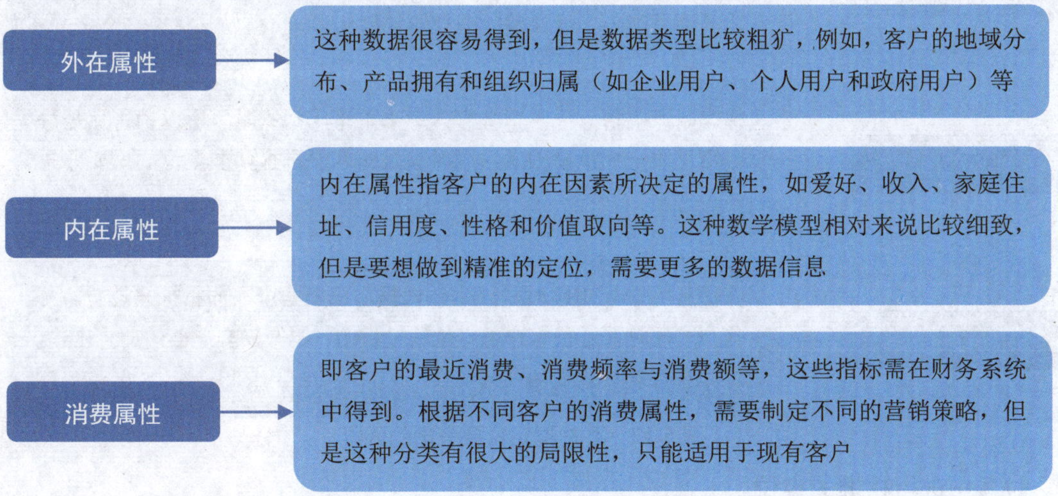

图 5-11　客户的属性分析

2．了解企业营销战略的要素

如果说竞争将市场推向了定位时代，那么数据分析就将市场推向了精准定位的时代。所以，在数据化和信息化的时代，精准定位是精准营销的基本要素。精准定位是让自己的产品实现最大化地营销，传统的营销是一种广撒网的营销方式，营销成功率极低。

产品不可能满足所有的消费者，只有对客户进行精准定位，找到对商品有需求的客户，才能实现营销效果的最大化。

> **▶ 专家指点**
>
> 在商业营销中，关键不是对商品做了多少，因为不管做多少，客户也看不见。客户能看到的就是为他们做了多少。所以，精准的目标客户定位，就像给客户画“素描”，客户不会去管在这幅画上用了多少心，只会关心最后这幅画完成后与自己像不像。

3．掌握客户群定位的方法

客户群定位其实就是进行销售前的一项准备工作，其主要内容是确定进行推销的客户。下面先来看一个案例。

一位化妆品推销员所销售的产品为男性防晒霜，他将销售的地点选择在大学校园周围，价格在 200 至 400 元之间。经过两个月的推销，他发现自己的业绩与其他同事相比，相差一大截，这是为什么呢？其实这位推销员犯了一个很大的错误，就是完全选错了客户群。

首先，大学生没有收入来源，怎么可能会花费这么多钱去买防晒霜呢？其次，他将定位放在大学校园周围，而大学生每天的活动场所无非就是教室、食堂、图书馆和宿舍，防晒霜一般用不着。最后，定位的客户群是男生，别说是在大学校园，就是社会上的男性又有多少会涂防晒霜呢？

所以，这位推销员的销售业绩与其他同事相差很多也是情理之中的。由此，就可以总结出客户群定位要考虑的因素，如图 5-12 所示。

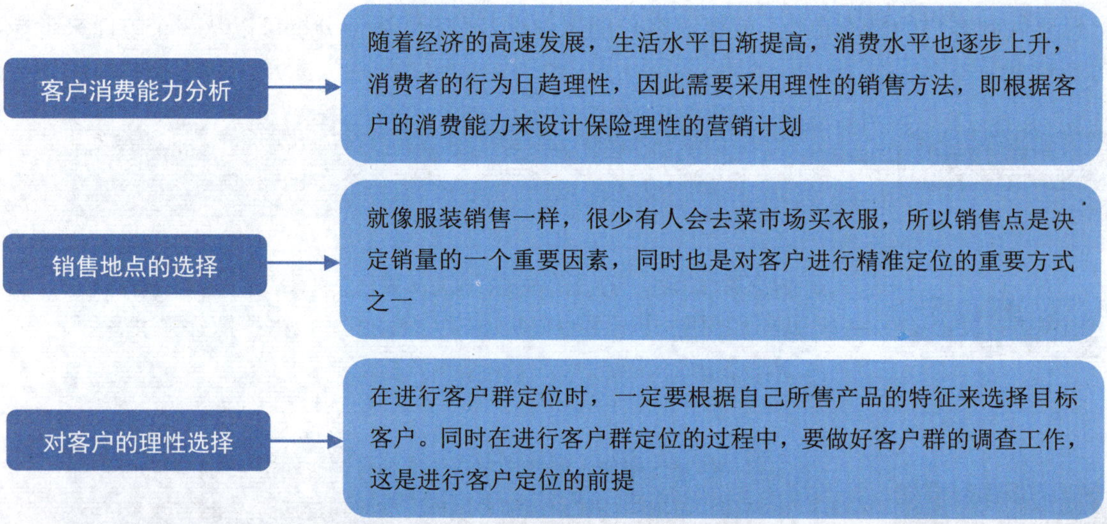

图 5-12　客户群定位要考虑的因素

4．对客户进行精准的定位

在精准营销中，对客户的细分越详细，营销效果越显著。想要做到精准的客户定位，还需做到以下两点，即对客户进行二次细分和对市场产品进行动态调整，如图 5-13 所示。

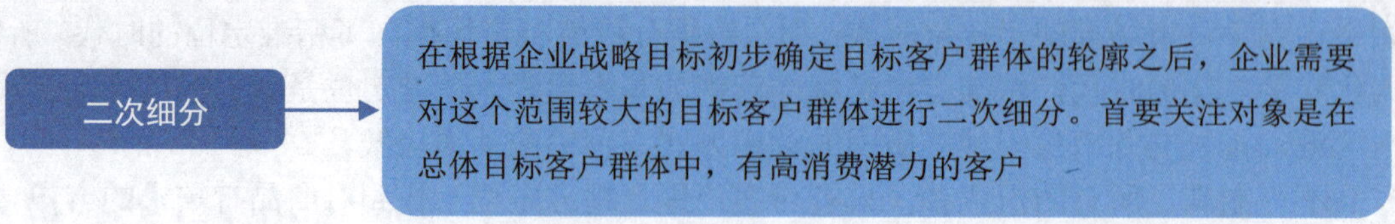

图 5-13　精准的客户定位方法

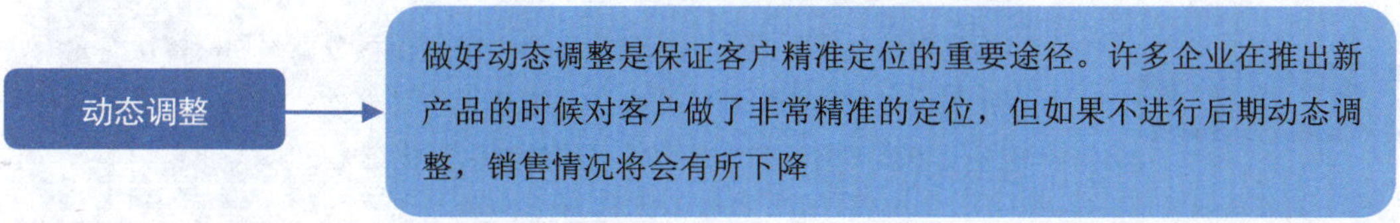

图 5-13（续）

5.3.2　企业品牌客户的定位

企业品牌客户的定位

品牌定位的方法也是影响客户定位的重要因素，那么什么是企业品牌？什么是品牌定位？大数据时代又该如何进行品牌客户的定位呢？下面将为读者一一介绍。

1．企业品牌

在大数据时代，企业的品牌经营战略是非常重要的。因为数据能够促进企业品牌的持续、快速和健康发展，所以企业都把品牌营销摆在第一位。企业品牌主要包含两个方面，即产品品牌和服务品牌。只有具备与企业品牌相匹配的服务能力，才能不断提升品牌的价值含量和信誉度，否则品牌的价值就会大打折扣。

2．品牌定位

品牌定位是在个性化差异或文化取向上对特定产品的商业性决策，是市场定位的核心。从目前来看，品牌定位主要有 3 大意义，如图 5-14 所示。

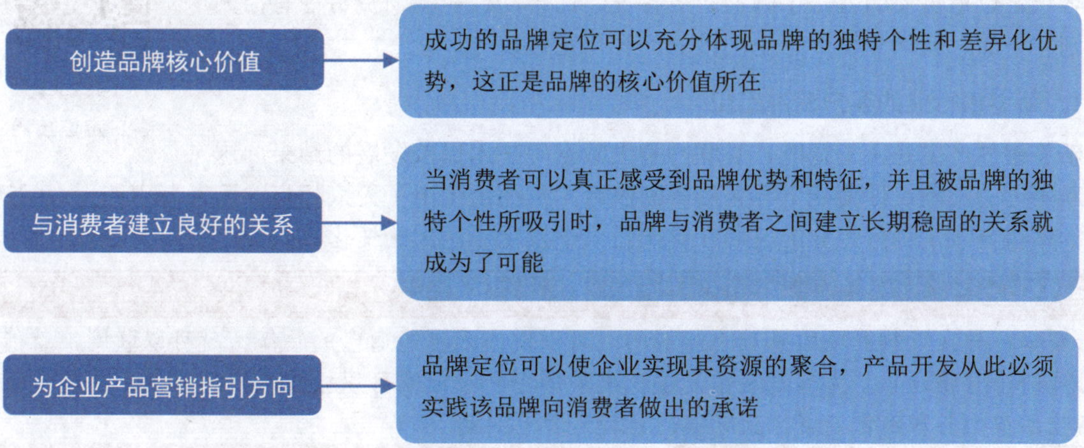

图 5-14　品牌定位的 3 大意义

3．大数据时代的品牌客户定位策略

目前，大部分公司都属于以规划竞争和概念竞争为主导战略的企业，真正以数据为支撑的品牌客户定位却是凤毛麟角。那么，该如何利用大数据技术对企业的品牌客户进行精准定位呢？在这里，总结了 4 大要点，如图 5-15 所示。

例如，当大数据发现美国的消费者在购买饮料时，3 罐中有两罐是可乐，于是某汽水品牌站在可乐的对立面说自己是“非可乐”。这样当人们想喝饮料的时候，想起可乐的人肯定也会想到“非可乐”，这就是数据的关联定位分析。

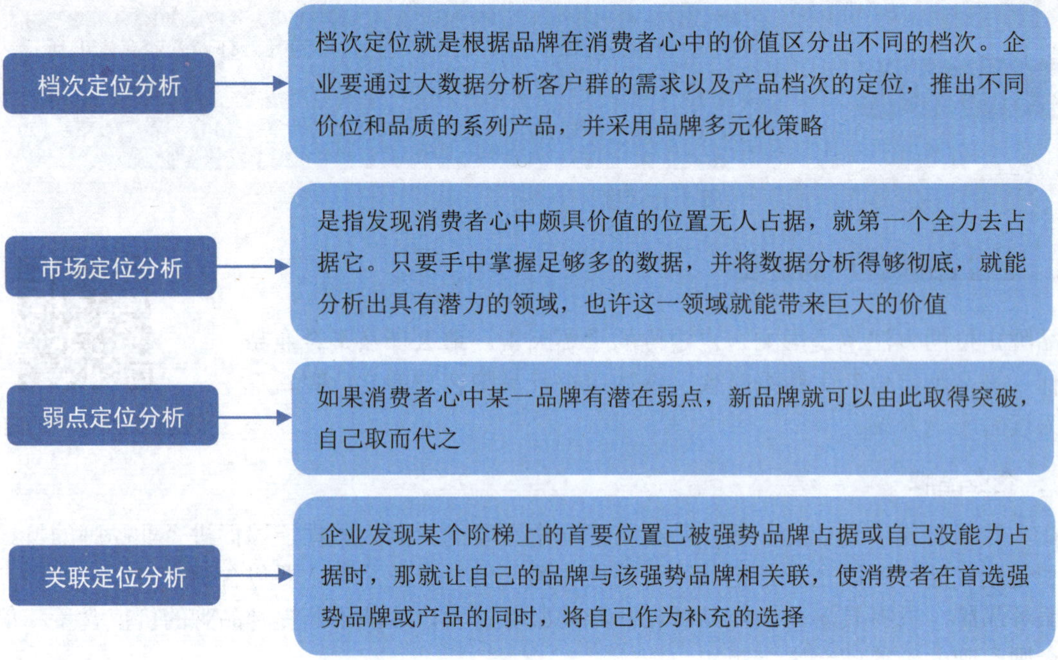

图 5-15　利用大数据技术对企业的品牌客户进行精准定位

5.3.3　不同行业的客户定位技巧

客户定位最重要的就是了解消费者特征，而不同行业的消费特征有很大的区别。下面，就来介绍一下不同行业的客户定位技巧。

不同行业的客户定位技巧

1．新零售行业的客户精准定位

新零售的产生是人工智能、互联网和大数据等技术日益发展的结果。这一波新零售的浪潮，促使线下零售店不断整合，从而衍生出了无人超市、无人书店和无人配送等新的销售方式，销售行业的格局在这个背景下发生了巨大的变化。

> ▶ 专家指点
>
> 新零售是在万物互联的基础上形成的。可以说，只要能通电的物体，就可以联网，就能够形成一个营销场景。尤其是在信息快速发展的今天，商家可以根据用户的需求，为其提供日常生活中的各种销售方案，新零售的新趋势逐渐明朗。

新零售开始从业务前端，逐渐走向产业供应链或研发等后端，从以渠道商业主导的传统零售，走向以消费者为主导的数字化零售。“90 后”和“00 后”正逐渐成为新一代消费市场的主体，服务业更加趋向于个性化。于是，各大企业也纷纷向数字化转型，以便获得更大的市场竞争力。例如，百度通过全面洞察消费者大数据行为，研发了零售行业解决方案。

百度零售行业解决方案（图 5-16）整合了百度搜索和全网商家会员数据，并融合了百度地理位置，可以为商家提供客流分析、客群洞察、商圈选址、运营监控和营销推广等多种功能，从而为消费者打造个性化的零售服务。

另外，百度针对多种零售场景，还研发了百度炫客系统。该系统基于人脸图像识别、深度学习、大数据预测、安全防护、实时流失分析和地图可视化技术，打造了可视化的编辑平台，适用于大型商场和主题乐园等泛零售行业。

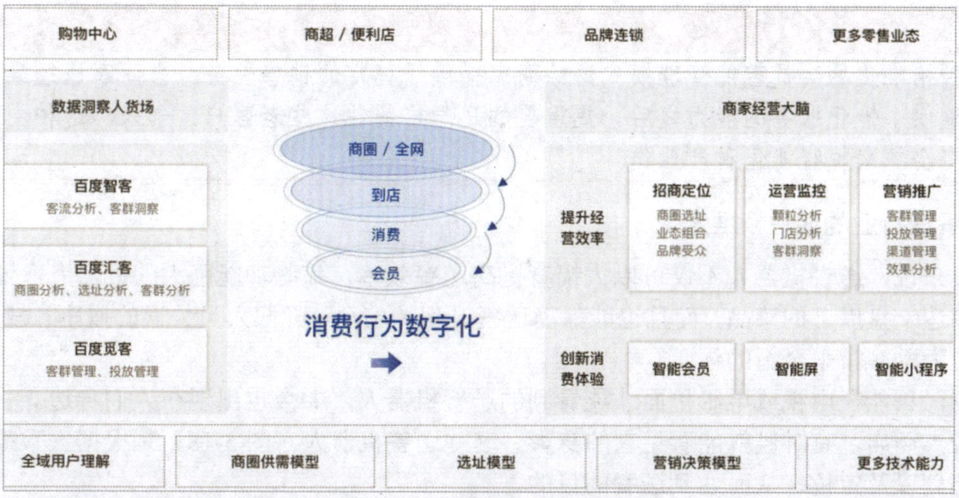

图 5-16　百度零售行业解决方案

▶ 专家指点

这种以消费者为主体的运营模式逐渐成为市场的主流，利用大数据技术可以更好地分析客户的心理状态和消费行为，从而对客户进行精准定位，为他们提供个性化的产品服务，在提高客户消费体验的同时为商家带来更大的效益。

大数据技术为新零售运营带来变革的同时，也提升了新零售的销售效率。因为充分利用大数据技术可以实现对潜在用户的挖掘，即根据用户的历史成单记录，挖掘市场上与之类似的潜在消费者，如图 5-17 所示。

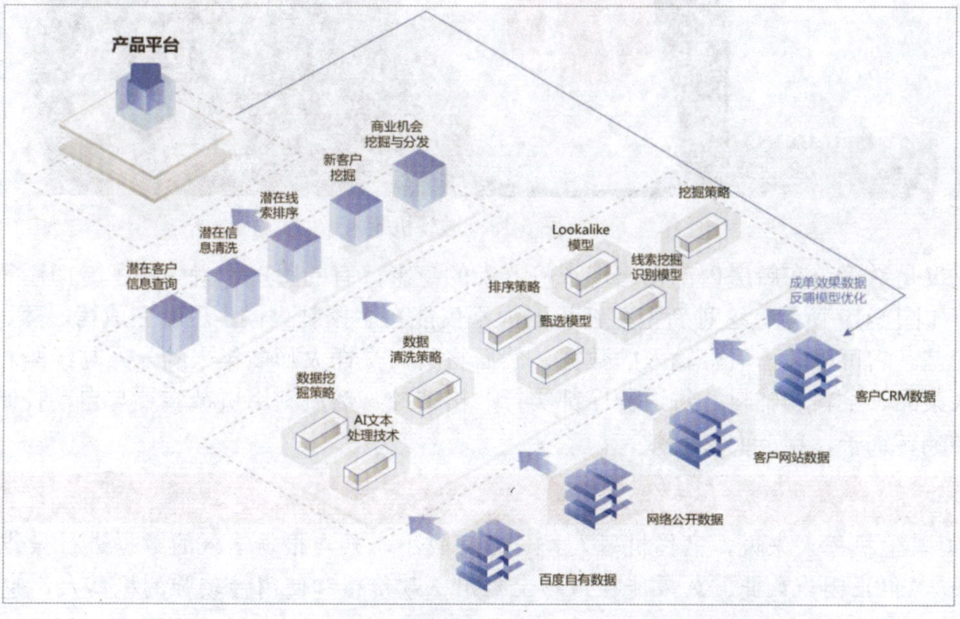

图 5-17　利用大数据技术可以实现对潜在用户的挖掘

另外，在新零售线下门店，还可以实现对 VIP（Very Important Person，贵宾）用户的精准营销，即通过人脸识别技术，在 VIP 用户进店时，智能识别用户的身份。

▶ 专家指点

这种精准化的会员智能管理模式，给商家提供了稳定的销售业务。当商家已经具备了为客户提供个性化服务的能力之后，更重要的是怎样留住这些老客户。未来，这种会员管理模式将会越来越智能化和产业化。

2．餐饮行业的客户精准定位

一般来说，送餐机器人不仅可以大幅度提高送餐效率，那些功能强大的机器人，还能一次性运送多达十盘以上的菜品，而且也能保障送餐过程的安全，降低人员失误的概率，减少成本，同时也能为顾客带来全新的体验。

以前，只能在电视或电影里面才能看到的送餐机器人，如今也出现在人们身边。去一些大餐厅或者大酒店，有时候就能看见它的身影。这些送餐机器人（图 5-18）是根据大数据中心对路径的规划以及定位，从而达到送餐的目的。

图 5-18　送餐机器人

不仅仅是送餐，在厨房内部也出现了机器人的身影，有的厨房中就配备了专门用于烹饪的机器人，如图 5-19 所示。这种新型烹饪机器人不仅能自主控制火候，还能完成烤、蒸、煮等多道烹饪工艺。它可以凭借后台输入的数据，然后将其与烹饪大师多年来的配方与经验相融合，依次加入菜品、主料和辅料，每道程序都实行严格把控，然后利用机械装置与自动控制，模仿厨师那样翻转锅子，精准而又高效。

▶ 专家指点

相对其他机器人来说，烹饪机器人投资力度较小，只能根据输入的数据进行操作，盈利能力较弱，但正因为如此，如果能在市场上推出一款价格和使用性较强的机器人，也能大受追捧。

图 5-19　专门用于烹饪的机器人

3．汽车行业的客户精准定位

随着汽车行业细分趋势的明显，精准定位营销已经是大势所趋。在以市场导向、消费者为中心的营销新时代，要想获得收益，企业就必须关注客户价值。

例如，为了保障行车安全，某款汽车配备了高清摄像头，能实时传输道路数据。它融合人工智能的深度算法，搭载了城市预碰撞安全系统和行人识别数据保护系统，当检测到前方有紧急车辆或者突然出现的行人时，车辆会及时示警，主动刹车。

另外，该款汽车还具备交通限速标识智能识别系统，如图 5-20 所示。它的大数据后台能够智能检测道路最高限速，并保持在一定范围内，避免因车主超速带来不必要的麻烦。

图 5-20　交通限速标识智能识别系统

目前，汽车市场的营销手段已经严重同质化，但是如果企业营销针对的群体不是产品的目标群体，对企业资源来说就是极大地浪费，而某款汽车则未雨绸缪，以精准化营销抢先打入潜在的市场。

品牌塑造是多维度的工作，在市场不断细化的今天，精准定位的营销显得尤为重要。而对于汽车品牌而言，只有具备了精准定位、高标准产品力以及营销全面等多维度的实力，才能在车市中稳居前沿。

例如，由于技术路径的不同，各大品牌车辆在外观功能上也有所不同。某汽车品牌推出的全新 4 系敞篷轿车，不仅搭配了现代化自动驾驶辅助系统和数字功能服务，在外观上也十分醒目，又一次引领了时尚潮流。

▶ 专家指点

其实整个汽车行业都是如此，将品牌信息更加集中、更有针对性地传递给受众，在扩大品牌宣传面的同时，必须获得更多精准客户的关注和支持，这就是客户精准定位的行业技巧之一。

5.4 LBS 大数据精准营销

如今，国内的电子商务市场如日中天，同时电商之间的竞争也日益激烈，竞争对手空前强大，资金逐渐向优势企业集中。在这种情况下，移动电商越来越受到人们的关注，尤其是在大数据技术日渐成熟的今天，移动互联网能为精准营销带来空前的帮助。本节将介绍 LBS 大数据营销的相关知识。

5.4.1 LBS 营销的商业模式

LBS 营销的商业模式

现阶段的 LBS，首先是通过智能手机等设备确定用户所在的地理位置，而后提供与位置相关的各类信息服务。LBS 营销就是企业借助网络，在现有用户或潜在用户之间，完成精准销售的一种营销方式。

▶ 专家指点

LBS 是基于 location-based service（位置的服务）的缩写。LBS 营销策略利用移动用户的地理位置信息来推送相关的信息、广告或优惠活动。LBS 营销通常通过移动设备（如智能手机、平板电脑）获取用户的位置信息，并根据这些信息为用户提供个性化的服务。

作为当下大数据网络的热门应用，LBS 的商业模式不但经常被业内人士提及和应用，同时也吸引了越来越多的品牌广告主以及代理公司的视线，初步显现出商业价值。LBS 的功能营销主要体现在以下 3 点，如图 5-21 所示。

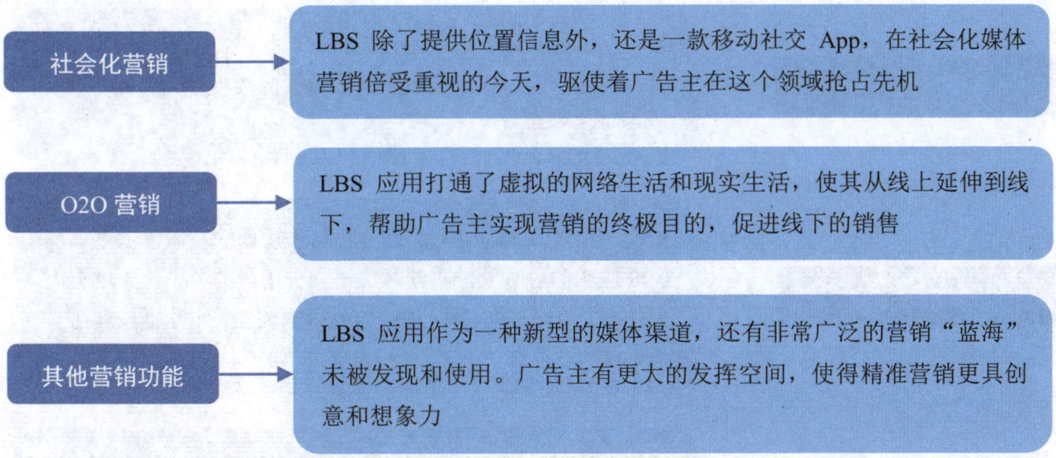

图 5-21　LBS 的功能营销

> ▶ 专家指点
>
> O2O 营销是线上到线下（Online to Offline）营销的缩写，是一种商业模式和营销策略，旨在通过在线渠道吸引和引导消费者到实体店铺进行购物。O2O 的核心思想是整合线上和线下资源，以提供更全面、个性化和无缝的消费体验。

通过 LBS 营销，可以让客户更加深刻地了解企业的产品和服务，最终达到宣传企业品牌的作用，同时也能够加深企业和客户对市场的认知度。

图 5-22 为 LBS 营销的主要特点。它主要作用是协助本地商家进行线上或线下的网络推广。

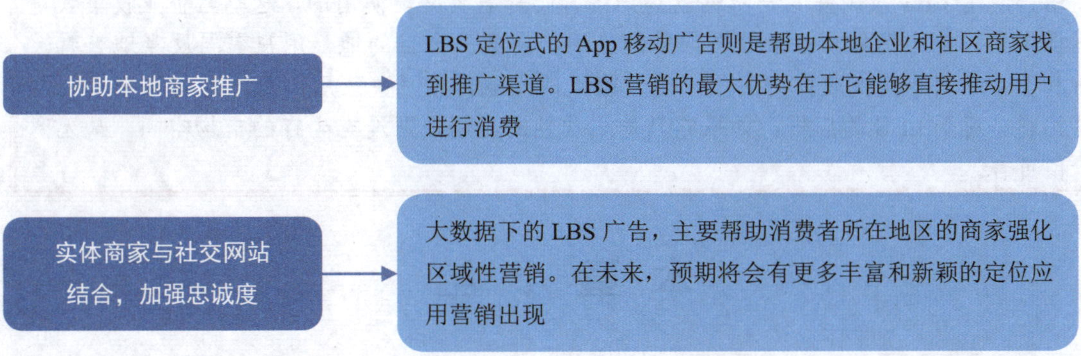

图 5-22　LBS 营销的主要特点

5.4.2　LBS 营销的主要策略

由于 LBS 应用的存在，用户随时可以通过手机或其他移动终端搜索周边的商品或服务，快速完成订单或付款行为。在这种情况下，企业在制定大数据 LBS 营销策略时，需要做好 4 点，如图 5-23 所示。

LBS 营销的主要策略

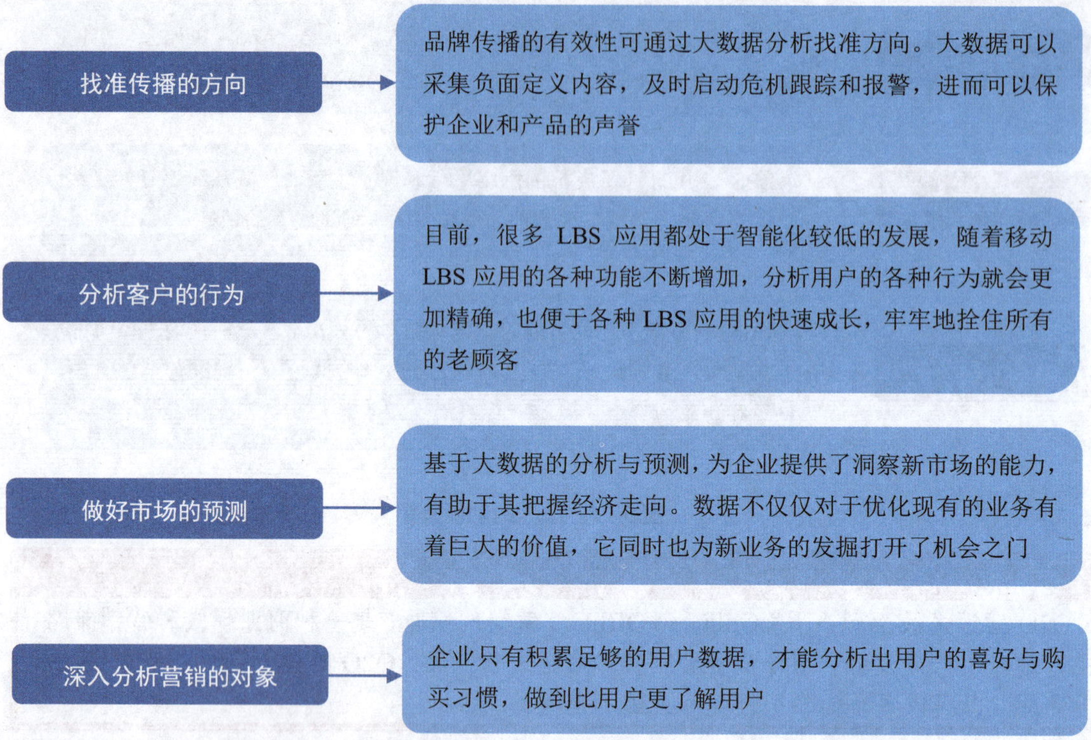

图 5-23　企业在制定大数据 LBS 营销策略是需要做好的 4 点

▶ 专家指点

用户使用 LBS 应用并非一次性就终结的，而是需要反复使用的，这就为企业收集大量数据提供了可能。例如，对于地图导航的应用，搜索一个目的地，用户需要反复地查看、判断和确认；对于交友软件的应用，通过附近的人取得相互关注后，双方会有你来我往的反复沟通。对于 LBS 的应用，如果它只是一次性的应用，则没有生存的市场空间，毫无商业价值可言。

本章小结

本章主要介绍大数据的精准营销，包括精准营销概述、客户行为的精准营销、客户的精准定位策略和 LBS 大数据精准营销，带领读者快速认识和了解大数据的精准营销，让读者明白如何更好地利用大数据进行营销。

课后习题

1. 精准营销的前提条件有哪些？请用文字一一列出。
2. 精准营销有哪些主要的步骤？请用文字一一列出。

第 6 章 大数据的风险控制

在谈论大数据的前景时，也不能完全忽略它可能带来的风险，很多人目前只关注大数据化带来的后果，如信息安全，而没有集中于如何看待大数据本身的风险。本章将就国内技术环境下，进入大数据时代所面临的风险和存在的问题做简要分析。

本章重点

- 大数据存在的主要风险
- 大数据项目的常见误区
- 常见的大数据监视项目
- 大数据的风险管理利器
- 大数据风险管理的案例

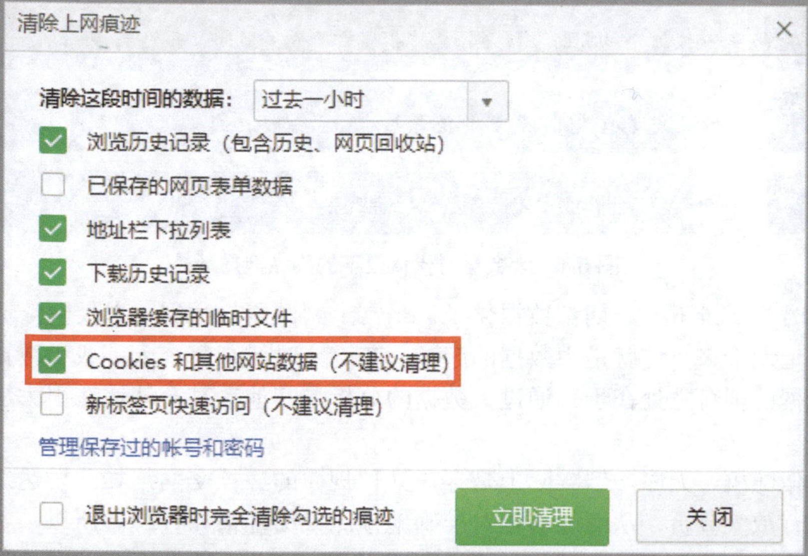

6.1 大数据存在的主要风险

对于大多数企业来说，大数据已经成为左右战局的决定性力量，大数据的安全风险也随之更加凸显。企业已经搜集并存储了大量的数据，接下来该干些什么？如何对这些数据进行保护？如何安全合法地利用这些数据？

当然，任何事物都是把双刃剑，大数据正在变成生活的第三只眼，它敏锐地洞察却也正监控着人们的生活。想一想，亚马逊监视着购物习惯、百度监视着网页浏览习惯、微信似乎对人际关系无所不知。

大数据的确改变了人们的思维，更多的商业和社会决策能够“以数据说话”。不过除了这所有的利好，如何让大数据不侵入人们的隐私世界，也是与之伴生并需严肃考虑的问题。本节将讲解大数据存在的主要风险。

6.1.1 风险 1：个人隐私泄露

风险 1：个人隐私泄露

上海的一场大数据研讨会上，多位讲者都提到了“棱镜门”。从技术角度观察，“棱镜门”是一个通过分析海量通讯数据获取安全情报的大数据案例，但它也引发了思考：大数据时代，个人隐私该何处安放？大数据时代背景下的隐私泄露场景，如图 6-1 所示。

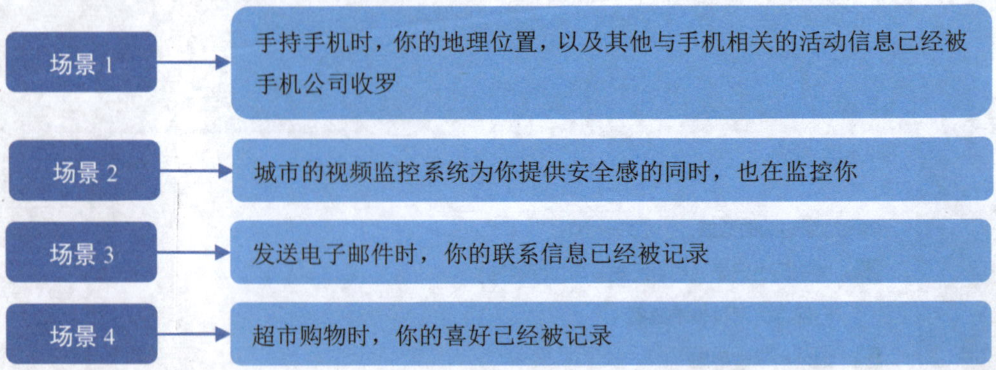

图 6-1 大数据时代背景下的隐私泄露场景

在大数据的时代背景下，一切都数据化了，平常上网浏览的数据，以及医疗、交通、购物数据，统统都被记录下来，这就是大数据的起源。在这个时候，每个人都成了数据生产者和数据贡献者。大数据的神奇之处在于：通过大数据的分析，其他人甚至能够在很大层次上精确地知道你是谁。

人的行为看似随机、无序，但实际上是存在某种规律的。社交网络如此发达的今天，大数据把人的行为进行放大分析，从而能够相对准确地预测人的性格和行程。所以，不排除有这样一种可能：在忙完了一天的工作之后，你还没有决定要去哪儿，数据中心却准确预测了你接下来的目的地。

例如，在央视“3·15”晚会上，手机软件窃取用户隐私的情况得以披露。然而，这仅是冰山一角。随着产生、存储、分析的数据量越来越大，隐私问题在未来的几年也将愈加凸显。所以，对于用户隐私的保护，应当被提上日程了。

6.1.2　风险 2：数据管理困难

风险 2：数据管理困难

除了隐私方面的忧患，大数据的风险还包括它将会诱使企业的管理更加同质性。收集足够的数据，应用标准的分析，每个人的统计看起来都会是一样的，所有的结论也开始看起来都是一样的。营销人员可能会认为他们正在做别人没做过的事，但是随着研究的深入，他们会发现他们正在做的事情其他人也在做。无论是从企业存储策略与环境来看，还是从数据与存储操作的角度来看，大数据带来的“管理风险”不仅日益突出，而且如果不能妥善解决，随着数据的不断增多，最终造成的后果将会越严重。

事实上，很多企业并没有真正理解什么是大数据，也没有部署相关工具去有效地管理它们。如果正确使用大数据，它将为你提供梦寐以求的情报和洞察力，从而帮助企业做出明智的决定。从安全方面来看，它可以让你看到网络中正在发生的事情，以保护企业免受持续性威胁和恶意软件的干扰。同时，还能通过优化服务器和供应链管理来提高运营效率，甚至还可以帮助你处理法规遵从的问题。

> ▶ 专家指点
>
> 企业控制大数据的关键之一就是日志管理，日志管理能够整合来自企业范围内的所有日志，建立索引存储库，并以常见的用户界面显示。因此，企业想要利用这些数据，就需要具备数据规范化和关联化，以及报告和发送告警的能力。

6.1.3　风险 3：成本难以控制

风险 3：成本难以控制

随着时间的推移，企业产生的数据量已经越来越大了，这些数据包括客户购买偏好趋势、网站访问和习惯、客户审查数据等。传统的商业智能工具在处理企业海量数据时已经有点不够用了。届时，你需要面对的是大量的支出：额外的人员和技术资源用以管理整体环境、通过不同业务系统的附加软件，以及管理集群的工具等。

来自淘宝网的数据统计显示，淘宝一天内产生的数据量即可超过 30 TB，这仅仅是一家互联网公司一日之内的数据量，处理如此体量的数据，首先面临的就是技术方面的问题。海量的交易数据、交互数据，使得大数据在规模和复杂程度上超出了常用技术的抓取、存储及分析能力。

资源利用率低、扩展性差以及应用部署过于复杂，是现今企业数据系统架构面临的主要问题。其实，大数据的基础架构首先需要考虑的就是前瞻性，随着数据的不断增长，用户需要从硬件、软件层面思考怎样去构架系统。因此，具备资源高利用率、高扩展性并对文件存储友好的文件系统必将是未来的发展趋势。

由此可见，大数据对企业来说可能并不全是机遇，还意味着支出，原因是针对大数据存储或者挖掘的成本也很高。对此，企业可以通过收集最新的数据获得更多的价值，减少非重点数据的成本支出。

6.1.4　风险 4：数据人才缺乏

风险 4：数据人才缺乏

如今，大数据市场已经逐渐繁荣起来，但不少企业发现目前对于最新的一些产品不能配备足够的人手。据塔塔咨询服务公司的调查显示，IT 行业人才缺乏，符合条件的大数据分析人才很少，这也是许多企业在打造与部署大数据系统时面临的困难之一。

在大数据时代，企业的发展面临着许多挑战。缺乏专业的大数据人才成为企业面临的最大挑战，其次是非结构化数据的分析和处理、传统技术难以处理大数据以及新技术门槛过高。

例如，阿里巴巴的支付宝用户价值创新中心是支付宝大数据业务的核心部门，这个团队负责为公司开发出可以销售的商业化大数据产品。虽然阿里巴巴各类业务产生的数据为数据分析创造了非常好的基础条件，然而这个团队却因为招聘不到合适的数据科学家导致研发进展缓慢。

不仅仅是阿里巴巴，多家咨询机构也都预测了大数据的快速增长将导致数据分析人才的紧缺。在欧美国家中，数据分析人员的工资水平可以排在前列，但国内数据分析人员的工资整体逊于国外分析人员，国内各大公司普遍不重视数据分析人员，大数据相关人才的欠缺将会成为影响我国大数据市场发展的一个重要因素。

大数据职位相关的技能主要包括数学、统计学、数据分析、商业分析和自然语言处理，数据科学家是复合型人才，是对数学、统计学、机器学习等多方面知识的综合掌控。目前，国内的人才市场上很难招募到优秀的数据分析人员。

因此，如果正在寻找的是高端数据人才，这个任务无疑是很困难的。不过在发出“我找不到人才”这样的感叹之前，确定好需求和培训的规模，然后和当地一所大学建立联系，或许问题会变得更容易解决。

6.1.5 风险 5：网络安全漏洞

风险 5：网络安全漏洞

以前，只有 IT 部门那些最懂技术的工作人员才明白数据安全。在 IT 部门的办公室之外，病毒、木马、蠕虫这些词都不会被提及，管理层也并不关心黑客和僵尸机，董事会根本不清楚什么是零日攻击，更不用说零日攻击能带来多大的危害了。然而，现在大数据以及随之而来的各种威胁，成为几乎每一个单位都必须面对的问题，大数据的网络安全也慢慢地变成了一个被广泛关注的商业问题。

随着越来越多的交易、对话、互动和数据在网上进行，这种刺激使得网络犯罪分子比以往任何时候都要猖獗。通过分析发现，网络风险产生的主要因素，如图 6-2 所示。

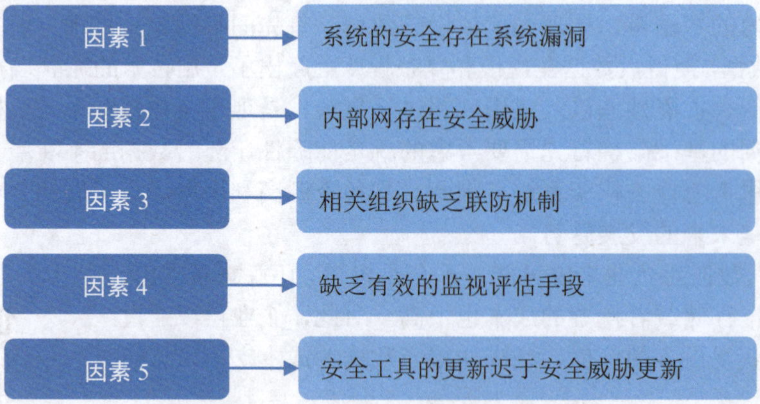

图 6-2　网络风险产生的主要因素

国际上，网络安全已开始从信息安全转向信息保障，从被动的预防向主动保护过渡。国内的信息保障虽已提上日程，但从理论走向应用还需要一个过程，这个过程的长短和企业信息化的进程息息相关。总的来说，网络安全系统是以策略为核心、以管理为基础、以技术为实现手段的安全理念。

▶ 专家指点

很显然，保证数据输入以及大数据输出的安全性是个很艰巨的挑战，它不仅会影响潜在的商业活动和机会，而且有着深远的法律内含。人们应该保持敏捷性并在问题出现前对监管规则做出适当的改变，而不是坐等问题出现再亡羊补牢。

6.2　大数据项目的常见误区

大数据分析可以给企业带来很大的商业价值，但是如果不从其他公司犯的错误中吸取教训的话，它也可以带来灾难。因此，应警惕本节提到的几个问题，切莫成为大数据分析项目的反面典型。

6.2.1　误区 1：盲目跟风

盲目跟风

由于大数据是近年来信息技术领域较时髦的词汇，因此很多人甚至还没明白什么是大数据，就眼高手低地开始部署大数据项目，妄图赶上大企业的步伐，结果往往是钻入了“牛角尖”，付出了时间和精力却无法获得应有的收益。很多企业或机构在开发第一套数据仓库或者商业智能系统时经常会犯“盲目跟风”的错误。太多时候，大数据分析项目管理者被技术炒作所迷惑，忘记了首要任务是增加商业价值，而数据分析技术仅仅是一个用来产生商业价值的工具。

在分析大数据时，可以以采用高可用、高可靠、高可扩展性的基础架构和高性能的分析系统，然而大数据的风险和数据挖掘的效果，都是需要进行验证的。

总的来说，尽管大数据是个值得重视和关注的方向，但目前技术上并不成熟，各企业不要盲目上马大数据项目、建大数据中心，以免重蹈云计算过热的覆辙。云计算发展了几年，但是成效并不显著，很多地方创建的云计算中心利用率不高，不少还仅仅是数据库，没有提供云服务的能力。

大数据分析的支持者们不应该盲目地采用产品，而要先判断该技术所服务的业务目标，以便建立业务案例，然后为手上工作选择正确的大数据分析工具。如果没有对业务需求的深刻理解，会存在很大风险，项目团队最终可能将创建出一个毫无用处的“大硬盘”。

因此，规避大数据的风险，不能盲目跟风，要明确大数据的目标，要有切实可行的规划，此外要有足够好的数据质量。发展大数据产业需要有清晰的产业规划，建立大数据中心要有明确的用途和服务对象。

▶ 专家指点

大数据时代确实给人们带来了很大的诱惑，人们可以通过数据分析预知未来，但是也不要盲目跟风，适合自己的才是最好的。

6.2.2 误区2：思路太过僵硬

思路太过僵硬

很多情况下，企业的大数据项目采用“放羊式”管理：寻找到一片草地，就把羊赶出去，任羊自己去寻找水源和青草。结果往往是：聪明的羊骠肥身圆，迟钝点的羊瘦骨伶仃。这是由于万物生存法则“适者生存”所导致的。

通常，人们总是不断尝试过去的做法，即便面对不同的场景时也会这样。从而导致在大数据时代下，一些企业会想当然地认为所谓“大”只是意味着更多的交易和更大的数据量。这种观点可能是正确的，但是许多大数据分析策略会涉及非结构化和半结构化信息，需要以完全不同的应用程序进行管理和分析。

因此，企业管理者不仅要让“大数据正确地做事”，更需要“引导大数据做正确的事”，最好有一套新的方法和工具来进行大数据捕获、清洗、存储、集成和访问。正如一个好棋手，要走一观二想着三，只有深谋远虑，才能保证自己在大数据的道路上不断前进。

▶ 专家指点

创新性思维为人们提供了科学的思维依据和方法，融会贯通后定会提高大数据分析问题的能力和解决问题的能力，促进企业的快速发展。

6.2.3 误区3：不注重他人的经验

不注重他人的经验

在做大数据项目时，有些人会走向另一个极端，认为大数据中的一切都是完全不同的，必须从头开始，却不知不觉的走进了误区。对于大数据分析项目的成功，这种错误可能比认为没有不同更要命。

俗话说：“失败是成功之母。”这句每个人都熟悉的名句，同样可以运用于大数据项目。其实，数据分析大师都是经过无数次失败才换来成功的。因此，各企业的大数据项目往往只是分析的数据结构不同，而数据的管理基本原则却都大同小异，在这种情况下借鉴成功的经验，无疑更能节省时间和精力。

6.2.4 误区4：把大数据当“门面”

把大数据当“门面”

现实中，有些企业喜欢追求热门，只是将大数据项目当作“噱头”来吸引客户，认为自己有了大数据项目就是新型科技企业，却并不看重大数据的实际价值。据国外报告显示，多数企业只用到了所收集数据的0.5%来进行决策，这意味着绝大多数的数据被浪费掉了。事实上，收集和分析数据只是开始。如果结合了业务流程，并促使业务经理们和用户们为改善组织绩效而付诸行动之后，分析才能产生商业价值。要获得真正的效率，就需要把分析项目纳入反馈闭环，以便交流分析得出结果，然后基于经营业绩提炼分析模型。

大数据的应用不仅仅停留在IT领域，在医药、科学、制造，以及气象等行业，都将出现海量的数据应用，如果能合理的利用这些资源，将对行业带来巨大的推动，但目前来看，大数据应用还远远不够。多数企业仍然是扔掉的数据比保留的多得多，如何去筛选数据、数据留存多久，这些都是需要企业与监管部门面对的问题。

6.2.5　误区 5：想要获得所有数据

想要获得所有数据

在许多方面，人们正生活在一个前所未有的大数据时代当中，从来都没有像现在这样获得如此多的数据。在如今的工业化社会中，平均每个人一天消费的信息量超过了生活在 15 世纪的人一生消费的信息量。

很多企业为了挖掘大数据，不断的构建、升级自己的 IT 系统，妄图获得所有的数据。其实，目前还没有一家公司能够存储和检索关于某一特定主题的全部数据，更不要说是所有数据了。谷歌是一个大型的互联网公司，它能索引到的也只是表层网中的信息，而不是深层网中的信息。专家估测，后者的规模是前者的 25 倍。因此，在进行信息搜索时，所获得的信息量可能仅仅是互联网信息量中的 4%～6%。

钱必须要用才有价值，数据也是一样。只有不停地使用数据，挖掘数据背后的关系和价值，才能如滚雪球一般，使数据之间的相互关系更丰富和完善。

6.2.6　误区 6：过度夸大数据成果

过度夸大数据成果

其实，许多大数据分析项目陷入了这样的一个误区：过度宣扬他们部署的大数据系统会有多么快、业务会获得多么重大的益处。

企业对大数据项目的“过度承诺”体现在对客户的各种明确保证上，这种“过度承诺”使项目更有“卖点”，刺激了客户购买欲，增加了相关产品的销量，扩大了企业的营业额。

但是，长此以往，结果往往却不乐观。过度的承诺和交付的不足，必然导致业务与技术的分离，这样一般会很长时间都推迟特定技术的选用，即便其他许多公司已经使用该技术获得了成功。此外，当设定了很轻松、很快就能获益的预期，业务主管就有一种认识倾向，容易低估了需要参与和承担义务的程度。当足够资源不能兑现时，预期的收益就很难达到了，那么大数据项目基本就贴上了失败的标签，甚至还要承担客户的损失。

6.2.7　误区 7：认为软件是万能的

认为软件是万能的

很多人构建一个大数据项目，是希望部署的软件将神奇地实现一切功能，把所有的问题都丢给分析软件，不再愿意亲自动脑去思考。当然，人们应该明白希望总是比现实更美好。软件确实会带来帮助，有时帮助还会很大，但是大数据分析的效果取决于被分析的数据和所用工具的分析技能。

大数据在某种意义上只能作为一个工具，不能代替人类自己的分析，如果是把所有的事情交给大数据来处理，很可能就会陷入一个非常大的困境。例如，现在很多影视公司在制作影视作品时，通过大量的数据分析来指导创作，看起来似乎是合理的，但是实践结果往往并非如此。国内一家知名的影视数据分析公司的影视剧，都是在海量的数据分析基础之上进行创作，包括什么样的题材、什么样的演员、什么时间投放都经过了非常精密的计算，并根据市场的反应来进行调整。即便如此，该公司还是难以制作出优质的影视剧。

由此可见，在应用数据软件指导商业行为的时候，依然存在着很多不确定性。这就需要读者回过头来思考另外一个问题，即大数据对商业行为的生产或生产的影响体现在什么地方。对此，可以通过一个软件分析消费者的主要需求，然后根据需求选择相应的商品进行生产。同时，也可以根据消费者的需求对已有的产品进行修改完善。从这个意义上讲，大数据对各个领域都是有影响的，如果能够很好地运用，对于企业的发展有非常大的作用，但是过于迷信也可能会变成谬误。

▶ 专家指点

当然，并不是说，存在不确定性，大数据就不能为人们提供帮助了，不能将减少不确定性和消除不确定性混为一谈。大数据能够帮助人们消除不确定性的这一天还没有到来，可能这一天永远也不会到来。对海量非结构性数据进行分析或许能够帮助公司更好地理解客户的情绪，但不要误认为大数据能够为人们排除所有的可能性，生命的无常和业务的起伏将会破坏人们制订出的完美计划。

6.3 常见的大数据监视项目

某位美国作家的一本中有一个这样的片段："我点击了自己的名字，页面上出现了一张熟悉的照片——是我穿着一件蓝色衬衫的照片，旁边配有我的基本履历资料……我点开了一个最近更新的链接，地点是波士顿的马萨诸塞大街……两秒钟后，我在视频中看到了自己推开了地铁站那厚重的大门……每次看到自己出现在视频中，我都会浑身不自在。但现在可好，我的一举一动已经被 LifeLinear 网的系统给记录了下来……"

书中的"LifeLinear 系统"只是作者杜撰出来的，并非真实存在。但是作者同时认为，在科技发达的今天，借助大数据平台，"LifeLinear 系统"并非不能实现。这样的场景又让人毛骨悚然：如果真有这样一套系统面世，人们的隐私岂不是要暴露在光天化日之下？

大数据堪称一把双刃剑，不论是企业还是个人，都会因大数据的爆发而获益匪浅，但同时个人隐私也将无处遁形。如今，人们在网上的每一次活动，都会留下蛛丝马迹。本节将讲解常见的大数据监视项目。

6.3.1 监视项目 1：码头

监视项目 1：码头

"码头"项目及其监控手段是 NSA（美国国家安全局）所实行的监控项目中最鲜为人知的一个，即使是那些参与其中的情报专家对该项目也知之甚少。"码头"项目所监控的媒介包括电子邮件、网上聊天系统以及其他借助互联网交流的媒介，这些媒介的使用频率远高于普通的电话或者手机。

美国早在 2001 年就启动"元数据"项目，NSA 将这些"元数据"视为"数字网络信息"。这一项目收集互联网"交通"的原始数据，从而构建起"大块互联网元数据"，其中包含互联网信息发送双方的地址，可以显示发送或接受信息者所在位置的 IP 地址。项目启动之初，以一方为美国境外的人或外国人之间的通信为限定范围，发展了几年才拓宽至美国公民以及居民。

"码头"项目的 IP 记录功能就像是一个导航记录，用户曾经看过的内容，在网上发过的帖子等，只要了解用户的 IP 记录，就能像在看日记一样了解用户的行为。对于这些信息的追踪以及分析，能切实地知晓个体的健康状况、政治或者涉密的商业谈判，甚至是否存在婚外情等状况，都能一目了然。

6.3.2　监视项目 2：上游

监视项目 2：上游

与“码头”类似的监视项目，还有“上游”（Upstream）项目，通过美国周边的海底光缆搜集情报，截取全球互联网数据。美国《华盛顿邮报》公布了一张美国国家安全局的机密幻灯片，其中对“棱镜”计划，以及与之平行展开的“上游”计划有所介绍。

幻灯片的上半部分是“上游”项目，显示了从美国东西海岸延伸至世界各地的深海光缆路线，意思是从海底光缆等基础设施截取数据。海底光缆对世界范围内的数据传播方面极为重要，对美国及其盟友的监控项目也有举足轻重的影响。

幻灯片的下半部分解释“棱镜”计划是通过谷歌、微软、Facebook、雅虎、Skype、PalTalk、Youtube、苹果和美国在线等互联网企业挖掘数据。

为了保障“上游”项目的顺利实施，美国国家安全局和国防部等机构与美国环球电讯公司签署了《网络安全协议》。据悉，环球电讯公司的海底光缆覆盖全球 4 大洲的 20 多个国家和地区。

▶ 专家指点

每个人都期待获得个性化服务。但是在大数据时代，想要获得个性化服务，就一定会在某种程度上牺牲自己的隐私。

6.3.3　监视项目 3：棱镜

监视项目 3：棱镜

美剧《疑犯追踪》里有这么一件“神器”：它几乎无所不能，全天候监视所有人的行踪，聪明地预测出谁是危险分子，谁会遭遇不测……。这不只出现在科幻剧中，也出现在现实的世界里，即美国的“棱镜”项目。

首先回顾一下“棱镜门”事件：美国前中情局的某位职员将两份绝密资料交给英国《卫报》和美国《华盛顿邮报》，并告知媒体何时发表。按照设定的计划，英国《卫报》先扔出了第一颗舆论炸弹：美国国家安全局有一项代号为“棱镜”的秘密项目，要求电信巨头威瑞森公司必须每天上交数百万用户的通话记录。随后，美国《华盛顿邮报》披露称，过去 6 年间，美国国家安全局和联邦调查局通过进入微软、谷歌、苹果、雅虎等 9 大网络巨头的服务器，监控美国公民的电子邮件、聊天记录、视频及照片等秘密资料。

“棱镜”计划是“上游”项目的兄弟，相当于“下游”项目，收集的是经过科技公司加工的数据。根据报道，代号为“棱镜”的监视项目从 2007 年开始实施，从未对外公开过。接入互联网公司的中心服务器可以让情报分析人员直接接触到所有用户的数据，通过音频、视频、照片、电邮、文件和连接日志等信息，跟踪互联网使用者的一举一动，以及他们的所有联系人。

▶ 专家指点

从技术角度来看，棱镜是正宗的大数据武器。虽然还不如《疑犯追踪》里的机器万能，但足以让读者担心个体隐私不保。人们更害怕政府拥有大数据后，权力和能力膨胀，必然滋生腐败。数据如万川归海般途经美国，“山姆大叔”便可架网捞鱼，坐收渔利。棱镜数据监测的原理也是如此，就像三棱镜把自然光细分成红、橙、黄、绿、蓝、靛、紫 7 种颜色，在光纤上接入“棱镜”，可以让光纤传输的信号一览无遗，通过大数据系统进行分析挖掘。

“棱镜”项目经历了爆炸性增长，美国国家安全局的大量情报依靠这一项目提供原始数据。可以说，“棱镜”项目以近乎实时备份的方式，备份了全球互联网的数据。利用这些备份数据，可以拼出一个人一生的网络足迹。

由此可见，因为具备足够资金、技术和不受限的权力，政府机构等大组织是大数据的最大受益者，可肆意窥探个体的网络活动和关联网络。不过，现有的大数据技术，擅长利用历史记录来预测已有事物在未来是否出现，并不擅长判断从来没有先例的事物。要防范大数据技术的滥觞，需要发挥个体的创造性，让机器难以对你的行为进行准确的预测。

6.3.4 监视项目 4：星风

监视项目 4：星风

美国前中情局职员揭开的“棱镜”项目只是美国政府秘密监视系统的“冰山一角”。据《华盛顿邮报》爆料称，该职员曝光的“棱镜”项目，源自此前从未公开的“星风”（STELLARWIND）秘密监视计划。

“星风”计划成立于 2004 年，不过由于法律程序等敏感问题，当时的美国政府被迫做出让步，缩减在美国本土的监听项目。与此同时，为了避免“星风”计划的夭折，美国政府将其拆分为“棱镜”(PRISM)、“主干道”(MAINWA Y)、“码头”(MARINA)，以及“核子”(NUCLEON) 4 大项目，均交由美国家安全局执掌，如图 6-3 所示。

时至今日，“星风”计划对于很多美国人来说是待解之谜，而唯一能大致确认的则是由“星风”计划拆分出的 4 个监视项目，成功帮助美国政府对全球范围内的现代通信技术实行了有效监控。

《华盛顿邮报》表示，“主干道”和“码头”秘密监视项目分别对通信和互联网上数以亿兆计的“元数据”进行存储和分析。“主干道”项目负责秘密监视电话信息，包括通话或通信的时间、地点、使用设备、参与者，但不会窃听通话内容。从 2009 年一份流出的机密材料来看，美国国安局花费了 1.46 亿美元的基金购买硬盘等设备，用于存储“主干道”秘密监视项目上的元数据。另外两个“规模小得多”的“棱镜”和“核子”秘密监视项目则负责截取内容。其中，用来截获电话通话者对话内容及关键词的叫“核子”秘密项目。

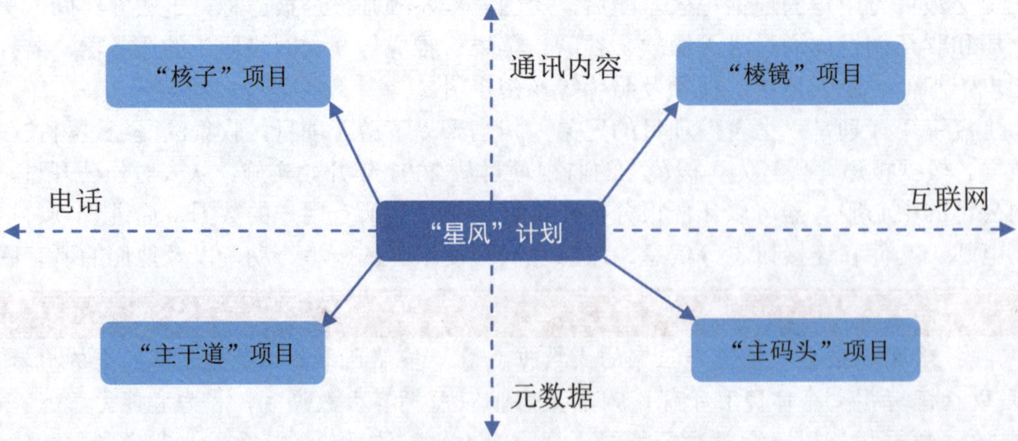

图 6-3 “星风”计划

尽管按照美国情报部门的说法，这些秘密监视项目的目标都是“外国人”，但事实上，4 大情报搜集计划牵涉的范围极为广泛，从某种程度而言，几乎可触及每一个美国家庭。

> ▶ 专家指点
>
> 元数据是在地理空间信息中用于描述地理数据集的内容、质量、表示方式、空间参考、管理方式以及数据集的其他特征，它是实现地理空间信息共享的核心标准之一。例如，在对电话和互联网监视的语义下，元数据主要指通话或通信的时间、地点、使用设备、参与者等，不包括电话或邮件的内容。在美国，法律对于元数据的保护很少。

6.3.5　监视项目 5：Cookies

监视项目 5：Cookies

某位好友经常浏览汽车网站，准备买台新车回老家过年。不久，她便发现，在看了几个汽车网站后，即便是在与汽车无关的页面，也看到了比过去更多的汽车广告。这就是 Cookies 在“作怪”，电脑中的 Cookies 记录了她对汽车的兴趣，便向她推送相关的广告。

“通过 Cookies，我们什么都能知道，包括你的性别、年龄、职业、收入。”央视“3・15 晚会”上这段关于 Cookies 泄露个人隐私的视频，让原本“默默无闻”的 IT 术语一夜之间红遍了全国。

Cookies（昵称为“小甜饼”）也被称为 HTTP Cookies、网络 Cookies 或浏览器 Cookies，它是当用户浏览网页时，网络服务器以文本格式存储在用户电脑硬盘上的少量数据。Cookies 的主要目的在于帮助网站记忆用户之前可能进行的操作。

对普通用户来说，Cookies 主要用来判定注册用户是否已经登录网站，这样可以免去用户重复登录网站的烦恼，试想如果你刷新一次微博都需要重新登录，想必就没有多少人愿意上网了。Cookies 的另外用途是网上购物的“购物车”功能。用户可能会在一段时间内在同一家网站的不同页面中选择不同的商品，这些信息都会写入 Cookies 以方便网购的结账。

但是，某些第三方广告公司往往通过在网站上加代码的方式窃取用户的 Cookies，掌握的这些 Cookies 几乎覆盖了所有网民群体，并通过分析 Cookies 来收集用户的 IP 地址、账号、身份、联系方式等信息，用于广告营销，但这显然没有充分尊重用户的知情权和选择权。

Cookies 的存在最初是为了方便用户使用，然而被一些有商业企图的机构在用户并不知情的情况下，采集并加以商业运作，那就是不折不扣的违法行为，正是这种“网络臭虫”的存在，让 Cookies 有了隐患，危及用户的隐私泄露。

“网络臭虫”通过在用户广泛访问的网页上放置一个像素大小的图片（代码），而用户根本看不到这张图片。“网络臭虫”的工作就是通过获取 Cookies 来获知用户的浏览习惯，进行隐蔽的跨网站跟踪行为。这个页面一天内如果有 1 000 万人访问，那么该公司一天就获取了 1000 万份个人信息。更可怕的是，网络黑客可以通过木马病毒盗取用户的 Cookies，直接骗取网站信任，无需输入用户的账号和密码即可登录网站。

针对当前问题，微软公司浏览器中默认开启 DNT（Do Not Track，直译也就是“不追踪”）“禁止跟踪”功能。另外，国内的 360 安全浏览器也推出了“禁止跟踪”功能，该功能可以有效阻止某些网站的 Cookies 跟踪和跨站跟踪行为，对于那些不遵守禁止跟踪协议的网站，许多浏览器还提供了隐私保护浏览器模式以及 Cookies 清理。

同时，许多浏览器软件推出的多项清理功能，也无疑给用户提供了自主保护个人隐私的工具。图 6-4 为 360 浏览器的“清除上网痕迹”对话框。可以看到，其中便可以选择对 Cookies 的相关数据进行清理。

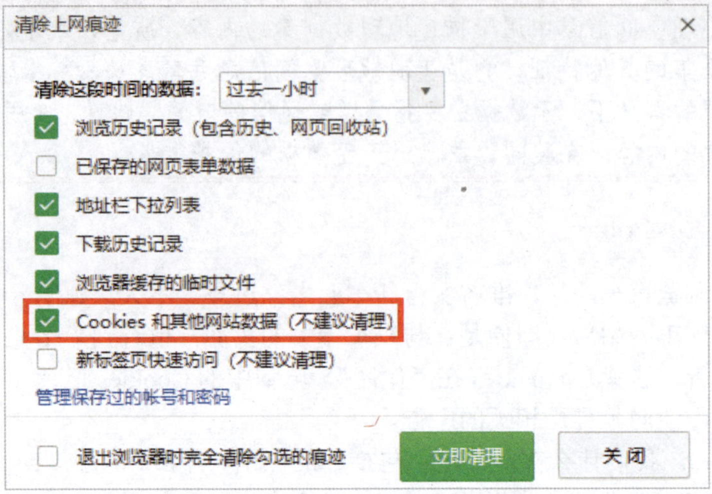

图 6-4　360 浏览器的“清除上网痕迹”对话框

尽管如此，还是建议读者从自身做起，不要在不清楚来源的网页上填写任何个人信息，比如年龄、性别、收入等，其他人可能会将在不同网站填写的信息进行整合，得到你的全部信息。

6.3.6　监视项目 6：间谍软件

监视项目 6：间谍软件

在大数据时代，聪明人已经极端地依靠互联网来达到各种目的，其中最重要的就是：发现用户，研究用户，最终控制用户。互联网之父、英国南安普敦大学的计算机科学教授伯纳斯•李曾经说过：“我很担心通过搜集在线数据描绘网络用户特征和详细了解用户的习惯。避免这种窥探行为是非常重要的。”

随着网民数量的急剧增长和移动网络的普及，网民在电脑或手机设备上存储的账号、密码等机密信息也越来越多，以窃取用户机密文件和个人隐私为目的的“间谍”软件已经超过传统意义上的病毒，成为网民的最大威胁。

间谍软件是一个概括性的术语，用来描述未事先征求用户同意便执行某些行为的软件。间谍软件能够在用户不知情的情况下，在其电脑上安装“后门”，搜集、使用、并散播用户的个人信息或敏感信息。

英国网络安全公司 ScanSafe 推出了一项新型的间谍软件屏蔽管理服务，在对该软件进行示范运行时，公司发现从受感染计算机发出的间谍软件通讯流量能占到总网络流出流量的 8%。此外，间谍软件现在变得越来越狡猾了，它们把外出流量夹杂在正常的网络流量之中。对于电脑用户来说，感染上这些间谍软件会导致他们电脑中的私人信息失窃。

ScanSafe 公司称，目前间谍软件共占网络盗窃事件的 20%，目前还有增长的趋势。一些恶意程序现在采用新开发的结构，可以躲过杀毒扫描。

对付间谍软件是一场永远不可能结束的斗争。这已经成为现代计算环境中一道“亮丽”的风景线。而且像所有的斗争一样，与间谍软件的斗争也涉及到防御和进攻的策略问题。正确运用下面的技巧可以帮助你免受恶意程序设计人员和黑客的危害。

（1）防火墙：防火墙就像一位站在你的计算机或私有网络门口的一位“警卫员”，他会阻止进入的或发出的不符合设定标准的数据通信。

（2）反间谍软件：主要用于搜出计算机内隐藏的间谍软件、特洛伊木马、蠕虫等，是迎战黑客和间谍程序的有利武器。同时，要保证你的反间谍软件程序拥有自动更新特性。

（3）查看邮件要小心：在多数情况下，查看电子邮件需要格外当心。最起码不要打开来自并不认识的人或组织的附件，还要提防那些像是来自某个官方网站的邮件，它们可能向你索要关键信息。

（3）正常关机：为了保护你自己，在不想用电脑时可将其关闭。如果你实在不愿意关闭电源，可以在不使用网络时，通过防火墙或其他方式关闭网络连接。

6.4　大数据的风险管理利器

避免大数据管理风险的第一要务，并非是技术或产品上的实施与部署，最重要的应该是策略与理念上的转变：大数据不是机遇而是挑战，首先需要着手解决的不是数据分析和利用，而是将数据更好的存储与管理起来。那么，如何进行大数据的风险管理呢？不妨使用一些风险管理利器。本节将主要介绍常见的大数据风险管理利器。

6.4.1　风险管理利器 1：IBM StorWize V7000

IBM StorWize V7000

在数据管理的时候，将所有数据放在一个地方是有很大风险的，为了数据的安全，数据应该存储在不同的地方。如数值数据可以存储在数据库里，非结构化的数据则可以存储在文档或者表格里。这样将风险信息可能的来源进行了细分，意味着可以迅速了解综合的风险状况。

在如今的存储管理环境下，打破复杂性升高和数据爆炸式增长的循环可能是一大挑战，购买和管理存储的老办法已变得不那么有效。IBM Storwize V7000（图 6-5）是 IBM 最新发布的一款中端存储产品，在发布这款新品之前，IBM 特意为其制作了具有神秘感的广告，并宣称这将是“改变存储游戏规则”的产品。

图 6-5　IBM StorWize V7000

确实，IBM 一直是主打性能稳定的品牌，这款 IBM Storwize V7000 作为热卖的磁盘列阵，充分保护了企业的数据安全，该机支持 12 块 3.5 英寸磁盘驱动器，用户在不中断系统运行的情况下，可以将数据迁出现有存储设备，从而简化实施流程并且最大限度地避免用户服务中断。

IBM StorWize V7000 为用户提供与虚拟化服务器环境互为补充的虚拟化存储系统，具有无与伦比的性能、可用性、先进的功能和高度可扩展的容量。配置方面，IBM Storwize V7000 高速缓存达到 8GB，每个机柜可以组合 12 个 SAS 驱动器，支持 RAID 0、1、5、6 和 10 接口，并且硬盘转速达到 10 000 rpm、近线 7 200 rpm，可谓是性能强悍。

通常情况下，在多套存储系统中，统一执行存储层的数据灾备可以说是难上加难的工作，不仅需要分别购置和部署每套存储上的远程复制功能，而且很难协调不同存储间的数据一致性关系。当不同阵列都归在 IBM StorWize V7000 下时，一切又回复到比较简单、类似单台存储做灾备的环境。

传统模式下，一个数据中心的起步阶段采用的是低端小存储，随着业务增加，不断更新到更高端的存储上。不仅投入较大，而且每次升级会给应用系统会带来一定的风险及停顿（如数据从低端迁移到高端）。然而，IBM StorWize V7000 可以从低端起步，通过横向扩容（集群）的方式，增加控制器及容量，可随数据及业务的增长，平滑有序地升级成更高端的存储系统。

另外，IBM StorWize V7000 的外置虚拟化能力也带来了极大的升级空间，最大 32PB 的虚拟化空间足以满足大部分云存储的需求。

6.4.2 风险管理利器 2：EMC VNX 系列

EMC VNX 系列

从数量上来看，大数据的“可怕”之处首先就在于它的“大”，也就是数据的规模化效应，以现有的手动的、人工的方式自然是不能够很好应对的，因此重要的是要有高度自动化的解决方案来应对。

市场上很多的产品都开始在简化管理界面，加强自动化与智能策略管理上下功夫，无论是 IBM 如今主流的 StorWize V7000，还是 EMC 推出的 VNX 系列，管理界面和自动化程度都非常之高。

EMC VNX 系列有两个分系列，分别是 VNXe 系列和 VNX 系列，VNXe 系列的适用对象是中小型企业，VNX 系列（图 6-6）的适用对象是大中型企业。因定位的不同，它们在所支持的协议、可扩展的接口、存储处理器 CPU 和内存（及缓存）、最大硬盘数和对复制软件的支持上都会有所不同。

EMC 最新发布的产品 VNXe 是一款整合程度更高的系统，它采用了新版本的 VNOX 操作系统，配备了一款双核英特尔处理器和 4GB RAM；在设置上更加简单，同时增加了 CLARiiON 和 Celerra 源技术所不具备的各项管理和支持功能。

▶ 专家指点

以往，人们认识的数据修复技术往往是“回存”技术，就是要把备份数据介质倒回生产系统中，然后等待恢复的效果和业务的启动，这种技术存在众多风险。首先是在漫长的数据恢复之前，完全无法预料恢复时间和恢复可靠性。其次，一旦恢复成功，却发现恢复的数据并非自己需要的时间点，或者需要的数据不存在，已完全无法回退到初始状态，系统将进入更为严重的不可控状态。

图 6-6　VNX 系列

VNXe 的易用性很强，配备了 Unisphere 向导设置程序、针对应用程序优化的管理功能、以及 EMC 所说的一键帮助和支持功能，即用户只需一步操作即可进入自动诊断、服务和进入自助式用户社区。VNXe 产品以非常直观的的管理界面，让用户可以在 2 分钟内为 500 个 Exchange 邮箱或 1TB 的 Vmware 数据存储配置好存储容量。

其中，VNXe 3100 采用 2U 或 3U 标准工业设计的机架式机箱，标配系统中除了附带用于 SAS 和 iSCSI 连接的 1Gb/s 的以太网连接，还有 FlexI/O 插槽，可提供额外的 1 Gb/s 端口，为扩展连接更多的设备并提高性能提供了先决条件。其在容量方面，还提供简单容量扩展，最大可添加 96 个 SAS 驱动器，按 1TB 的 SAS 驱动器容量计算，其最大可扩展至 96TB 的存储容量。

自动化、块数据与文件数据的统一存储、虚拟化带来的存储系统整合，这些方法都能够有效降低数据存储尤其是大数据存储的风险。

6.4.3　风险管理利器 3：戴尔 EqualLogic 平台

戴尔 EqualLogic 平台

如今，数据信息成为了商业价值的核心部分。由于实时获取数据、企业移动计算和虚拟化普及等需求的推动，预计从现在一直到 2030 年，企业存储每年将以 60%以上的速度增长，这一数字并不令人感到意外。平均来说，每 18 个月企业数据便会翻一番。但实际上，似乎多数企业对管理数据增长做得不够好，而要依靠不见增长的预算来完成这一任务，这其中就存在着很大的风险。

因此，用户可以考虑采用 Dell EqualLogic 平台，其无缝扩展的架构和智能阵列软件，可以与企业第一层应用和虚拟环境自然集成，帮助企业高效地管理数据，却不会增加复杂性。EqualLogic 的自动化功能可以帮助企业大幅降低常见存储任务的管理时间，将虚拟机（VM）部署提速超过 70%。

例如，EqualLogic FS7500（图 6-7）是针对中小规模部署进行过优化的横向扩展统一存储体系结构，借助它可以无中断地增大块和文件的容量。

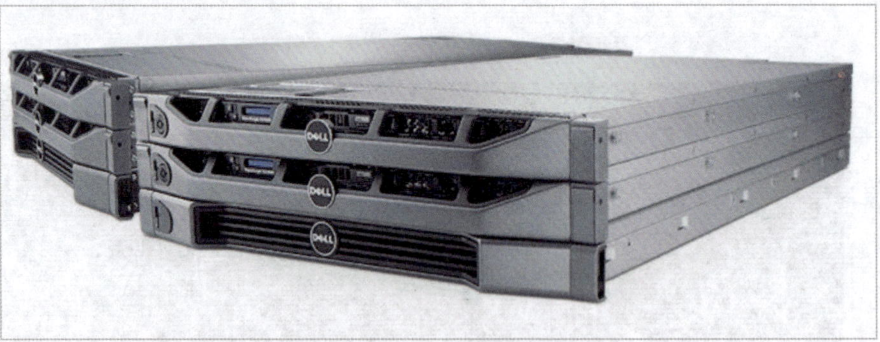

图 6-7　EqualLogic FS7500

▶ 专家指点

大数据灾备系统的有效性问题涉及到灾备建设的实际目标和符合目标的灾备技术路线，清楚认识灾备系统的有效性人们必须领悟到一个更深层次的道理：灾备系统的建设要求全方位防御灾难，不能只防小概率的自然灾害，更要防止概率大的设备故障和逻辑故障，严密的多方位防护网才是取胜之道。

未来与存储密切相关的两个挑战：一是，非结构化数据的迅猛增长对于全球的企业用户而言都是一个相当头疼的问题；二是，企业数据中心面临着向虚拟化、云计算转型的需求。毫无疑问，戴尔 EqualLogic 作为戴尔最重要的存储平台，必须要完美地帮助企业迎战这些挑战，才能赢得自身的胜利。

NetApp FAS 平台

6.4.4　风险管理利器 4：NetApp FAS 平台

NetApp FAS 系列产品（图 6-8）的控制器完全承担了各种工作，包括 RAID、文件系统、网络 IO、双机集群（HA）系统等，它是一个完整的、一体的产品。

图 6-8　NetApp FAS 系列产品

下面以 NetApp 入门级 FAS2000 系列中的某款新产品为例，介绍 NetApp FAS 系列产品的主要特点，如图 6-9 所示。

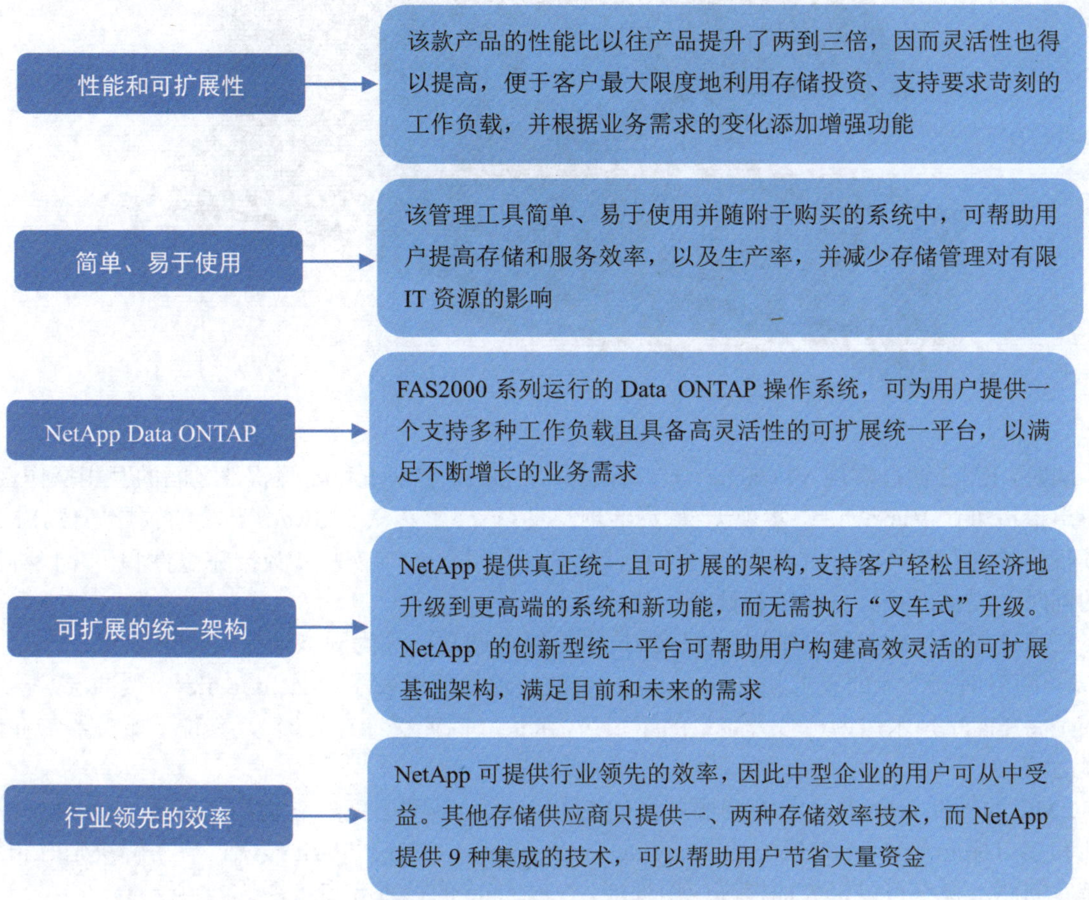

图 6-9　NetApp FAS 系列产品的主要特点

6.5　大数据风险管理的案例

大数据时代的来临，让企业面临安全管理能力、存储及处理能力、应用能力和人才培养能力等多方面的新挑战。对于很多企业来说，大数据并不意味着机遇或是商业上的无限潜力，在他们能够很好地管理数据之前，大数据只意味着风险和无穷无尽的烦恼。那么，如何解决大数据的风险和烦恼呢？本节将介绍大数据风险管理的应用案例，希望对读者有一定的启发和学习价值。

6.5.1　案例 1：闪电计划

闪电计划

EMC 发布的“闪电计划”推出了 VFCache（图 6-10），旨在利用闪存的快速读写优势来加速数据流通速度，加强服务器与外部存储系统之间的联系。特别是针对关键应用环境中具有涡轮增压性能的服务器闪存缓存解决方案，通过提供线内重复数据消除功能，设立企业闪存效率的新标杆。

图 6-10　VFCache

同时，EMC 通过实现 VFCache 与 VMware、vSphere 和 vMotion 等软件之间的互相操作性，使得虚拟机可在 VFCache 中实现无缝、灵活地移动，扩展了其在 VMware 环境的领导地位。EMC 继续投资于闪存产品组合，在保持网络存储的高可用性、灾难恢复、数据完整性和可靠性等优点的同时，提供闪存具备的所有性能优势。

在存储界中，磁盘阵列中采用 Flash 技术的磁盘通常被称为固态硬盘（solid state drives，SSD），随着对高性能的要求和 Flash 技术价位的快速拉低引发了“caching tier（缓冲层）”。缓冲层是将 Flash 技术作为一个大容量的第二级 cache（高速缓冲存储器），它位于服务器与存储磁盘之间。

EMC 的 VFCache 是一个面向服务器的 Flash-cache 解决方案，它运用了智能 cache 软件和总线和接口标准（peripheral component interface express，PCIe）Flash 技术，旨在解决延时和加速带宽问题，最终可以极大地提高应用性能。VFCache 的技术亮点如图 6-11 所示。

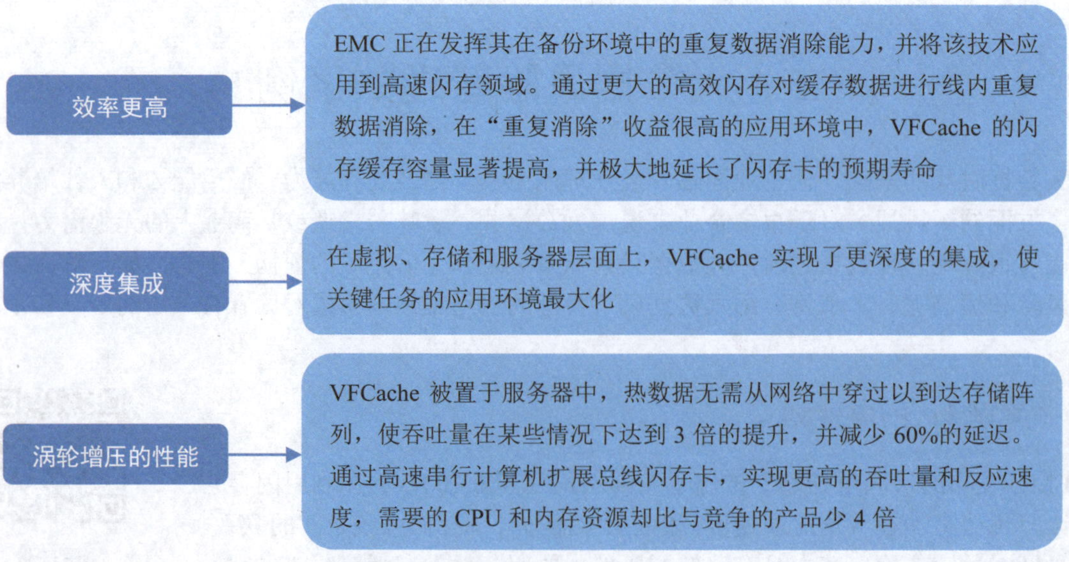

图 6-11　VFCache 的技术亮点

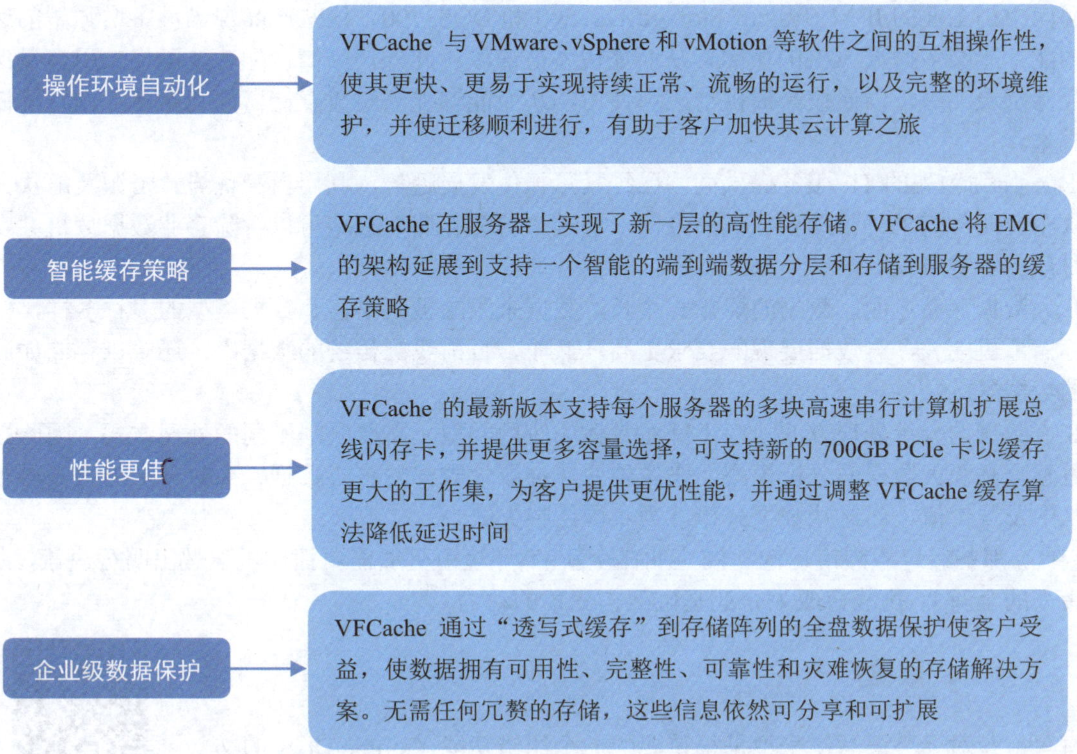

图 6-11（续）

VFCache 的发布使 EMC 成为第一家运用高速串行计算机扩展总线闪存技术帮助客户以合理的成本，以及客户需求的数据保护和智能，来确保其关键应用达到新的性能高度，为大数据项目风险管理构筑了一道坚实的“城墙”。

当前，我国大数据存储、分析和处理的能力还比较薄弱，与大数据相关的技术和工具的运用也相当不成熟，大部分企业仍处于 IT 产业链的低端。我国在数据库、数据仓库、数据挖掘以及云计算等领域的技术，普遍落后于国外先进水平。如何借用国外先进的技术平台，提升大数据资源的存储和整合能力，实现从大数据中发现、挖掘出有价值的信息和知识，是当前我国大数据存储和处理所面临的挑战。

6.5.2 案例 2：智慧存储

智慧存储

服务器与存储融合的趋势日趋明显，而纯粹的存储厂商做服务器闪存卡更是有代表性的大事件，EMC VFCache 这一道“闪电”拉开了存储闪存争夺战的序幕。虽然 IBM 已经拥有了自己的闪存技术，但是在这场争夺战中，IBM 似乎还是显得有些低调。

那么，对于 IBM 这样既有服务器又有存储业务的厂商来说，在大数据方面又有怎样的动作呢？为了帮助更多企业把握“大数据”机遇，化解大数据在企业内部的风险叠加，IBM 提出了“智慧存储”战略，该战略可以帮助企业更加有效地收集、提取、分析和利用信息，从而更加灵活、高效和简单地管理企业信息架构。

IBM 通过产品战略调整，对产品进行了增强，从而提高了多个其他系统的效率和性能。例如，面向中小企业的 IBM System Storage DS3500 和 DCS3700，这些产品现已具备增强型闪速拷贝功能，能够多拷贝 50%的快照，从而加快备份速度；此外，精简调配功能可将未用容量保存在存储资源池中，以便按需提供给应用使用，从而能够提高磁盘存储器的利用率，同时降低存储成本。

IBM 作为领先的 IT 服务提供商，已经紧紧抓住发展趋势，利用自身优势、资源及解决方案深入企业业务需求，帮助企业认清方向，通过“智慧存储”战略可以解除企业数据危机并实现新时期的智慧成长。

在大数据存储方面，数据的爆炸式增长，数据来源的极其丰富和数据类型的多种多样，使数据存储量更庞大，对数据展现的要求更高。然而，目前我国传统的数据库，还难以存储如此巨大的数据量。

在大数据的分析处理方面，由于针对具体的应用类型，需要采用不同的处理方式，因此必须通过建立高级大数据的分析模型，来实现快速抽取大数据的核心数据、高效分析这些核心数据并从中发现价值，而这些数据分析能力我国还很欠缺。

因此，那些经过激烈市场洗礼的企业在全新 IT 环境下更加需要抓住机遇做出明智决策，大数据带来的全新 IT 挑战将成为企业基础架构变革的动力。

6.5.3 案例 3：数据废气

数据废气

拼写检查对于英语写作来说是很重要的一个纠错功能，Google Docs 的文档已经支持拼写检查，而且现在使用 Google Docs 的表格也可以做拼写检查了。Google 终于意识到自己的 Gmail 也是一个正确的拼写单词了，因为新的系统结合了 Google 的在线拼写检查功能，而老系统只是比照词典去查错。

由于人类的语言极其复杂而且内容繁多，有非常多的规则需要设计，因此造成同一句话可表达不同意思，不同的话可表达相同的意思，以及流行语更新很快等问题。因此，一直以来，专业的拼写检查器（spell checker）很难达到人们的应用要求，比较起来，搜索引擎成为了更先进的拼写检查工具。

很多人都有过这样的经历：对于一个句子、单词、成语甚至古诗不确定的时候，就拿 Google 或者百度搜一下。有意思的是，不管是 Google 还是百度，都不是作为拼写检查器被设计出来的，而且他们也没有专门的“拼写检查”功能。这个歪打正着的功能之所以这么好用，是因为它收集而且组织了大量的信息。

在大数据时代，搜索引擎能看到所有人们提出的问题，所以如果在拼写中或者用词中犯了一个错误，它能通过比对海量数据来预测出这个错误，从而导致搜索引擎成为了先进的拼写检查器。

这些用户之间交互的语言“碎屑”，却被谷歌当成了金粉，收集在一起就能锻造成一块闪亮的金元宝。一个用来描述人们在网上留下的数字轨迹的艺术词汇出现了，这就是“数据废气”，它是用户在线交互的副产品，包括浏览了哪些页面、停留了多久、鼠标光标停留的位置、输入了什么信息等。许多公司因此对系统进行了设计，使自己能够得到数据废气并循环利用，以改善现有的服务或开发新服务。

“数据废气”向来被人们当成是一种负担，累积在一起将会带来极大的存储压力。但从本案例继续往下分析，可以看到“数据废气”将成为公司的巨大竞争优势，相同的方法和原理在人工智能、预测分析学的很多其他方面都有着应用，比如人脸识别技术等，这些应用的基础只有一个——那就是极其大量的数据。

因此，把 Google 当拼写检查器用，这个有趣的现象值得人们好好去观察和思考，也许海量数据真的会带来人工智能的新时代。

6.5.4　案例 4："众乐宝"

"众乐宝"

做服装生意的"90 后"小丽开了一家淘宝店，但等了两个多月才等来第一单生意。小丽问第一个客人为什么没人来她的网店购物，顾客告诉她，小丽的网店页面上显示没有交保证金，所以买家觉得她的店不那么"靠谱"。

听说可以用保费代替保证金，小丽马上买了这款保险，她说："只花 30 块钱就能帮我提高信用，为什么不试一下？"小丽买的就是"'众乐宝'保证金计划"（以下简称"众乐宝"），该计划可以利用淘宝的大数据进行风险控制。

"众乐宝"的发布公司属于一个数据公司，该公司掌握了大量的稀缺性数据，可以锤炼团队对数据的分析、运用能力。"众乐宝"将通过严格的事前风险控制，有效识别风险客户，并根据卖家的信用表现匹配其信用的承保额度，通过实时的控制监控跟踪卖家的风险，且在事后针对恶意风险客户给予信息披露。

"众乐宝"改变了淘宝卖家交"保证金"的惯例。此前在淘宝开店，卖家需交纳 1 000 元～10 000 元不等的消费者保障基金，卖家并不能动用这笔保障基金。不过"众乐宝"推出后将改变以往卖家交"保证金"的方式，卖家可以选择不交 1 000 元的保障金，改为投保 1 年"众乐宝"，1 年费率为 3%。一旦卖家发生违约行为，保险公司先行垫付赔偿买家，然后向卖家追偿。

"众乐宝"正式上线运营后，淘宝卖家只要缴纳 18 元就可以获得保障额度为 1 000 元的半年期"众乐宝"保险。这样的理赔形式，对于卖家来说，提高了资金的使用效率；对于买家来说，保险的先行赔付可以缩短维权过程，更好地提升买家的购物体验。

很多卖家都知道，在淘宝的搜索排名中，有没有交纳保证金也是影响因素之一。而对买家而言，这个店铺有没有消保标志，同样会影响他们的购买行为。淘宝网相关数字显示，至少有 500 万左右的淘宝卖家没有交纳保证金，而"众乐宝"的首选目标客户无疑是这些没有参加消保的卖家。因为对于他们而言，一笔极低的保费就可以获得消保标志。同时，众安保险也极力争取已经交纳保证金的卖家，对这些卖家而言，用少量的保费就可以盘活其被冻结的保证金。

在此过程中，"众乐宝"的风险主要来自两部分，即卖家本身的信用风险和卖家本身的经营风险。众安保险会在事前对卖家的信用，以及经营情况等进行信用评估，并采集了淘宝的全量数据来对卖家做信用评估。

在具体操作中，目前线下数据较为碎片化，线上数据则更为透明，可逐渐完善信用平台。在本案例中，众安保险不仅可以根据卖家的交易记录，还可根据买家对卖家的评价来测算卖家信用，大数据将全程应用于"众乐宝"风险控制的各个阶段。

本 章 小 结

本章主要介绍大数据的风险控制，包括大数存在的主要风险、大数据项目的常见误区、常见的大数据监视项目、大数据的风险管理利器和大数据风险管理的案例，带领读者快速认识和了解大数据的风险控制，让读者可以更安全地使用大数据。

课后习题

1．大数据存在的主要风险有哪些？请用文字一一列出。
2．大数据项目的常见误区有哪些？请用文字一一列出。

第 7 章 商业数据信息的解读

在一堆商业数据信息中，垃圾信息可能要占据大多数，如何利用合理的手段，方便、高效地获取商业信息、为企业带来商业价值才是最重要的。所以解读商业信息就是将商业数据转化为商业价值的重要过程。

本章重点

- 商业数据的主要价值
- 大数据下的商业发展
- 大数据下的智能商业
- 大数据带来的商业变革

7.1 商业数据的主要价值

许多企业虽然已经感觉到大数据商业时代正在到来，不过，对大数据真正能给营销带来的威力却并不是很清楚。大数据，特别是商业数据，对于企业的发展会产生很大的影响。如果一个企业已经利用大数据技术，而另一个企业却没有利用，未来它们的财务状况会出现明显的不同。那么，商业数据主要有哪些价值呢？这一节就来具体进行讲解。

7.1.1 分析用户的行为特征

分析用户的行为特征

古人云“天地四方为宇，古往今来为宙”，这句话揭示了空间和时间的概念。研究事物的时候，通常会从时间和空间两个维度来考虑。在大数据商业时代，分析用户行为也不例外。

首先，从时间的维度来看，理学大师菲利普科特勒有一个理论，用户的行为轨迹包括：产生需求、商业信息收集、方案比选、购买决策、购后行为 5 个阶段。其中购后行为包括使用习惯、使用体验、满意度、忠诚度等。

其次，用户的空间维度就是用户购买行为的要素，例如，通常会从购买的人物（who）、购买的时间（when）、购买的地点（where）、买什么（what）、购买的原因（why）、买多少（how much）、如何购买（how）这 7 个要素来描述用户的购买行为，如图 7-1 所示。

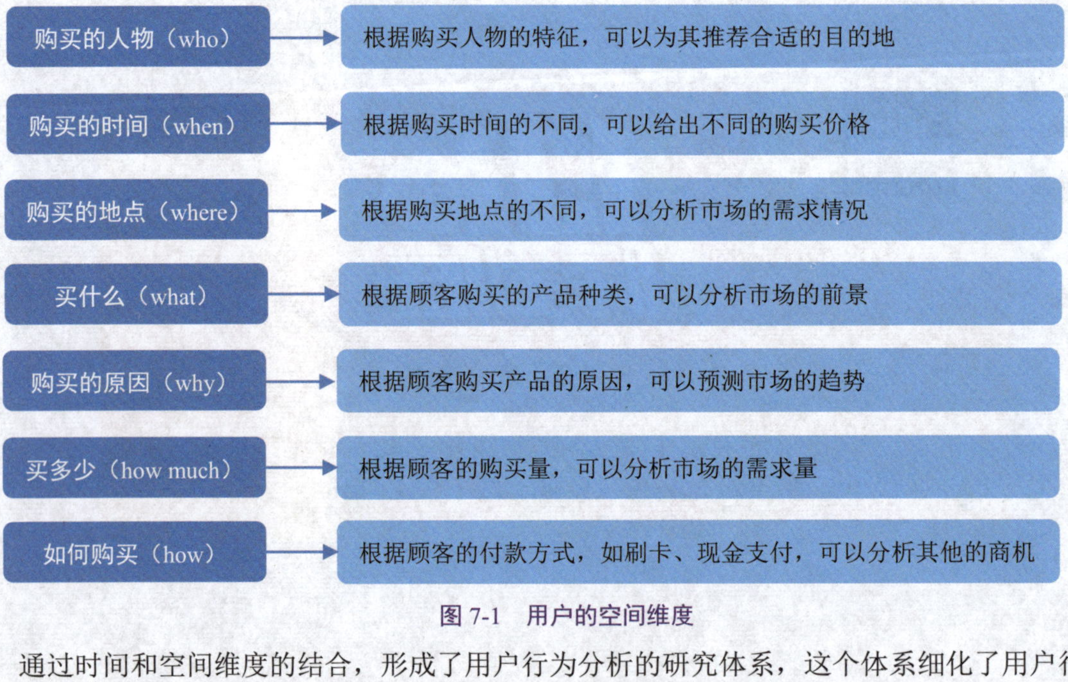

图 7-1 用户的空间维度

通过时间和空间维度的结合，形成了用户行为分析的研究体系，这个体系细化了用户行为的研究内容，基于这些内容，相当于就有了用户调查问卷的一些基本的问题。

例如这几年，电商的价格战打得不亦乐乎，每年的“双 11”“双 12”等具有特殊意义的日子，电商之间以价格为主要诉求的大规模促销层出不穷。图 7-2 为“双 11”促销海报。1 年所有的节日中，电商几乎要把所有能够用来造势、推动消费的节日都用上了。而消费者在这场真假难辨的价格战中，不断地被引导着。

图 7-2　“双 11”促销海报

然而，在当今的商场上，还有一类企业、商家，不是通过粗暴的价格战来吸引顾客，而是利用大数据，进行数据分析，从而带来客户资源的。

对于商家来说，数据就是资源、就是价值，只要积累足够的用户数据，就能分析出用户的喜好与购买习惯，甚至做到“比用户更了解用户”。正是因为大数据具备这一点，才让许多企业把大数据营销作为营销的重点内容。

在没有大数据营销的时代，企业本身想要及时全面地了解用户的想法与需求是很难的，但是当企业真正走进大数据时代，利用大数据了解到用户的真实需求，就能全面了解到客户所需、市场所需，从而制定出切合市场需求的商业营销手法。所以那些将“一切以客户为中心”作为口号的企业应该去调整一下自身的运作方式了。

▶ 专家指点

用户的行为特征是实现大数据商业价值的根本，因为通过用户的行为特征，基本上可以为某一类用户定性，这不仅仅是为了自身获取最大的商业利益，更重要的是要考虑到用户的实际情况，因为客户选择某一项消费，信任占很大一部分。信任的建立很困难，但信任的失去也许只是一瞬间，一个不小心的安全漏洞，就可能摧毁和用户之前长时间建立的信任关系。所以分析用户的行为特征不能只为自身考虑，用户的切身环境也要考虑到。

7.1.2　对信息进行精准推送

对信息进行精准推送

在大数据时代，精准营销总在被许多企业提及。精准营销是大数据的常见商业用途，但是真正做到的少之又少，很多企业没有大数据营销体系的支撑，经常出现消息投送无门、便随意推送商业信息，造成垃圾信息泛滥等现象。

造成这些现象的主要原因是这种所谓的精准营销其实并不是十分精准。虽然大数据时代已经到来，但是许多企业缺少详细的商业数据信息，再加上没有系统地分析已有的数据信息，致使精准营销难以实现。如果企业拥有大数据营销体系，将会使企业更加快速地掌握潜在用户，实现精准营销。例如，通过分析客户的信用卡的消费记录，就可以获知客户的消费水平、消费方面、消费地点等信息，从而为商家提供精准的短信广告。

精准推送要考虑的因素有很多，大致分为5大类：推送哪些信息、给谁推送、谁来推送、通过什么推送、推送效果如何。

1．推送哪些信息

推送的商业信息种类要将所获取的信息源作为依据，通过对获取的信息进行分类，从而精准地对某一类信息进行推送。

（1）领域的分类，例如，医疗、金融、零售等领域，根据不同的领域，推送符合这个领域的信息。

（2）从需求程度上，可以分为一级、二级、三级分类等，需求的不同，推送的方式和力度上也不同。

（3）关键词推送，是通过搜索改变以往的推送方式，由传统信息数据源才能制定的分类，变成了每个人都可以来设定的关键词。

2．给谁推送

给谁推送也就是寻找商业信息的接收者，是要建立在系统的信息分类基础之上，根据不同的信息类别属性，向符合这个类别属性的人群推送信息，例如，商家永远不可能向盲人推送太阳镜的信息。

3．谁来推送

谁来推送就是利用合适的商业信息载体进行信息的传达。例如再大的新闻，倘若没有传统媒体、网络转载等信息载体的介入，是无法形成持久宽广的传播影响的。由此，信息载体的可靠性、真实性，将成为衡量信息质量与受欢迎度的最重要指标。

4．通过什么推送

通过什么推送就是选择合适的信息格式与信息的表达方式，有效传达信息内容。例如，常用的有印刷物、文字、图片、音频、视频等。根据不同终端要求，运用不同方式将信息呈现。

5．推送效果如何

信息推送的目的就是达到推送的效果，包括信息的影响范围、用户的口碑等。信息精准、智能推送的效果，就商家而言在于信息的影响力，以及为商家带来的利益如何，就大众而言在于大众对此信息的口碑如何，就个人而言在于是否习惯这样的信息接受方式。

▶ 专家指点

精准推送要注意一点就是什么时候推送，一个在沙漠中即将渴死的人，向他推送再优惠的钻石，他也会无动于衷，而向他推送再昂贵的矿泉水，他也会毫不犹豫地买。所以为了发挥精准推送的最佳效果，选择合适的时机，也是很重要的。

7.1.3 投用户所好，增强竞争力

投用户所好是市场竞争战的必备条件，企业生产产品前必定要做一个市场调查，以此来判断该产品的市场需求，可以获得的利润等信息。所以，企业的生产要投用户所好，用户就是市场，用户所需就是市场所需。

投用户所好，增强竞争力

企业要在产品生产之前了解潜在用户的主要特征，以及他们对产品的期待，那么企业的产品生产便可投其所好。例如，现在的电影在公映之前都会在网上公布电影的预告片，电影公司通过预告片的市场反响，来确定下一步的宣传策略。

当企业处于市场领先位置时，更要时刻了解市场、监控市场变化。因为当企业处于商业金字塔顶端的时候，自己就成了众多竞争对手的目标，而自身已经找不到合适的目标学习，所以只有推陈出新，使自己永远都是竞争对手的目标。

7.1.4　了解竞争对手的经营状态

了解竞争对手的经营状态

古人云："知己知彼，百战不殆"。在商业竞争中，竞争对手在干什么是每一个企业都想了解的，因为对方不会公布出来，甚至是当作商业机密一样，其他企业想要获取是很困难的。但是在大数据到来的时代，即使对方不会告诉你，企业也可以通过大数据监测分析得知对手的经营状态，根据对手的经营状态，进行商业调整，击败对手，甚至是占领整个市场。

品牌的传播亦可通过大数据分析找准方向。现在很多企业都在利用大数据进行传播趋势分析、互动用户分析、内容特征分析、口碑品类分析、正负情绪分类、产品属性分布等，还可以通过对竞争对手的检测与分析，了解对手的优势，为自身的营销运作提供参考。

7.1.5　对客户进行分级管理

对客户进行分级管理

所谓客户分级管理，就是根据客户对于企业的贡献率等各个指标进行多角度衡量与分级，最终按一定的比例进行加权。

客户分级管理在一定程度上能增强客户对企业的依赖性，新用户为了获得更多的权限与优惠，可能就会持续光顾，随着时间的推移，新用户就会形成一种消费习惯，适应企业的商业模式。对于企业来说，这不单单是客户资源的积累，同时也是商业信息数据的积累，通过这些信息数据就可以获知更多的市场动态与市场需求。

另外，面对日新月异的新媒体，许多企业都通过对用户的公开内容和互动记录分析，将用户转化为潜在客户，激活社会化资产价值。大数据可以通过分析活跃用户的互动内容，准确设定消费者画像。客户分级管理的作用主要有以下 3 点，下面就来具体进行分析。

1．增强企业客户服务水平

增强企业客户服务水平是众多企业实施企业客户管理系统的一个主要目标。系统整合与记录企业各个部门所接触的客户资料，并对这些资料进行统一管理。通过对这些客户信息的分析和挖掘，深入了解客户的需要，发现企业的高价值客户，从而向客户提供更加具有针对性、更加专业化的服务。

2．增强企业市场营销管理的能力

增强企业市场营销管理能力可以帮助企业制定合适的市场营销计划，并对各种推广渠道所接触的客户进行记录、分类和辨识，加强企业对潜在客户以及现实客户的管理，对企业的各项营销活动效果进行评价。

当前企业的客户管理解决方案，很多游离在各个独立的部门之间，并没有实现各个部门之间的资源整合，各个部门之间的协调也显得欠缺，所以在很大程度上影响了客户管理系统的发

展。为了使业务流程能够有效的重组，就必须实现从职能管理到面向业务流程管理的转变，使整体流程得以优化。

3．提高企业销售收入

提高企业销售收入是诸多实施客户管理系统的一个重要目标，销售自动化又是企业客户管理系统不可分割的一部分，销售自动化是通过相关通讯设备、网络设施以及相应的管理软件，进行商业信息资源的分析，从而得到销售记录的实时信息，并利用该信息为企业带来更高的价值。

7.1.6 改善用户的使用体验

改善用户的使用体验

要改善用户的体验，关键在于真正了解用户和产品的使用情况，而这些情况都可以通过大数据获悉，大数据能帮助企业了解产品的售后信息，并在产品出问题时，给出适时的提醒。改善用户体验其实就是方便用户，下面来看几个改善用户体验的创新案例。

1．折叠式飞行员眼镜

某眼镜品牌生产出了带有倾斜反光镜面的太阳镜，给使用者提供了视力保护。在该眼镜品牌庆祝品牌诞生 75 周年的时候，隆重推出极具标志性的折叠式飞行员眼镜，如图 7-3 所示。

图 7-3　折叠式飞行员眼镜

这一全新款式是卓越设计的典范，沿袭了品牌的技术基因，并延续其永恒的传奇。随着相关镜片的推出，该品牌的眼镜印证了其在品质、材质挑选及技术研究方面的优势。

2．螺旋葡萄酒软木塞

在如今的葡萄酒市场上，用螺旋软木塞封装的葡萄酒越来越多，如图 7-4 所示。

对于服务者以及顾客来说，螺旋瓶塞的酒瓶在餐桌上很容易应付。新西兰和澳大利亚等国的葡萄酒行业已经进入螺旋塞时代，很多酒商把螺旋塞应用在了他们整个的生产线上。

图 7-4　用螺旋软木塞封装的葡萄酒

3．符合人体工学设计的枕头

这种符合人体工学设计的枕头是依照人体解剖学颈椎 40 度的仰角设计，能有效撑颈部，避免了传统枕头不科学的曲度，能减少颈椎的不适，如图 7-5 所示。

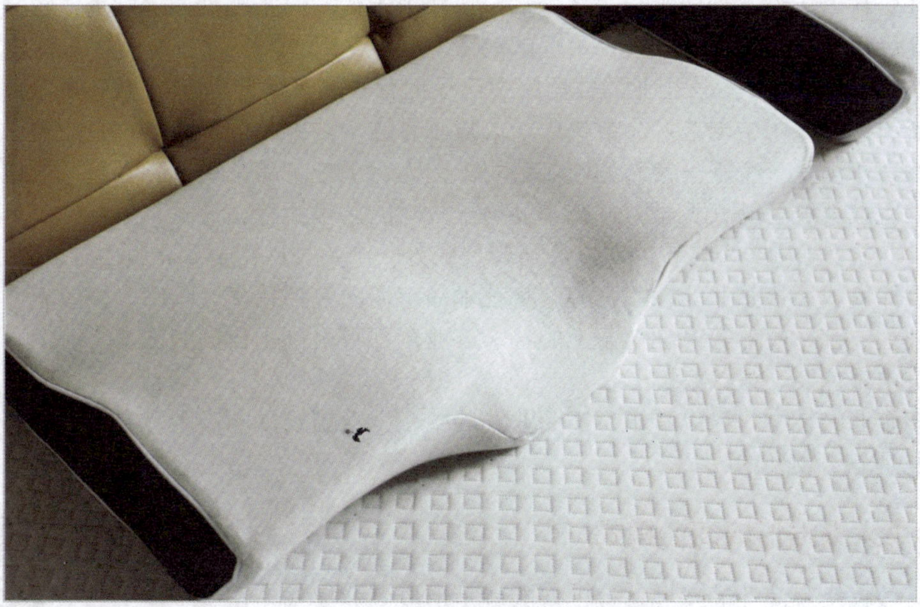

图 7-5　符合人体工学设计的枕头

7.1.7　发现市场发展的新趋势

大数据的分析与预测对于企业家洞察新市场与把握经济走向都提供了极大的支持。例如，阿里巴巴从大量交易数据中更早地发现了国际金融危机的到来。发现市场的新趋势不仅能获得盈利，还能降低不必要的损失。提早发现，提早预防，这样才能在市场运作中屹立不倒。

发现市场发展的新趋势

7.1.8 支持市场预测和决策分析

支持市场预测和决策分析

数据对市场预测及决策分析的支持，早就在数据分析与数据挖掘盛行的年代被提出过。例如，前面提到的著名的“啤酒与尿布”案例，就是在数据预测的基础上获得的成功。

现在，大数据时代的规模大且类型多，对数据分析与数据挖掘提出了新要求，只有更全面、更速度、更及时的大数据，才能为市场预测、决策分析以及进一步的发展提供更好的支撑。

7.2 大数据下的商业发展

我国有一家印刷品公司，它完成了国内很多大型活动的印刷工作。20 世纪 90 年代，这家公司刚成立的时候做的是印刷业务，在那个年代，印刷行业的技术、设备都差不多，与同一行业的其他公司相比收益都差不多，所以该企业在初期的时候，基本上什么样的业务都接。

但是，该企业却做了一件国内各个印刷公司都没有做的事情，那就是将各个用户的印刷电子资料存储起来，这些资料在行业内都被认为是没用的废料，因为日积月累，这些资料将会占用很大的内存。所以其他的印刷公司，等到用户印刷完之后就直接删除掉了。然而该企业不仅保存了这些资料，还将其刻成了一张张光盘，在那个年代，一张光盘的价格是比较高的，所以该企业的这种举动让行业内许多人都不理解。

到了 21 世纪 20 年代，该企业的数据库中已经拥有 6 万多名艺术家，2 000 多万件艺术品的电子图文资料，成立了中国艺术品数据库。如果没有这个艺术品的积累，该企业将永远被禁锢在印刷行业，永远是一个平平常常的印刷公司。因为对于艺术品来说，时间越久，也就越有价值，那么该企业就成了储存上千万件艺术品电子资料的艺术银行。

所以，该企业就从一个传统的印刷公司转型成为一个数据库提供商，那么对于该企业来说，手中的数据库就成了该企业的核心资源，将艺术品市场，包括拍卖、画廊、投资者、艺术家、印刷出版公司、艺术媒体等产业链条上的各个产业全都吸引到了自己的艺术平台上，并且成为这个产业链中最重要、最核心的一员。

通过该企业的转型，可以看出，在商业发展中，大数据发挥的作用有多大了。那么，大数据下的商业是怎么发展的呢？

7.2.1 运用大数据形成商业模式

运用大数据形成商业模式

运用大数据实现商业的发展，最主要的就是形成商业模式，在这个模式下，进行运转，实现商业资产的积累。商业模式的形成，主要有以下 3 个步骤，下面就来具体进行讲解。

1．数据的积累

通过上面这个印刷厂的案例，可以看出，商业模式的形成是一个长期积累的过程，所以大数据时代，商业模式的形成必须依靠数据的积累。在数据的积累中要注意一种现象叫作“飞轮效应”。

“飞轮效应”指为了使静止的飞轮转动起来，一开始必须使很大的力气，一圈一圈反复地转，每转一圈都会费很大的力气，但是每一圈的力都被保存在了飞轮里，使飞轮越转越快，当达到某一临界点后，飞轮的重力和冲力会成为推动力的一部分。这时，无须再费多大的力气，飞轮依旧会快速转动，而且不停地转动，这就是“飞轮效应”。

上面印刷厂的成功转型就是“飞轮效应”，一开始在做印刷义务的时候，除了印刷，做的都是别的公司不愿意做的又累又浪费时间的事情，但是当这些数据慢慢积累到一定程度之后，数据飞轮就能自己转动起来了，这对于该印刷厂来说转来的就是一笔笔源源不断的财富。

2．利用数据增强业务

首先，拿到数据之后，要学会数据的整合。在产业界有一句话叫作“数据之合的价值远远大于数据的价值之和”，意思就是分散的数据并不能带来多大的价值，只有打通了数据与数据之间的关系，将数据的活性做足，让数据与数据之间产生高于数据之和的价值，这样数据的价值才会体现出来。

其次，要知道数据所能体现的场景该如何呈现出来。数据是杂乱无章的，要清楚每一条数据所能带来的信息，利用这些信息构建一幅完美的商业场景，从而明确数据所能达到的商业目的。

最后，能够对各种数据做出未来的预测。在供研产销这条产业链上，完成每一个环节的互相打通，把每一节链条上的宝藏挖掘出来，从而不断提高业务能力，达到资源的最佳配置。

3．让数据成为一种资产

一家传统的印刷公司能够做大做强，这与其善于利用数据是分不开的，对于该印刷厂而言，日积月累的数据库就成了它丰富的核心资产。当拥有了这些核心资产以后，就可以一直做下去，提高在行业中的地位，从产业链的下游慢慢向上，从而达到产业链的中上游，提升行业价值。

在互联网飞速发展的今天，大数据还会有新的商业模式出现，就像互联网创造了搜索、电子商务、竞价排名等一系列商业模式一样，大数据会孕育更多新的商业类型，这也是大数据最有投资潜力的原因。

▶ 专家指点

大数据是一种资源、一种技术、一种工具、一种趋势，运用大数据会带来更低的成本门槛，从而获得更多的商机，孕育颠覆性创新。大数据的出现与应用缩短企业与企业的竞争差距，为新商业模式的发展提供了新的机遇。

7.2.2　运用大数据建立客户资源

对于商家来说，企业、品牌的影响力越大，产品的销量可能就越好，要不然就不会有企业花高价在新闻联播与天气预报之间打广告了。所以说，利用大数据建立客户资源是创造效益的基础。下面来看两个建立客户资源的小案例。

运用大数据建立客户资源

1．二维码拉拢顾客

随着智能手机的普及，二维码开始越来越多地进入人们的视野，并实现了卖场与网络、手机用户的互动，同时也为企业推广带来了巨大的商机。在街头经常会看到这类广告，例如“扫码开通享优惠”，如图 7-6 所示。

图 7-6 “扫码开通享优惠”

二维码作为一个宣传广告，不会直接告诉大众它携带的内容，但是只要对二维码进行扫码后，就能揭开二维码的神秘面纱。有很多商家利用二维码的这一特性，来吸引顾客，从而达到发展客户资源的目的。

2．用大数据逆势增长

随着中央一系列“禁奢令”的出台，餐饮行业的业绩受到了一定的影响，然而某餐饮企业却逆势增长，业绩与门店扩张速度均有良好的表现。

这样的生存状态令同行羡慕不已，与此同时更令业界关心的是，该餐饮企业是如何做营销的？为何该企业能够在餐饮行业困境下逆势扩张？为此，该企业毫不隐晦地说：“我们拥有庞大的数据库资料，为企业的营销管理提供了强有力的支持。”

事实上，该企业新开门店选址、了解菜品的受欢迎程度、了解门店的不足、对店长的考核等都基于多年来积累下来的调查问卷，这些调查问卷汇聚成其内部的大数据，这些大数据对企业的生存发展起到了至关重要的作用。

不仅如此，大数据里面还包含开放性课题，比如会问消费者：“你有没有其他意见？”该企业会把所有消费者提出意见的关键词做统计分析，发现问题并进行改进。

为了让问卷回收率更高，以及保证问卷的真实性，该餐饮企业会让员工主动提醒客人填问卷，甚至给客人一定的奖励。但是问卷的使用必须有个度，千万不能因为市场部想做更多市场营销，而增加那张表的问题，因为消费者是来吃饭而不是来做市场调研的。所以该餐饮企业通过各个方面各个细节的把控，获得了较为真实的数据信息，从而在行业中逆转。

通过以上案例，可以清晰看出，客户资源的建立离不开数据，尤其是在逆境中，通过对大数据的分析，能够洞察行业的发展方向，以及注意事项，从而发现问题、解决问题，将企业带入正常的运转轨道上。

▶ 专家指点

建立客户资源是商家进行商业盈利的一个重要步骤，建立商业客户资源其实就是扩大自己产品在社会的影响力，产品的影响力越大，知道的人越多，对后期的商业发展越是能起到重要的作用。

7.2.3　运用大数据维护客户资源

运用大数据
维护客户资源

有这么一个很有意思的小故事，说一位顾客打电话给快餐店订外卖，客服询问了该顾客的会员卡号以后，在短时间内便报出了该顾客的家庭住址，电话、手机号等相关资料。

顾客非常吃惊，随后他提出要预订一份凉拌海带，但此时客服却回复：根据他的医疗记录，他胆固醇偏高，不适合吃海鲜类的事物。接着，顾客提出预订一大锅砂锅粥，此时客服又有礼貌地回复他：大锅的砂锅粥足够他们一家六口吃了，只是建议老母亲要少吃，理由是老人家上个月刚好做过心脏搭桥手术，处在恢复期。

看到这里，人们都很惊讶，快餐店是靠什么掌握顾客信息的？当然是大数据，快餐店利用他们的 CRM（客户关系管理）系统，掌握了顾客的第一手信息，在顾客预订快餐时，给顾客提供合理化的建议，留下了良好的“服务口碑”。

通过上面的案例，可以得出以下两点结论。

（1）依靠大数据可以全方位地了解客户的相关信息，并提供全方位的服务。

（2）全方位的服务虽然不是维护顾客资源的唯一手段，但却是重要的手段。

现如今，社会已步入一个数据化的时代，就像比萨店，它的口味或者服务很一般，而他们将数据化资源作为维护客户的得力后援，一张会员卡，便能得出如此庞大的信息量，可见，大数据资源的整合，将会给人们带来意想不到的收获。

经过思维与商业变革的大数据时代，运用好了这一庞大的大数据资源，将给人们的各项管理、服务工作，带来意想不到的收获。同时，在维护客户上，无论是哪个行业，只要利用好这一庞大的数据资源，打造一个属于系统内的 CRM 系统，那么就可以利用精准化服务、数据化服务，将企业带入一个快速、全面、精准、有效的客户服务领域。

客户不是单体的，只要在某一个地方消费，便会接受来自于服务员、销售人员、以及公司客户经理的真诚服务，如果将这些人员对所掌握的客户情况进行梳理，增加部门间的有效沟通，将这些大数据进行有效的整理，建立一个有效的 CRM 体系统，那么，揽住回头客就不是什么大问题。通过大数据资源的查询，维护客户工作便能从单一形式转换为差别化精准服务。

大数据时代，各部门间要多些配合，多些沟通，就像前面所讲的数据之合的价值远远大于数据的价值之和，将各自掌握的分散的数据资源进行共享，打造一套独特的 CRM 客户维护系统，以客户为中心，以市场为导向，以数据为资源，以精准服务为目标，开展有针对性的服务，为他们私人定制，在推荐内容与服务效率上打动客户，从而提高客户的满意度，维护客户资源。

7.3　大数据下的智能商业

如今，也许人们并不了解大数据，但大数据的应用已经在商业领域中遍地开花了。例如，金融行业通过大数据来鉴别个人的信用风险；快递领域通过数据来确定行驶路线，减少等候时间；商场通过大数据发现产品之间的关联。在大数据时代，一切都存在着可能，智能商业带来的价值转型正在悄然发生。这一节，就来讲解大数据下的商业智能，体验智能商业带给人们的改变。

7.3.1 商业智能

商业智能

商业智能是指用现代数据仓库技术、线上分析处理技术、数据挖掘和数据展现技术进行数据分析以实现商业价值。

商业智能是一个工具，是用来处理企业中的现有数据，并将其转换成信息和知识，辅助业务员或者决策者做出正确且明智的决定。利用商业智能，能够帮助企业更好地利用数据提高决策的水平。

为了将数据转化为知识和价值，需要利好用数据仓库、线上分析处理工具和数据挖掘等技术。所以，商业智能不是什么新技术，而是数据仓库、线上分析处理工具、数据挖掘、数据展现等技术的综合运用。商业智能主要有以下 5 大功能，下面就来具体进行讲解。

1．读取数据

商业智能系统可读取多种格式的文件，例如：Excel、Access、以 Tab 分割的.txt 文件和固定长度的.txt 文件等。将两个（或多个）文件作为一个项目命令合并为一个文件，这样就像操作数据库一样，一个命令即可完成整个操作。

2．分析数据

数据分析主要用于发现不同事件之间的关联性，即一个事件发生的同时，能够推理出另外的事件。关联分析的重点在于快速发现那些有实用价值的关联事件。其主要依据是，通过事件发生的概率来完成数据的预测。利用这种知识可以采取积极的营销策略，扩展客户购买的产品范围，吸引更多的客户。

3．丰富画面

商业智能可以在表格中利用 and/or 改变查找条件，进行统计和排序。统计对象只针对数值项目，统计方法有合计、件数和平均等，还可以通过多种方式改变数值的显示格式。

4．数据输出

数据输出使数据脱离单一化，利用该功能完成数据的打印统计以及列表、图表画面等，同时，还可将统计分析好的数据输出给其他的应用程序使用。

5．定型处理

用户需要显示数据时，可以进行定型登录，变回自动生成定型处理按钮。以后，需要数据时，只需按此按钮，即使很复杂的操作，也都可以将所要的列表、视图和图表显示出来。

商业智能主要用于商业数据分析，通过毛利、毛利率、交叉比、销进比、盈利能力、周转率等关联数据，分析产品的销售状况，根据海量数据产生预测信息、报警信息等分析数据，从而根据各种销售指标产生新的透视表。

商业智能还可用于商品分析，例如商品分析的主要数据来自销售数据，通过销售数据产生以分析结构为主线的分析思路。主要分析数据有产品的类别结构、品牌结构、价格结构、结算方式结构、毛利结构等，从而了解产品的广度、深度、淘汰率、引进率，分析出重点产品、畅销产品、滞销产品、季节产品等多种指标。

实施商业智能系统是一项复杂的系统工程，它涉及的项目包括企业管理、运作管理、信息系统、数据仓库、数据挖掘、统计分析等众多的商业知识。因此用户要选择合适的商业智能软件并按照正确的方法实施，才能保证项目的成功。通常，实施商业智能项目可分为以下 6 个步骤，如图 7-7 所示。

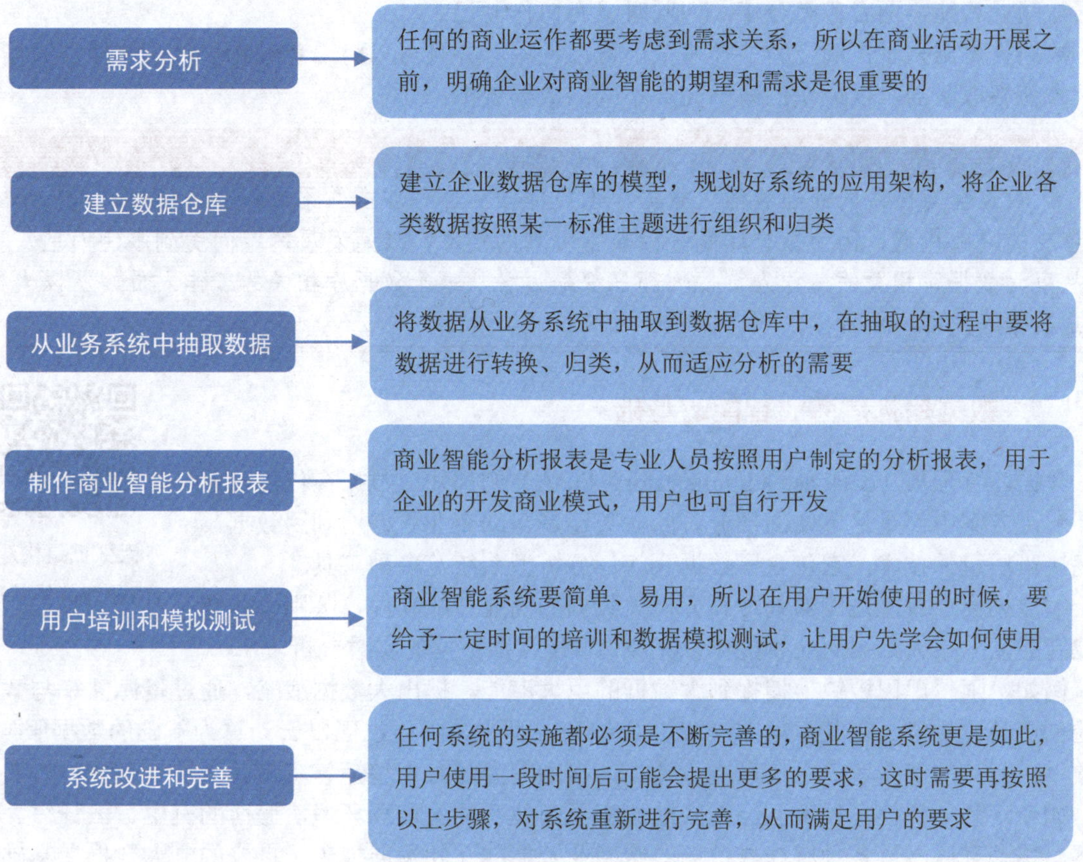

图 7-7　实施商业智能项目的 6 个步骤

7.3.2　商业智能与大数据的关系

商业智能与大数据的关系

随着技术的发展和数据的积累，商业智能系统所面临的技术挑战在不断增加，比以往任何时候都要多的数据必须要在更短的时间内处理完毕。爆炸般的数据量被企业数据系统收集，这庞大的信息量，会使企业 IT 工作人员手忙脚乱、不知所措，所以数据量的增加会直接导致效率的降低。

在这样的数据发展趋势下，专家用大数据概述了这一概念。传统的数据信息以文字为主，随着商业的发展，文字已经不能直观、准确地反映数据信息，所以文字、图片和视频与其他稀少的结构化数据一起，组成了流动信息最重要的部分。软件提供商必须要强化他们的商业智能解决方案，才能迎合日益增长的需求。

在这里，大数据与商业智能是一种递进的关系，商业智能的局限性催生大数据的产生，大数据是商业智能的延伸。商业的发展总需要一些新的东西来推动它，虽然是新的定义、新的词汇，其本质只是为了迎合数据的增长、商业的发展而使传统功能的延伸而已，如 20 世纪 70 年代的数据库、20 世纪 80 年代的超大型数据库、20 世纪 90 年代数据仓库，21 世纪 00 年代商业智能，而 21 世纪 10 年代总要换个新概念来证明信息化数据时代的到来。

所以在大数据时代，商业智能并不是弃之不用，毕竟商业智能相比较大数据要简单一点，对于数据量没有那么复杂、信息种类不是那么杂的数据库中，运用商业智能还是没问题的。大数据与商业智能，两者各有分工、但同时又有协作而已。

数据技术出来了，商业智能技术依旧可以使用，并且可以将二者融为一体，这样在数据处理中才能各取所需，以最快的效率完成不同的数据分析。

▶ 专家指点

大数据会对传统的商业智能、数据库造成冲击，这种冲击并不是坏事，相反这是一个非常重要的商业机遇，因为数据库是一门非常可靠的技术，只是发展的空间受到限制而已。现在从事大数据库相关的工作人员，大部分都是过去从事于数据库相关的工作人员，所以大数据是数据库发展的新阶段。

7.3.3 大数据是构建商业智能的基础

大数据是构建商业智能的基础

数据库管理员（database administrator，DBA）们都知道数据在任何商业智能解决方案中都是最重要的部分。商业智能是帮助企业更好地利用数据，提高决策质量的技术，它包含了数据仓库、分析型系统等多种工具。

大数据商业智能是能够处理和分析大数据的商业智能软件，区别于传统商业智能软件，大数据商业智能可以完成对 TB 级别数据的实时分析。

例如，阿里巴巴敏锐地捕捉到大数据的巨大潜能，提出大数据战略，通过资源共享与数据互通创造商业价值。在某一年的“双 11”销售热潮中，阿里巴巴以云计算为基础的数据服务，对数以亿万计的消费者需求信息进行捕捉，帮助网商随时调整销售决策。

如今，新一代信息技术已经彻底地改变了商业智能的市场环境，微博的诞生、云计算、物联网、移动互联网等各种爆炸式数据，给商业智能的蓬勃发展提供了良好的“大数据”基础。

大数据为商业智能带来了海量数据。利用大数据技术，要更容易将商业数据进行对比，这也加速了商业智能整合效率。因此，有人大胆预测：与大数据相关的商务智能分析将引领管理信息化的发展。

7.3.4 ORACLE BIEE 的商业智能

ORACLE BIEE 的商业智能

ORACLE BIEE 是 ORACLE 的商业智能平台企业版，是收购、整合 SIEBEL 和 HYPERION 的相关商业智能部分组建形成，在 ORACLE 整个商业智能体系架构中主要承担数据分析应用和可视化展示工作。ORACLE BIEE 的架构（图 7-8）中最重要、最核心的是 BI Server 和 BI Server 所操作的 Repository。

利用 ORACLE BIEE 可以将商业智能分析模型清楚、简洁地展现出来，开发人员在定义好元数据后，业务人员即使不了解内部库表和相关技术，也可以以一种可视化的、简单的方式产生自己所需的智能数据报表，大大提高经营分析的效率。同时，随着云计算技术的不断发展，给商业智能行业带来了新的启示。基于云计算的商业智能平台可以作为 Web 服务提供给用户，商业智能的 Web 化和服务化，或将成为一个新的趋势。

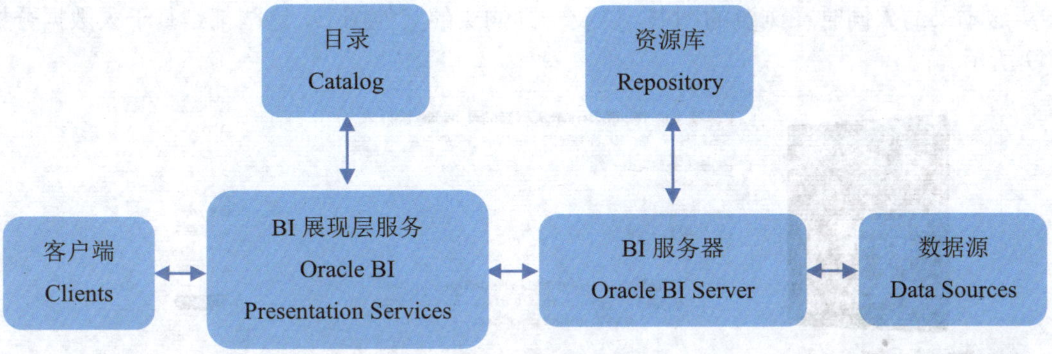

图 7-8 ORACLE BIEE 的架构

7.3.5 商业智能成为企业的掘金石

商业智能成为企业的掘金石

1989 年，商务智能界的 Howard Dresner 提出商业智能的概念，不久后该概念便被人们广泛了解。当时将商业智能定义为一类由数据仓库（或数据集市）、查询报表、数据分析、数据挖掘、数据备份和恢复等部分组成的、以帮助企业决策为目的的技术及其应用。

在大数据时代，企业如果想要抢夺大数据市场，就需要具备一定的实力，然而报表的呈现和简易分析只是停留在“B”的阶段，要想达到“I”的阶段，必须要结合整个大环境、大行业的数据来判断分析，并给出真正有价值的信息和决策建议，这取决于数据广度、深度，以及数据挖掘分析能力。

商业智能与大数据的区别在于，大数据能够基于工具进行大容量数据和非结构化数据的处理，与传统基于事务的数据仓库系统相比较，大数据分析不仅关注结构化的历史数据，还能对社交网络、射频识别传感器等非结构化海量数据进行分析。例如，民航旅客量的突增，带来了海量数据的增长，而且数据类型也是丰富多样的，所以某航空团队就在数据仓库平台方面做了早期的挖掘。经过调研 IT 团队采用了专业商业软件去部署，这个平台给客户带来了很多价值。

商业智能通常被一些大企业作为强有力的掘金石，从而在实现信息化建设后贯彻决策的解决方案，而在当前中小企业应用商业智能的过程中还存有一定的瓶颈，中小企业的实施成本及对商业智能的认识还存在一定的差异。

▶ 专家指点

企业信息化已逐渐由传统运营层管理转向决策管理，企业实施 BI 犹如试穿鞋子，企业 BI 应用的核心取决于企业决策与业务的优化上，企业对于 BI 的深化，需要具备一定信息化实质的基础，BI 应用是建立在业务优化、运营管理与决策的基础上的。

7.3.6 大数据让商业变得更加智能

大数据让商业变得更加智能

如今，传统数据仓库的性能已无法应付庞大的信息，但是大数据技术能让商业变得更加智能，使人们能够访问和使用这些宝贵的、大规模的数据集，以应对越来越复杂的数据分析，从而做出更好的商业决策。

例如，在听音乐时，豆瓣电台会推荐用户可能喜欢的音乐；在当当网下单某本书后，它会提醒购买这本书的人同时在浏览的图书，以及一同购买的其他图书，这些都是基于大数据分析，如图 7-9 所示。

图 7-9　当当网的大数据分析

大数据带来的另一改变是：更多事物可以数据化。购物习惯可以数据化，社交关系可以数据化，社会热点的走向也能数据化（通过对搜索关键词的分析）。这些数据可以导出商业潜能，更能导出社会的走向。

随着互联网技术的发展，未来的大数据时代，将是各种信息呈现快速增长的状态，如何更快获取有用的信息是关键。智能分析工具会变得越来越重要，它可以凌驾于多个管理系统、数据库之上，如何通过更灵活、可控的 BI 工具，真正挖掘出大数据时代的价值，是大数据和 BI 面临的共同挑战。

7.3.7　商业智能的发展前景预测

商业智能的发展前景预测

从总体上来看，商业智能的发展有以下几个特点：实时、操作型、与业务流程的集成、主动以及跨越企业边界等。商务智能的实时特性，可以让公司与顾客拉近距离，而实时商业智能可以迅速地处理数据，并给出及时、有效的决策。

如今，商业智能的概念从技术到应用都发生了巨大的变化，从商业智能到商业分析，再到企业绩效管理和企业绩效优化。那么，商业智能的发展前景如何呢？下面就来进行趋势的预测，如图 7-10 所示。

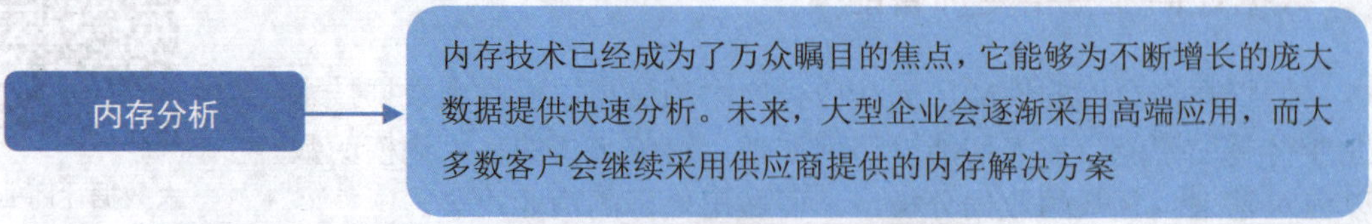

图 7-10　商业智能的发展前景

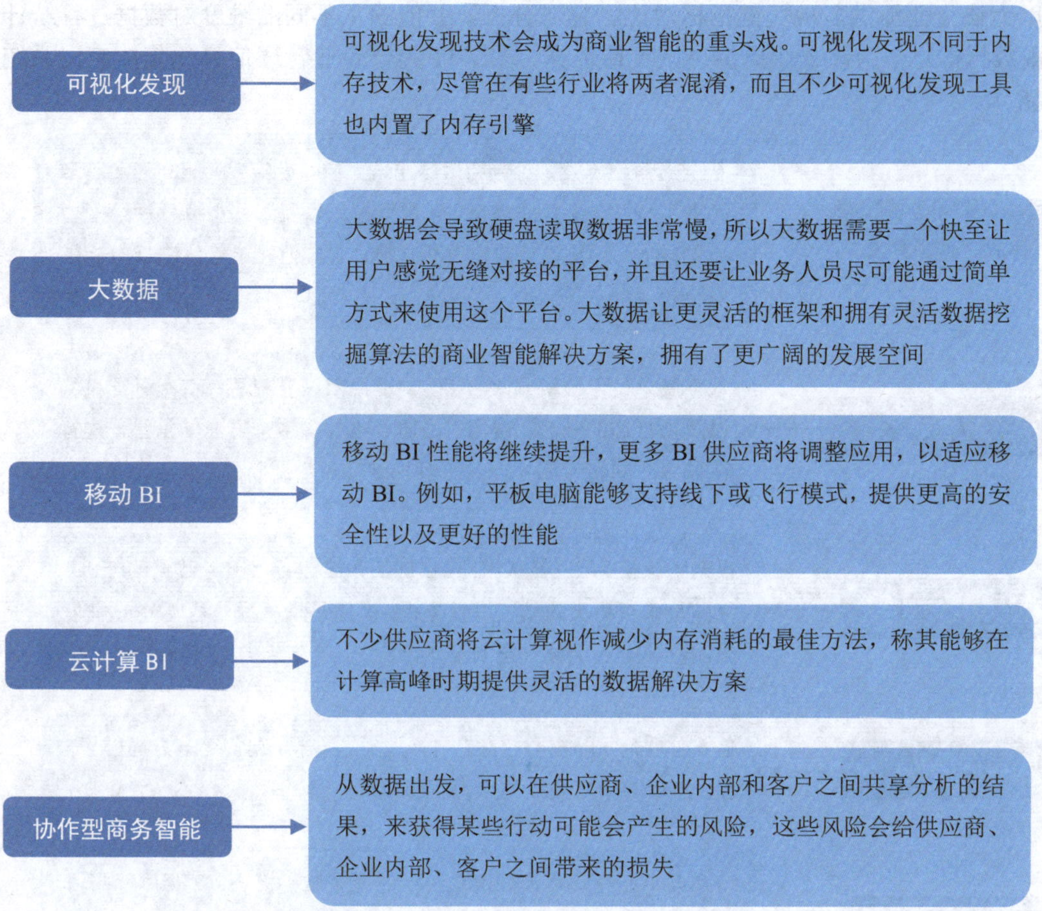

图 7-10　（续）

7.4　大数据带来的商业变革

人们懵懂意识到，数据即将成为改变未来社会的重要力量。然而，大数据究竟改变了什么，在人们脑中仍是个模糊的影子。这一节，将通过具体的应用案例，告诉读者大数据到底产生了什么样的商业变革。

7.4.1　大数据助力地产行业的发展

大数据助力地产行业的发展

我国某知名建筑公司不但是世界 500 强企业，也是极具国际竞争力的建筑地产集团。由于该企业现有的企业资源计划系统提供的原始数据以及查询报表功能，不能将原始数据进行加工，不能给管理者提供有价值的辅助决策信息，也不能以更加丰富的形式展现运营状态。

因此，该企业准备在全局范围内搭建一套企业经营决策分析系统，其项目验收会在长沙举行，经过验收委员会专家的评审，该企业的管理信息化集成应用系统顺利通过了验收。

这个应用通过对全局的战略、经营、财务、项目运营分析，以及风险预警等分析体系的建立，可以为该企业提供多种关键指标对比、趋势分析，并能够从不同的维度对数据进行统计分析，挖掘数据信息，为该企业提供决策支持依据。图 7-11 为该企业管理信息化集成应用系统的基本功能。

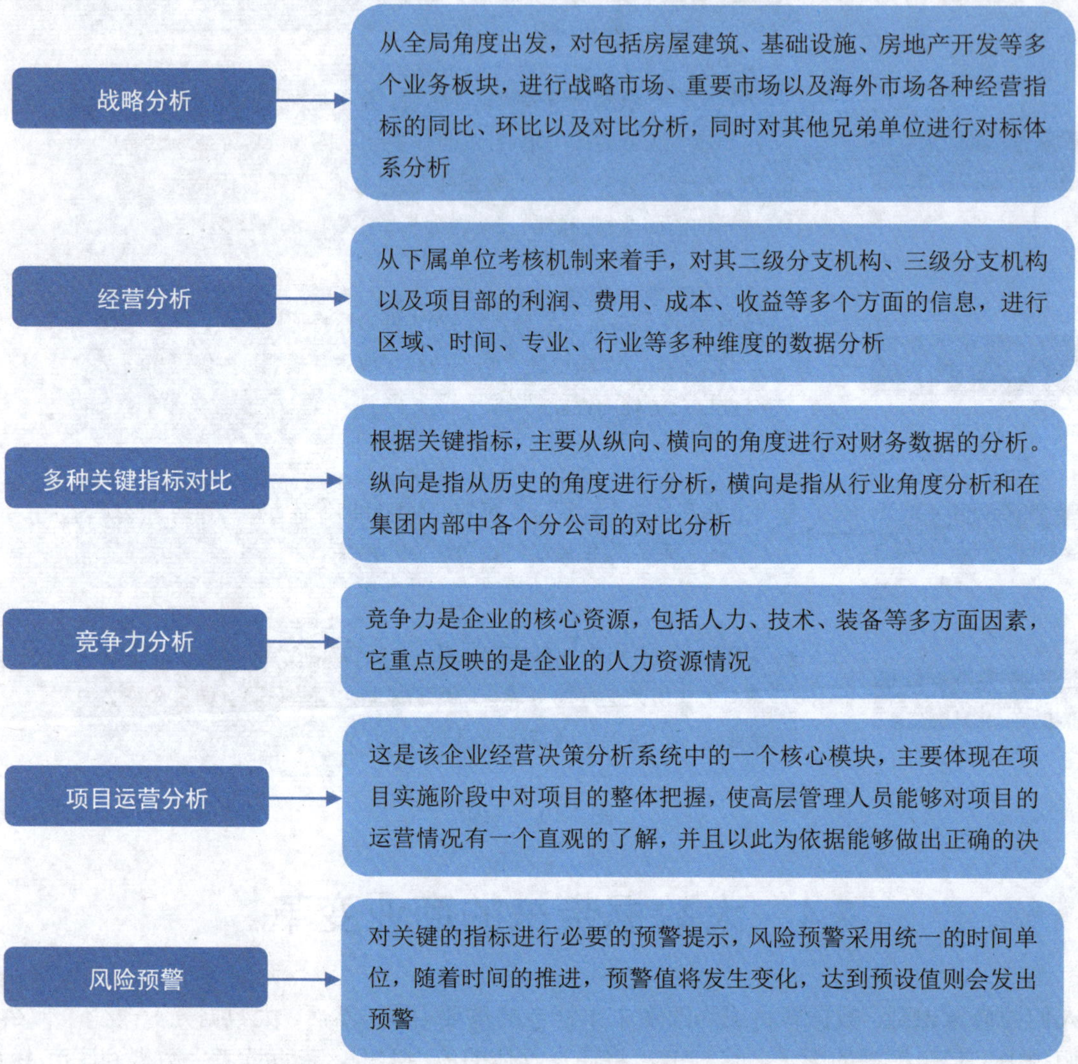

图 7-11　某企业管理信息化集成应用系统的基本功能

这个管理信息化集成应用系统涵盖了大型建筑企业集团的主要管理内容，建立了从上到下的主数据标准化体系和基于企业服务总线（enterprise service bus，ESB）的便于扩展数据的交换体系，将不同运行系统的服务通过定义好的接口联系在一起，实现不同业务以一种统一和通用的方式进行自由交互。

7.4.2　大数据提升通信企业的竞争力

大数据提升通信企业的竞争力

21 世纪初，某通信公司就开始构建互联网数据中心（internet data center，IDC），经过此后多年的努力，一共建设了 8 个重要 IDC 核心节点，机房建设面积超过 4 万平米，有上百 G 的带宽连到骨干网上。

该通信公司的数据中心拥有比较丰富的 IDC 的运营经验和实力，是我国首家通过 ISO27001 认证的数据中心，早在 2003 年的时候已经通过 BS79 认证。该通信公司也是中国移动最主要的内容枢纽中心之一，担负着疏通全网内容的重要战略使命。

在大数据领域，该通信公司的标杆企业是云基地。在 BI 系统的支持下，该通信公司逐步强化“用数据说话”的工作理念，巩固了业务运营的数据支撑优势，增强了企业的核心竞争力。BI 系统就是该通信公司打造的另一只金翅膀，助力企业展翅高飞。该通信公司 BI 系统的成功在于以下两个方面。

（1）帮助业务部门建立了数据分析和精细化应用的框架体系，从企业全局来支撑日常的数据分析需求。

（2）以高端客户服务为起点，建立一系列 BI 专题来促进高端客户服务向更加精细化、个性化、人性化的方向发展，推动了高端客户服务模式变革，逐步建立起以“客户为中心”的跨部门协作服务体系。

总之，BI 系统的应用提升了企业的运营效率，保障了业务高效的开展。图 7-12 为 BI 系统的应用解析。

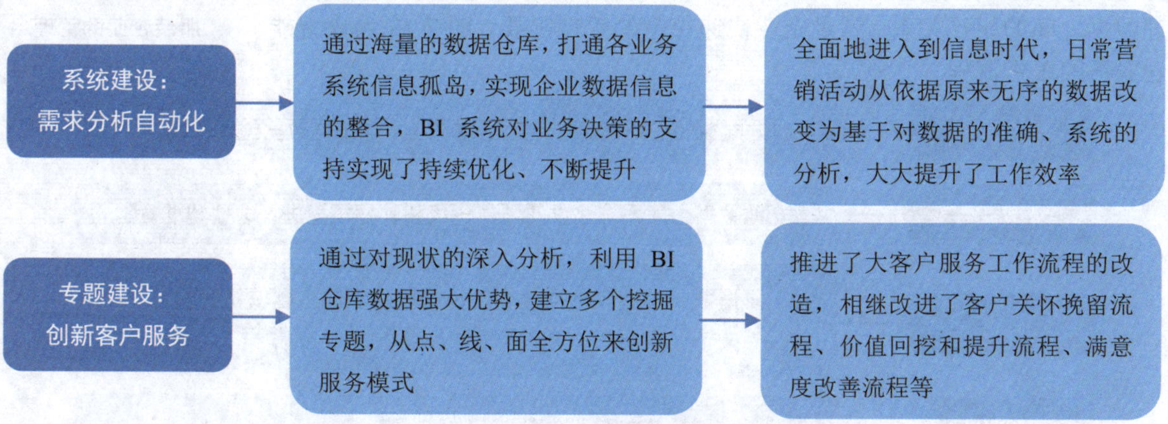

图 7-12　BI 系统的应用解析

移动互联和大数据时代的到来，极大地改变了企业传统的经营模式、经营环境和经营方式，如何抓住新的机遇，应对新的挑战成为企业必须面对的问题。在本案例中，企业在移动互联和大数据商业环境下，利用商业智能的优势，来扩大市场、降低成本、提升效率、应对危机、获得机遇，并实现跨越式发展。

7.4.3　大数据预测机票价格的波动

大数据预测
机票价格的波动

某位美国工程师搭飞机时，发现旁边的旅客买票比他便宜。于是他开发了一个票价工具，用于预测机票价格的波动。

通过预测机票价格的走势，以及增降幅度，票价预测工具能帮助消费者抓住最佳购买时机。由于票价预测工具的运转需要海量数据的支持，他找到了一个行业机票预订数据库。依靠这个数据库，这个票价预测工具就可以基于美国商业航空产业中，每一条航线上每一架飞机内的每一个座位一年内的综合票价记录得出预测结果。如今，该票价预测工具已经拥有了约 3 000 亿条飞行数据记录。

该票价预测工具是大数据公司的一个缩影，也代表了当今世界发展的趋势。5 年或者 10 年之前，这位美国工程师是无法成立这样的公司的。他说：“这是不可能的。”那时候他所需要的计算机处理能力和存储能力太昂贵了！虽说技术上的突破是这一切得以发生的主要原因，但也有一些细微而重要的改变正在发生，特别是人们如何使用数据的理念。

如今，人们已不再认为数据是静止和陈旧的。但是在以前，一旦完成了收集数据的目的之后，数据就会被认为已经没有用处了。比方说，在飞机起飞之后，票价数据就没有用了（对谷歌而言，一个检索命令完成之后）。

现代商业环境的变化十分剧烈，因此，对于企业来说，在大数据时代做好准备，利用好大数据尤为重要。

7.4.4 大数据助力服装企业的管理

大数据助力服装企业的管理

某服饰有限公司创立于 1989 年 1 月，该公司凭借精湛的工艺技术和先进的管理经验，经过几年的发展造就了享负盛名的羊绒衫。近年来，该服饰公司开始使用商业智能仓系统，希望通过商业智能来建立起企业历史管理数据之间的相互关系，满足企业快速决策的管理需要。图 7-13 为该智能仓系统的工作流程。

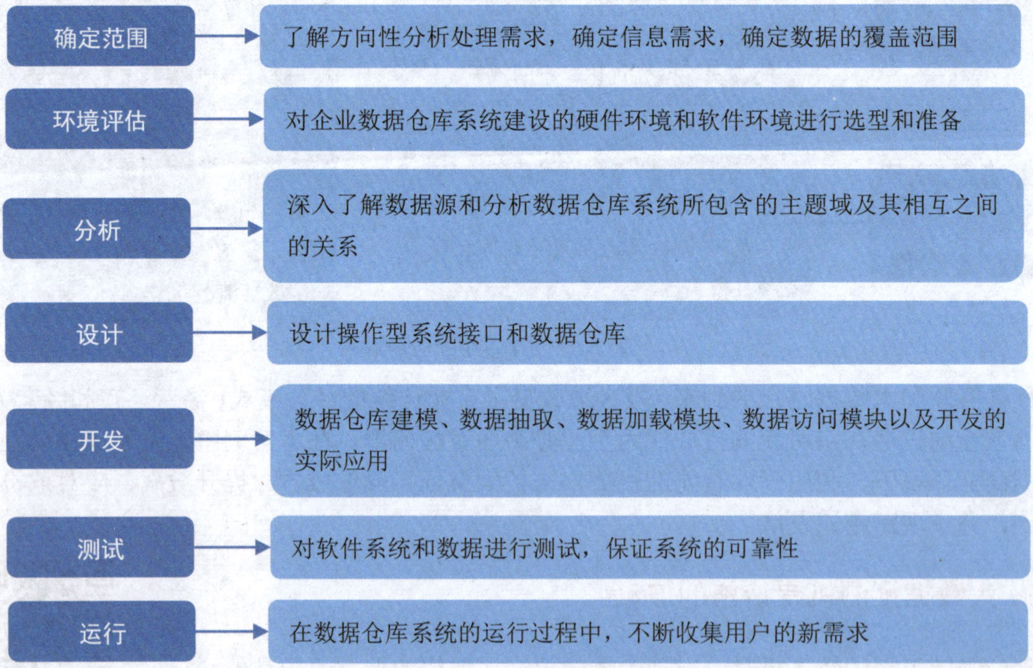

图 7-13　某服饰公司智能仓系统的工作流程

通过多年的逐步建设，该服装企业的信息化数据已经涉及采购、销售、库存、往来、总账等业务内容。在此过程中，该服装企业对数据仓库进行了进一步升级，以满足商业智能系统的运行需要。

数据仓库是一个庞大的系统工程，需要企业不断地去建立、发展、完善。因此，企业可以提出一个全面、清晰的远景规划及技术实施蓝图，将整个项目的实施分成若干个阶段，并以“立体建模、分部解析、过程评估”为原则。做到这些，企业不仅可以迅速从当前投资中获得收益，而且可以在已有的基础上，结合其他已有的业务系统，逐步构建起完整的数据仓库系统。

7.4.5　大数据助力人工智能计算机的开发

大数据助力人工智能计算机的开发

IBM 公司研发的电脑“沃森”战胜了美国智力节目的两名人类选手，一时间，很多人担心，电脑越来越像人了，将会超越人类的智慧。

沃森智能计算机是一台以 IBM 创始人托马斯 •沃森名字命名的电脑，如图 7-14 所示。在硬件方面，IBM Power 7 系列处理器采用 45 nm 工艺打造的 Power 7 处理器，拥有 8 个核心 32 个线程，主频最高可达 4.1 GHz，二级缓存达到了 32 MB。在软件方面，IBM 研发团队为“沃森”开发的 100 多套算法可以在 3 秒内解析问题，检索数百万条信息，然后再筛选还原成“答案”并输出成人类语言。

图 7-14　“沃森”智能计算机

随后，IBM 又宣布将把“沃森”应用于云环境的开发平台，开放应用程序编程接口（application programming interface，API），让企业能够开发自家的“沃森”App，从而构建起“沃森”生态圈，将“沃森”应用到更广泛的领域。

此外，IBM 还建立了一个“沃森”内容库，供应商可以为沃森提供内容，包括通用和专用的信息。“沃森”的优势是给出准确和可靠的答案，因此可以为医生提供更适合病人的解决方案，医疗领域将是“沃森”的主要商用领域。

▶ 专家指点

“沃森”项目如果想在医疗行业推行的话，还需要面临法律层面的问题。如果“沃森”诊断出错，而医生又听从了错误的诊断，那么“沃森”就会面临被患者告上法庭的危险，这对 IBM 而言是一个需要重点考虑的应用问题。

目前，各行各业的数据资料都是以自然语言编写的，比如医疗行业的医疗记录、文本、杂志和研究资料，这些都是计算机难以理解的语言。另外，零售、旅游、金融、电信、服务等行业，同样存在着大量以自然语言存储和编写的资料，如果存在一套能够从这些自然语言资料中快速找出准确答案的系统，将为行业带来巨大的改变。而“沃森”具有理解自然语言、找到证据、判断能力，这种“认知计算”能力让“沃森”在当前的大数据浪潮中大有用武之地。

“沃森”的工作过程实际上是一个完整的大数据分析过程：识别理解自然语言是处理非结构化数据的过程，找到证据就是从不同来源的大数据中检索的过程，判断就是给证据评分，做出最佳决策的过程。因此可以预见，“沃森”在大数据领域会有非常光明的前景。目前看来，“沃森”至少能在以下行业领域有所应用：电子、能源与电力、卫生保健、保险、石油天然气、零售、通信、交通、银行与金融市场等。

本章小结

本章主要介绍商业数据信息的解读，包括商业数据的主要价值、大数据下的商业发展、大数据下的智能商业和大数据带来的商业变革，带领读者快速认识和了解大数据的商业信息，让读者可以更好地看清大数据对于商业发展的影响。

课后习题

1．商业数据主要有哪些价值？请用文字一一列出。

2．商业智能主要有哪些功能？请用文字一一列出。

第 8 章 大数据在互联网中的应用

互联网提供了数据来源，而数据分析能够针对每一位用户的信息做精准匹配，所以在互联网时代，大数据的关键在于谁先拥有数据。面对互联网的海量信息，网络应用上如果能合理地利用好数据信息，数据的产生的价值将远远超出以往。

本章重点

- 互联网中的大数据
- 互联网大数据的应用案例

8.1　互联网中的大数据

互联网中每天都会产生大量的数据，但是它们并不像是人们想象中那样冷冰冰的、枯燥的数据，而是更加活生生的、有趣的数据。这些数据不同于以往单纯的数字，它们声色结合、图文并茂。这一节重点为读者介绍互联网大数据的相关知识。

8.1.1　互联网大数据的利用方法

互联网大数据的利用方法

虽然国内的大数据目前在还处于初级阶段，但其商业价值已经显现出来了。手中握有数据的互联网公司，在行业中往往就占据了主动权，所以基于数据挖掘会有很多商业模式诞生，比如帮企业做内部数据挖掘，或侧重优化，帮企业更精准地找到用户，降低营销成本，提高企业销售率等。

那么，互联网公司该如何利用手中的数据，为公司带来商业价值呢？对于这个问题，互联网公司可以重点从 4 个方面入手，如图 8-1 所示。

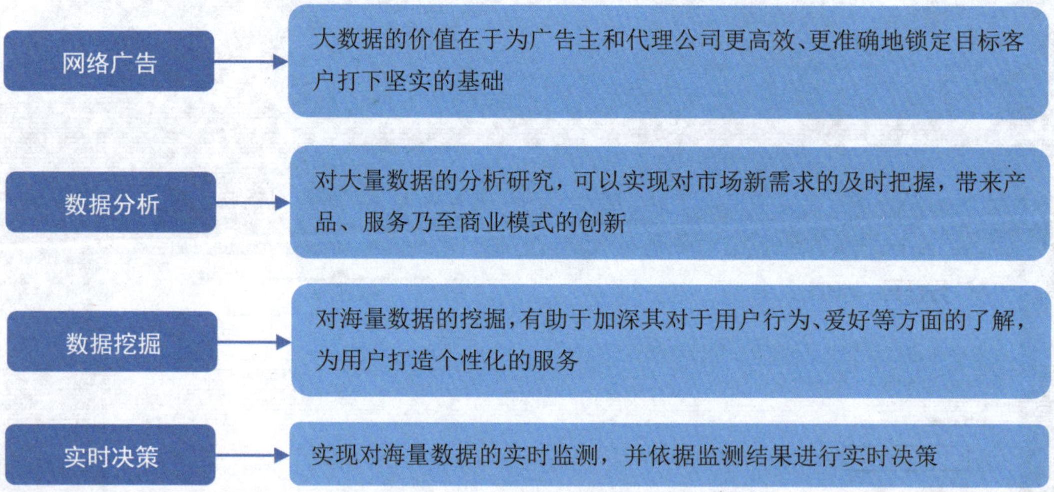

图 8-1　互联网利用大数据的 4 个方面

所以，大数据将成为互联网时代的“发动机”，而数据在营销过程中扮演的角色也必然要由参考工具转向驱动发动机。数据驱动的精准营销引擎，将给网络营销行业乃至互联网及传统行业带来革命性的冲击。

8.1.2　互联网大数据的盈利模式

互联网大数据的盈利模式

如今的互联网越来越向现实社会靠拢，互联网也成为各大企业重点发展的领域，那么企业在互联网上常用的盈利模式都有哪些呢？目前，传统行业门户网站的盈利模式主要有 4 种，分别是广告盈利、会员盈利、活动盈利和商务盈利。

1．广告盈利

广告盈利是凭借广告谋求门户网站的盈利，这几乎是所有门户网站盈利模式的首要选择。

但是依靠广告产生大规模的网站盈利，那么网站必须要有足够多的点击量，具有一定的影响力，才会有一定的效果。

2．会员盈利

会员盈利是通过吸纳会员，收取会员费，从而使得网站产生利润，这是目前已经被证明的，比较切实可行的途径。

3．活动盈利

活动盈利是通过策划活动扩张网站的影响力与知名度，同时谋求更强的盈利点，这是所有门户网站运营的必由之路。

4．商务盈利

商务盈利是将门户网站与电子商务进行有机结合，是目前整个行业的新动向。但是这种盈利模式太过宏观，并且数据量较大，难以管理。

▶ 专家指点

以天猫为例，2023 年天猫“双 11”共有 402 个品牌销售额过亿，3.8 万个品牌成交同比增长超过 100%。如此大的数据量和集中化数据处理，背后需要的是强有力的网络支撑平台。天猫搭建的数据中心，为“双 11”突增数据量，提供了可靠的基础设施保障。

不仅是天猫，京东商城为了更好应对互联网化，提升竞争力，提出了“技术驱动”的口号，其技术的核心和内涵就是云计算和大数据，以利用大数据和云计算驱动京东自营电子商务、开放业务和金融业务的发展。

8.1.3　移动互联网大数据的解决方案

移动互联网
大数据的解决方案

移动互联网，就是将移动通信和互联网二者结合起来。移动通信和互联网成为当今世界发展速度快、市场潜力大、前景诱人的两大业务，它们的增长速度都是任何预测家未曾预料到的，所以移动互联网可以预见将会创造经济神话。

如今随着智能手机时代的来临，移动互联网行业也在迅速发展。移动互联网正逐渐渗透到人们生活、工作的各个领域，短信、视频、音乐、手机游戏、直播、短视频、手机支付、位置服务等丰富多彩的移动互联网应用迅猛发展，正在改变信息时代的社会生活。

目前尚无法确定万物是否皆可数据化，但是在移动互联网时代，人类至少已经推开了这样一扇大门：通过对海量大数据的高效分析获得商业以及社会价值。大数据为移动互联网带来了新的价值，也为迈向物联网奠定了基础。

移动互联网成为大数据重要来源，很多的公司在移动互联网上的销量，都超过公司总销量的一半，而且部分产品的销量也是非常惊人的。例如，近年来抖音平台发展非常迅速，很多公司都将旗下的产品上架到抖音平台中。图 8-2 为部分产品的抖音销售界面，可以看到这些产品的销量都是非常可观的。

在移动互联网的多 App 时代，大数据的“入口”概念是模糊的。每个用户都有其常用的若干个 App，并不断下载新的 App。在这样的情况下，谁控制了强大的后台，谁就能拥有强大的数据分析能力，从而推送或者显示精准信息。另外，手机的私人性和唯一性比电脑要更强，如果用户在多个 App 的行为能在后台统一进行分析，自然可以更好地了解用户的特征和行为。

（a）　　　　　　　　　　　　（b）

图 8-2　部分产品的抖音销售界面

例如，在京东商城上购买商品时，需要填写收货人信息（包括姓名、住址和联系方式等），如图 8-3 所示。而且，只要在京东商城上下过单，系统就会将填写的收货人信息全部记录下来。

图 8-3　在京东商城上购买商品时需要填写的收货人信息

洞察这一切，就意味着能够获得很多商机。移动互联网与社交网络兴起将大数据带入新的征程，互联网营销将在行为分析的基础上向个性化时代过渡。创业公司用“大数据”告诉广告商什么是正确的时间，谁是正确的用户，什么是应该发表的正确内容等，这正好切中了广告商的需求。

8.2 互联网大数据的应用案例

互联网时代是个变幻莫测的时代，抓住机遇才是王道，大数据的兴起让互联网企业找到了新的商机，将网站运营带入了精准营销时代。本节将主要介绍互联网行业大数据的应用案例，希望对读者有一定的启发和学习价值。

8.2.1 互联网大数据助力总统竞选

互联网大数据助力总统竞选

某位美国总统胜选的原因不在于经济、外交政策或是妇女问题，而是赢在了大数据上。这位美国总统借助超强的“大数据”能力成功连任，其背后几十人的数据分析与挖掘团队也浮出水面。这位美国总统通过使用社交网络的各种数据功能完成了竞选，他背后的团队不仅通过社交网络寻找支持者，而且还通过社交网络召集了一批支持者。

早在第一次总统竞选的前两年，Facebook 就帮助这位总统候选人（这位连任的总统当时还是候选人）建立了个人主页，以便他们进行形象推广。此时，Facebook 全面开放，用户数量爆炸式增长，总用户量已经达到 1 200 万，这一过程恰好有利地提升了这位总统候选人的知名度。此后，这位总统候选人掀起了一系列的网络活动，在 Facebook、MySpace 等社交网站上发表公开演讲、推广施政理念，赢得大量网民的支持，募集到 5 亿多美元的竞选经费。

这位总统候选人的数据分析团队建立了 4 条投票数据流，以了解关键州选民的详细情况。仅在俄亥俄州，数据分析团队就获得了约 2.9 万人的投票倾向数据。这是一个包含 1%选民的巨大样本，使他们可以准确了解每一类人群和每一个地区选民在任何时刻的态度。

因此，在 Facebook 上建立个人主页两年之后，这位总统候选人就通过互联网获得胜利，当选为美国总统，他也因此被誉为首位“网络总统”。而 4 年后的总统竞选，这位美国总统又借助大数据分析获得了胜利，成功连任。

此次总统竞选，这位美国总统的数据分析团队更是动用了 5 倍于上届的人员规模，且进行了更大规模与深入的数据挖掘，用以帮助这位美国总统获取有效选民、投放广告和募集资金。数据分析团队分析来自各个途径的非结构化数据，包括网站、手机程序、支持者和来自传统收集渠道的各种数据，从而更全面地了解线上和线下的选民情况，准确地揣摩选民对各种话题的态度。

另外，掌握了数以太字节的数据后，数据分析团队就能为选民建立更加准确的模型和计划。这意味着竞选活动将更有针对性，更多的网站注册人数、更多的电子邮件地址、更多的选票和献金。

数据分析团队不断试图挖掘选民的社交媒体信息，甚至还准备通过手机移动程序来改变传统的投票方式。通过定制手机程序，让用户成为移动时代的民意测试员。随着数据科学家深入研究如何利用社交媒体数据提高预测的准确性，在线民意分析的准确性无疑正随之提高，而一旦与手机移动程序相结合，将对政治产生更为深刻的影响，候选人能对民意波动做出实时反应。

最终，这位美国总统战胜了实力雄厚的对手，之后，更是在第二次的选举中更获得连任。此次选举被认为是美国民主的巨大进步，而互联网则提供了前所未有的实施手段，其中尤以 Facebook 代表的社交网站最为突出，以至于有人戏称之为“Facebook 之选”。

▶ 专家指点

当“大数据”遇到“小数据”，大数据每次都会赢。数据驱动的决策对这位美国总统的续任起到了巨大的作用，它也是一个信号，表明华盛顿那些基于直觉与经验决策的竞选人士的优势在急剧下降，取而代之的是数据分析专家与电脑程序员的工作，可以在大数据中获取洞察力。

8.2.2 互联网大数据洞悉人们的心理

互联网大数据
洞悉人们的心理

现在越来越多的互联网公司在数据“矿山”中挖掘金矿，Acxiom 就是这群掘金者中的佼佼者。Acxiom 的主要业务是“基于数据的市场营销”，帮助企业精准定位它的潜在客户，将服务和产品卖给有需求的客户。

Acxiom 就是这样一个鲜为人知而又举足轻重的存在，它知道你是谁，它知道你住哪，也知道你喜欢什么、讨厌什么。事实上，在业内人口中，它有一个更为通俗易懂的名字——“数据精炼厂”。从性别、体重、身高、婚姻状况、文化程度、政治倾向、消费习惯、家政开支到度假偏好，几乎每个美国成年人都能在 Acxiom 的数据全息图上找到自己的“坐标”。

Acxiom 可以利用一些信息来推测用户的生活方式、兴趣爱好和日常活动，比如汽车品牌和使用时间、收入和投资状况、年龄、受教育程度，以及邮政编码。

除此之外，最近是否结婚了等“人生大事”更可以将一个人从一个消费水平转移到另一个消费水平上，而这正是 Acxiom 及其广告客户的关键兴趣所在。Acxiom 称其可以通过分析数据来预测 3 000 种不同的行为及心理倾向，比如分析一个人会在两个品牌间做出怎样的选择。Acxiom 的大数据战略主要体现 4 个方面，如表 8-1 所示。

表 8-1 Acxiom 的大数据战略

营销策略与分析	在现有的客户中找到收入增长的机会，识别并找到有价值客户。
	发展洞察力，从而更有针对性地分配营销费用。
	通过优化人员、流程、技术来降低成本的机会。
	通过严格执行隐私政策来降低风险，保护客户免受欺诈。
多渠道营销	任意渠道的客户互动。
	扩展和加强客户品牌意识的创意营销活动。
	通过投资回报率指标量化营销效果。
	符合现有最佳客户特征的新客户。
精准定向营销	数据安全港：Acxiom 的隐私保护环境使广告商以及合作伙伴能够通过多媒体渠道准确地识别和屏蔽敏感信息。
	精准定向渠道：通过与其他合作伙伴的合作，Acxiom 可以实现跨渠道传播高度协调一致的信息，不论是网络、手机还是电视等。
	广告投放环境：帮助企业创造成熟的营销活动环境，在这样的环境中，企业的客户及潜在客户与企业选择的渠道及合作伙伴已经经过预匹配，这有助于企业进行有效的营销活动，增加营销信息的覆盖范围。

（续表）

	更准确的衡量：在客户定义细分层面上的所有响应渠道上，分析企业的客户及潜在客户对企业的营销活动的回应，通过在各种渠道跟踪销售转化数据来进一步优化企业的营销活动，帮助企业了解多种营销渠道的交叉影响。
数据与数据库管理	建立数据库：Acxiom 的系统由经过市场检验过的标准组件构成。Acxiom 会对这些组件和系统进行个性化配置，满足企业的需求。
	数据管理平台：使企业的营销活动覆盖更多的目标客户，提高企业的投资回报率。
	营销活动管理：营销活动管理让营销者能够更精确、更有针对性地细分受众群体，以实现更个性化的互动。
	数据库营销解决方案：管理者希望所花费的营销投入能带来更大的市场回报。选择何种平台来管理数据库至关重要，正确的选择能帮助企业管理者更高效地进行客户数据管理、更便捷地进行操作，更全面地获得客户分析与决策支持。数据库营销服务解决方案正是基于这些标准模块，再根据企业特有的业务需求加以客户化定制，包括业务规则定制、报表定制、业务系统集成、网站数据集成、客户服务系统集成等，为企业带来完美的数据库营销系统。
	数据整合和质量：通过提高企业的数据库搜索和识别功能，优化企业的数据库；还可以通过更精准的身份识别方案进行进一步优化。
	数据优化：使用 InfoBase 了解特定客户的需求；使用 Personicx 进行数据优化，并在各个市场上寻找客户

目前，Acxiom 正从微软、谷歌、亚马逊等 IT 业巨头“挖角”，旨在打造一个更强大、更多元的“消费行为预测复式平台”，通过对数据库的深耕细作，巩固其在投资者和客户当中的地位。Acxiom 的最大优势在于其过去 40 年中对“离线数据”的搜集和积累，这亦是它能够雄踞一方的秘诀所在。

Acxiom 公司的解决方案有助于简化数据分析和管理，并推动企业的营销计划。但是，无论手法有多巧妙，这一切都是在客户本人毫不知情的前提下发生的。究其本质，这是“数据驱动时代”的不可承受之重：人们的生活“被挖掘、被提炼，然后被卖给出价最高的竞拍者”，蛰伏在暗处的数据巨兽在绕过当事人的情况下，与商家达成了某种“幕后交易”。

也许“大数据”时代的到来，会让每个人都陷入这样的困境，你的一举一动都被记录成数据，变为有价值的信息，但你又不可能离开这个世界。

8.2.3 互联网大数据优化用户体验

互联网大数据优化用户体验

根据相关统计显示，在线视频已经超越社区交友和搜索服务跃升为互联网第一大应用。PPTV 聚力每天会产生大量用户行为数据、访问体验数据等在内的业务数据，针对在线视频业务运营的实际需要，这些大数据每天会被采集、汇总到一个分布式的技术平台上，再被应用到不同的业务领域之中。

对此，PPTV 聚力正努力超越数据解析，利用大数据与分析技术，改变思维定势，为用户提供真正个性化的服务体验。细心的老用户会发现，登录后均可看到“猜你喜欢”栏目。在这里，超过 35%的用户都能找到自己喜欢的视频，不会在浩瀚的视频节目里不知所措，而且缩短了视频搜索浏览时间，大幅提升了用户体验。

事实上，PPTV 聚力带来的个性化视频推荐体验，大数据是功不可没的。目前，PPTV 聚力已经建成的数百台服务器规模的 Hadoop 集群是其大数据技术平台的核心。在其上运行着开源数据仓库，基于分布式实时数据的处理框架也已经开始部署。

对 PPTV 聚力来说，大数据的来源主要包括用户行为数据、工程技术数据，以及后端的业务运营数据，如图 8-4 所示。

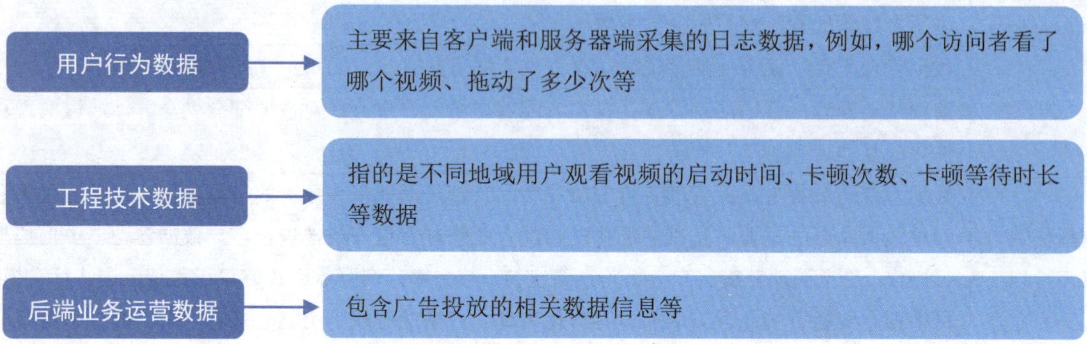

图 8-4　PPTV 聚力大数据的来源

这些数据组成了 PPTV 聚力丰富的大数据来源，而大数据的分析结果能直接应用于商业运营的调优。例如，购买了一部影视剧后，可以精确、实时地了解它在不同地区和时间段被观看的次数，以此优化后端的运营策略。另外，通过从不同的客户端获取的访问连接数据，可以根据不同地区、不同时段的网络连接状况，用最低的成本为用户提供流畅的观看体验。

基于大数据技术平台，PPTV 聚力已经在广告的定向投放、频次控制等方面建立了相对成熟的策略和流程，并且注重在广告精准投放的同时，确保用户的观看体验。

通过对大数据的深入了解和熟练运用，PPTV 聚力将与人们“如影随行”，打造一副智能个性化用户体验全新蓝图，向着更优越的用户体验境界进发。国内的视频网站，目前仍处于飞速发展阶段，可以考虑未来自建数据中心，提高数据处理能力，从网站的运营中发掘出更多信息，为用户提供更好的视频服务。

8.2.4　互联网大数据分析用户情绪

互联网大数据分析用户情绪

某游戏公司是国内知名的网页游戏和智能手机游戏的研发、运营和发行商之一，该公司的大数据价值发现从结构化数据集起步，逐步向非结构化数据集延伸。它坚持在“跨屏”技术创新领域的研发投入，同时也积极利用大数据技术优化整体的业务运营。

IBM 公司宣布正式与该游戏公司在业务分析领域展开合作，通过部署全球领先的 IBM 商业智能和业务分析平台，利用创新大数据分析技术为该游戏公司的业务运营、企业管理、企业战略和企业文化注入全新动力。

该游戏公司通过运用 IBM 的大数据解决方案，对企业内部数据的深刻分析和高价值运用，得以在互联网行业的激烈竞争中脱颖而出，在高效应对多样化客户需求、提供针对性服务策略方面实现大步提升，真正实现了运营和管理的“双创新”。

该游戏公司的第一个动作就是上线“词云”应用。“词云”就是先对游戏中用户的在线聊天记录进行分词，汇总之后对用户的行为进行分析和展现。目前，“词云”已经在该游戏公司的多款重点游戏中安家落户，随后有关用户情绪的分析功能（通过关键词对应用户的情绪指数）也将上线。

例如，“炸金矿”是该公司旗下用户参与度很高的一个游戏，用户需要邀请一定数量的友人帮忙炸矿来赢取金币。但在节假日期间，这款游戏的参与度通常都会下降。数据分析人员通过“词云”应用分析后发现，节假日期间“求炸”成为用户的聊天热词。数据分析人员也因此得知，并不是用户不爱玩这个游戏，而是用户在节假日邀请不到足够数量的友人帮忙炸矿。基于这样的分析，该游戏公司在节假日期间对游戏规则进行调整。

目前，该游戏公司早已完成了基于 IBM 的 BI 系统整体建设。同时，其基于 Greenplum 社区版的分布式数据仓库也已初具规模。对该游戏公司而言，这些都是获得 360° 用户视图的必要工作。

▶ 专家指点

360 用户视图指的是一种全面的、综合的用户信息展示方式，旨在全方位地了解用户的需求、行为和偏好。这个概念主要体现在数据和用户体验等方面。通过综合用户的各种信息，企业和服务提供商可以更好地了解用户，并提供更个性化、精准的服务和体验。这种全方位的视图有助于建立更紧密的用户关系，提高用户满意度，并为企业提供更深入的市场洞察。

该平台的一大设计原则和优势是将报表分析平台与游戏业务模型（ARM，Acquisition，Retention，Monetization）紧密结合，通过 IBM Cognos 强大的可视化报表和分析功能，以日、周、月的维度分析基于用户获取、存留和变现的海量数据，增进运营团队对于用户的了解，促进更有效的回访，及时调整运营的策略和推广的重点。IBM Cognos 是一套商业智能软件，用于提供强大的数据分析、报告和仪表板功能，以协助组织更好地理解业务状况并做出决策。

新的 BI 系统将该游戏公司的业务模型更加清晰地呈现出来，对游戏业务覆盖用户获取、客户存留、客户付费的核心流程进行了优化，能够更准确地为业务决策提供参考。同时，BI 系统上线后，企业在开发和运维方面的投入也有所降低。

“词云”应用的上线是该游戏公司对大数据的利用从结构化数据集向非结构化数据集延展的重要一步。数据分析可能不会直接为网络游戏行业带来电商网站那样的可观收入，但其价值同样会体现在精准营销、客户体验优化等多个层面。

▶ 专家指点

将全面的大数据分析用在网络游戏中，能有效提升用户的留存率和转化指标，并且为游戏产品的研发提供指引。另外，个性化精准营销同样与大数据分析紧密相关，像是针对不同性别、不同年龄、不同地域人群的广告精准投放，背后都要依靠基于大数据的用户特征分析。

当然，大数据团队所面临的最大挑战是数据的整合，把多来源的结构化、半结构化和非结构化数据整合在一起，这一点很多企业还没有做到。另外，在企业内部和外部找到大数据的消费者，向用户营销大数据技术，同样是一件艰苦的工作。

互联网大数据构建用户模型

8.2.5　互联网大数据构建用户模型

迅雷看看曾发布过迅雷看看电影院（付费频道）用户画像数据报告，该报告中有一组突出数据是，90%以上影视 VIP 用户（付费会员用户）为男性，可见男女用户付费行为差异巨大，抓住了男性用户，就抓住了该平台的“网络票房”。

通过数据分析显示，影视 VIP 用户的主要需求是高清（高清/正版）、最新、大片/经典，其中高清占比最高，超过了 80%，如图 8-5 所示。可见，高清画质已成为高端视频用户的一大重点需求。

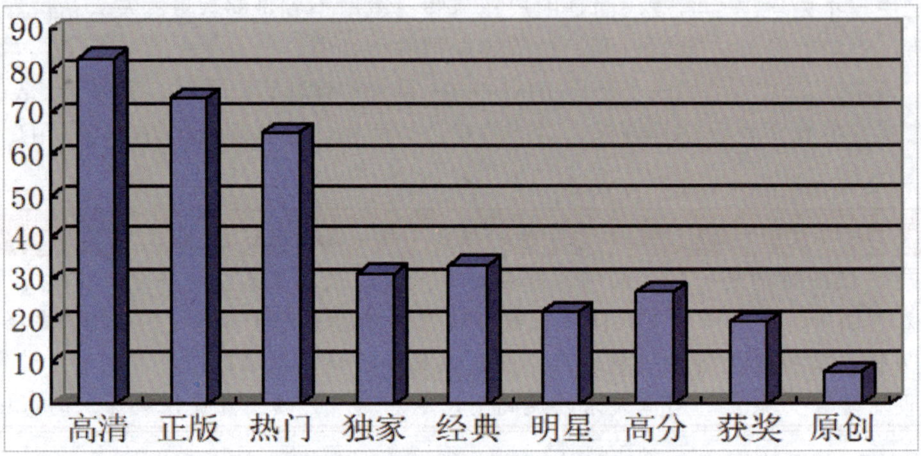

图 8-5　迅雷看看影视 VIP 用户主要需求的占比

迅雷集团 COO 代表集团对迅雷看看的战略规划做出明确部署：迅雷全线产品矩阵将大幅度提升对迅雷看看的支持，注册用户将实现与迅雷看看的大数据共享，迅雷看看将正式从流量平台向用户平台蜕变。

迅雷会把收集来的数据做成数据模型，最重要的数据模型是一个用户事件模型，所有基于用户端的各种行为数据，都可以存进这个模型中。例如，每个产品的上线用户数，每个用户的活跃度和黏性，以及某个产品的用户地域分布、运营商分布、活跃用户排名、最热的资源排名等，如哪些电影是最常看的、发生某个事件所消耗时间是多少。

另外，迅雷还构建了一个用户的“染色库”，用于记录迅雷用户的特征、网络运营商类型、兴趣类标签、游戏类标签、影视类标签等。例如，游戏标签会描述该用户喜欢什么类型的游戏；影视类标签会描述用户喜欢什么类型的影视剧。根据这些属性，迅雷可以更好地为用户服务。

除 iOS、Android 的手机端与平板电脑端的产品之外，迅雷看看还发布了电视端的 App 产品看看 TV。迅雷看看与 VIVO、AUDEX 等硬件厂商达成战略合作，力图在大数据领域开创一片新天地。

随着移动互联网战役序幕的拉开，移动端多屏的流量之争已经剑拔弩张。其实用户才是互联网真正的价值所在，利用大数据来挖掘用户属性和行为的视频互动营销，才是网络视频最深刻最有效的营销。

8.2.6　互联网大数据分析账号运营情况

互联网大数据分析账号运营情况

微信是腾讯目前非常成功的移动互联网应用之一，也是互联网历史上增长速度极快的软件，它也被称为“中国第四大运营商”。如果 QQ 和 Qzone 是腾讯 PC 端的大数据开放平台，那么微信就是腾讯的大数据开放平台。

例如，会用微信跟好友和同事联系，看下几个群里在讨论些什么，再刷刷朋友圈看看好友分享了什么好东西，很多人每天花在微信上的时间累计起来超过了两小时。可以说，这些事情基本是目前每个微信用户都在做的，最多是因为圈子或兴趣爱好等不同，看到的内容不一样，但是这些信息基本上完整的描述了用户一天的行为，同时还带着用户的地理位置。

腾讯拥有庞大的社交大数据，前期的思路是用数据分析改善自有产品，注重 Qzone、微信、电商等产品的后端数据打通。腾讯云移动分析平台已接入了微博、QQ 游戏、QQ 互联、空间、手机 QQ 等多个平台的数据，现在另外一块相对封闭，但是极具价值的微信数据也被打通了。

腾讯的大数据价值如何释放，如何变现？最优的途径是将数据分析成果共享给开发者，让开发者二次挖掘，腾讯则获得对应的收益。具体的方式有很多种，例如按照特权接口收费、按照接口调用次数收费、按照定制化功能收费。

微信公众平台拥有自己的数据统计功能，该功能包括内容分析、用户分析、菜单分析、消息分析、借口分析和网页分析这 6 个模块。

（1）内容分析：管理者可以在该模块中查看已发布内容的相关数据分析，包括前一天的核心数据（即“昨日核心数据”）和流量分析情况。图 8-6 为微信公众号“龙飞摄影”的“昨日核心数据”。

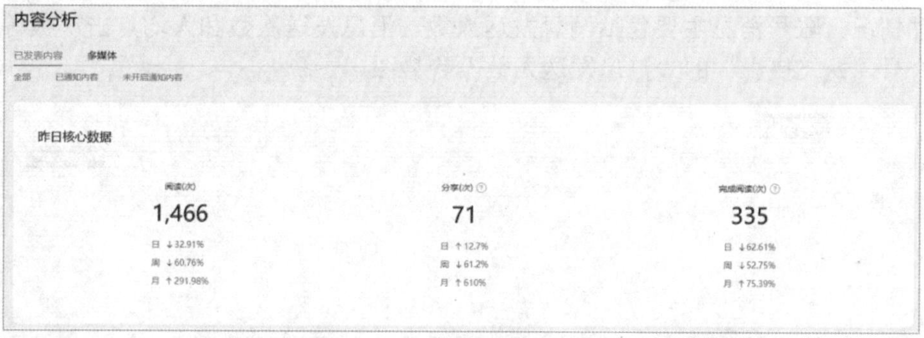

图 8-6　微信公众号“龙飞摄影”的“昨日核心数据”

（2）用户分析：管理者可以通过该板块分析账号的用户信息。用户信息的关键指标包括新增人数、取消关注、净增关注和累计关注等。图 8-7 为微信公众号“龙飞摄影”的“新增关注”趋势图。

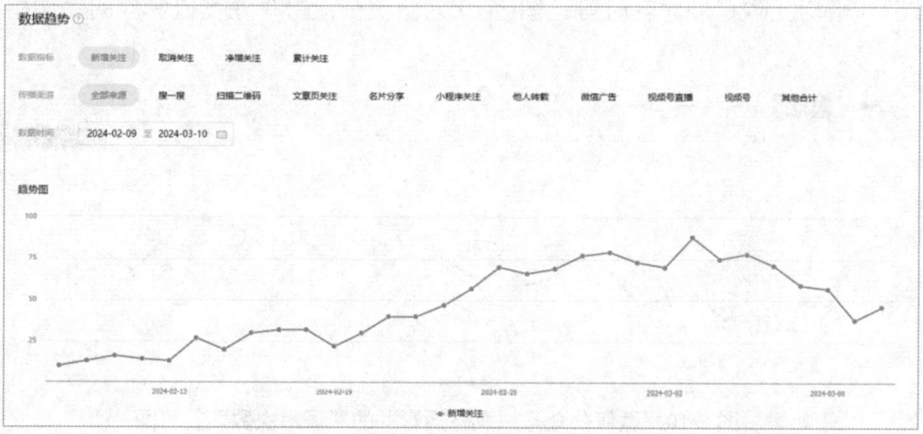

图 8-7　微信公众号“龙飞摄影”的“新增关注”趋势图

（3）菜单分析：管理者可以通过该板块分析账号菜单的点击信息。账号菜单信息主要包括菜单点击次数、菜单点击人数和人均点击次数等。图 8-8 为微信公众号“龙飞摄影”的“菜单点击次数”趋势图。

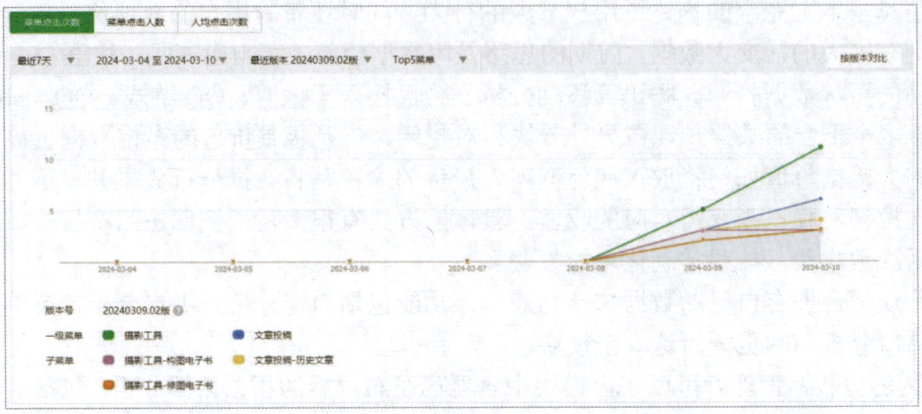

图 8-8　微信公众号“龙飞摄影”的“菜单点击次数”趋势图

（4）消息分析：该模块主要是查看用户向账号发送的消息数，可以帮助管理者了解用户与账号的互动情况。账号消息主要包括消息发送人数、消息发送次数和人均点击次数等。图 8-9 为微信公众号“龙飞摄影”的“消息发送人数”趋势图。

图 8-9　微信公众号“龙飞摄影”的“消息发送人数”趋势图

（5）接口分析：该模块主要用来查看账号的接口使用情况。接口分析的信息主要包括调用次数、失败率、平均耗时和最大耗时等。图 8-10 为微信公众号“龙飞摄影”的“调用次数”趋势图。

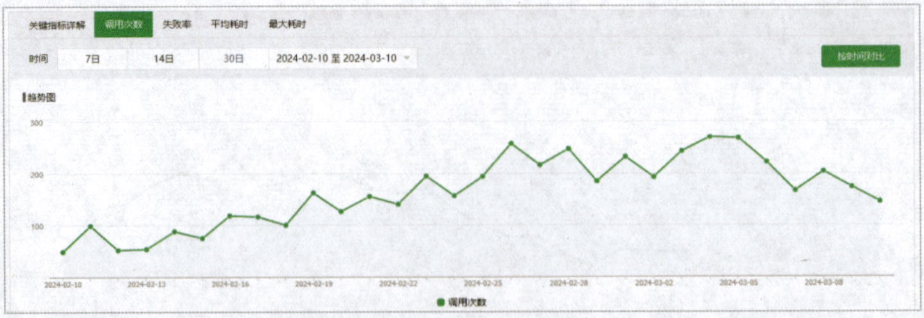

图 8-10　微信公众号“龙飞摄影”的“调用次数”趋势图

（6）网页分析：该模块主要用来查看账号的 JSSDK 网页情况。网页分析的信息主要包括页面访问量和 JSSDK 调用统计等。图 8-11 为微信公众号“龙飞摄影”的“页面访问量”趋势图。

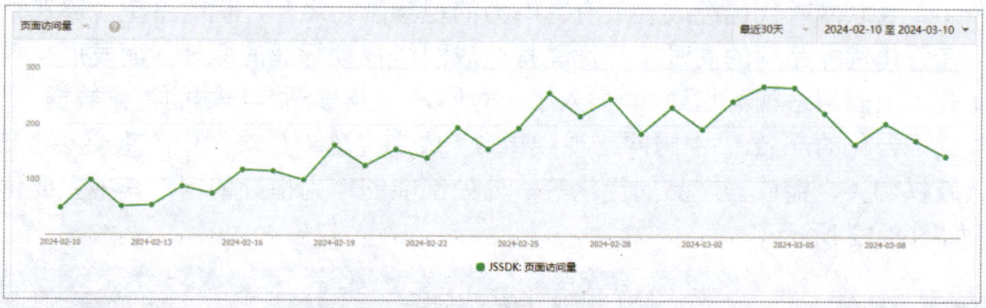

图 8-11　微信公众号“龙飞摄影”的“页面访问量”趋势图

> **▶ 专家指点**
>
> JSSDK 是指 JavaScript Software Development Kit，即脚本的软件开发工具包。这是一个开发工具包，旨在帮助开发人员在 JavaScript 环境中构建应用程序或集成某些功能。具体来说，JSSDK 可能是某个特定服务、框架、库或平台提供的一组 JavaScript 工具和资源。

通过微信公众平台的数据统计功能，可以轻松掌握账号的实际运营效果，这对账号管理者来说无疑是一个好消息。在这个大数据爆发的时代，每个人的行为规律都被记录成数据，都可以找到规律做出分析。不可否认，微信通讯录已经慢慢等同于手机通讯录，里面也不再仅仅有好友和家人，还有同事、客户等社会关系。

8.2.7　互联网大数据分析用户的喜好

互联网大数据分析用户的喜好

每个去视频网站看过视频的用户都知道，在看完一个视频之后，会有相关的视频推荐，例如在网站观看《今日说法》，网站会自动推荐与侦查破案相关的节目。这就是大数据的体现，视频行业在不经意间早就成为了大数据的弄潮儿。

分析用户喜欢什么样的视频，提高用户寻找内容的效率，这是大数据在视频行业最常见的一个小案例。在优酷的首页中，光是导航栏上的视频分类就有 20 多个不同类型。这意味着各种不同的用户来优酷看视频，都能选择自己喜欢的视频类型，而这靠的是一个叫作“协同过滤推荐”的技术。

> **▶ 专家指点**
>
> 协同过滤推荐是在信息过滤和信息系统中正迅速成为一项很受欢迎的技术。协同过滤通过分析用户兴趣，在用户群中找到指定用户的相似（兴趣）用户，综合这些相似用户对某一信息的评价，形成系统对该指定用户对此信息的喜好程度预测。

一次小小的参数调整，带来的后果，可能使当天视频提升几百万的点击率，也可能是在算法稳定后的未来几周，甚至几个月带来视频观看量的曲线变化。当然，数据证实，通过这种协同过滤推荐给用户的视频是靠谱的，因为在海量的视频中寻找自己喜欢的视频成本是很高的，推荐视频的打开率也令人满意。

优酷在数据挖掘和分析的基础上，通过推荐视频的应用，将大数据用在了实处。优酷推出的“优酷指数”就把大数据精神进一步强化，把视频播放周期、用户核心特征、用户播放行为、视频热度排行等数据进行展示。

优酷在 PC 互联网时代已经成为最有影响力的视频网站之一，优酷希望能够在行业内树立一个标杆，在强化优酷品牌的同时，将优酷打造成网络视频行业的标杆。而发展至今，优酷指数进而演变成“中国网络视频指数”，加入了土豆网，以及移动客户端的视频数据。

作为一款平台化的产品，“中国网络视频指数”成为优酷土豆集团中的重要参考价值，例如广告售卖、版权购买、播放器产品的优化等，处处都能够作为指导依据，其中主要体现在以下 3 个方面，如图 8-12 所示。

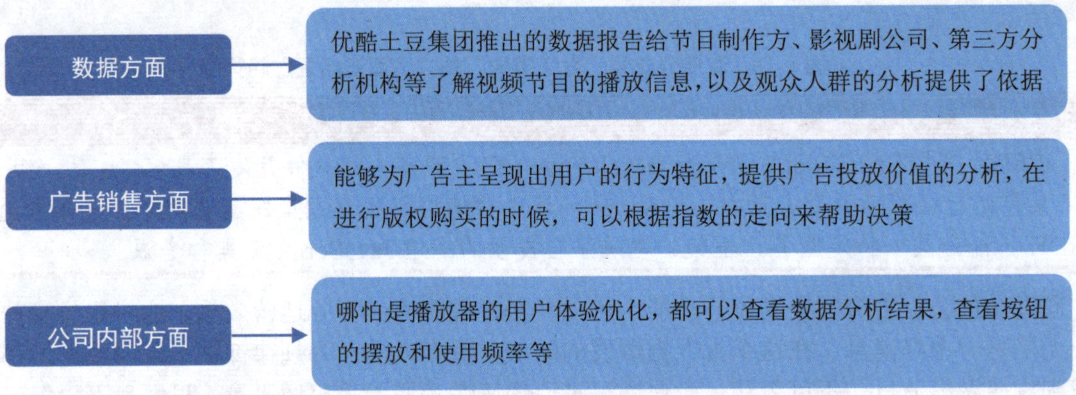

图 8-12　“中国网络视频指数”作为指导依据的主要体现

除此以外，优酷还通过数据分析的结果来指导优酷土豆集团的自制内容。比如微电影、综艺节目等，这些播放数据可以显示出哪些题材是用户喜欢的、在哪里是拖放观看的、哪些地方是用户不喜欢看的等一系列的用户行为，这些都可以清晰地传达给内容制作人员，成为剪辑视频、选择内容题材的重要依据。

▶ 专家指点

优酷土豆网站通过大数据的数据分析，了解用户对视频的喜好，为用户精准推荐合适的视频信息，这样极大程度地缩短了用户寻找视频所花的时间。对于网站来说，提高了视频的点击率，这样广告播放的次数越多、精准度越高，也就增加了网站的广告的收益。

8.2.8　互联网大数据提供消费的方向

互联网大数据提供消费的方向

大众点评网成立于 2003 年 4 月，是中国领先的本地生活信息及交易平台，也是全球最早建立的独立第三方消费点评网站。其作用主要是为网友提供商户信息、消费点评及消费优惠等信息服务，同时亦提供团购、电子会员卡及餐厅预订等 O2O 交易服务。

如今大众点评网已经成长为一家移动互联网公司，旗下的移动客户端已成为本地生活的必备工具。并且手机端为大众点评带来的流量已经超过网页端，手机端优惠券的使用数占比已达到 80%左右，网页端下降到 20%左右。

如今的商业消费，优惠券不是影响用户消费的最重要因素，用户在消费时首先考虑的还是商家是否可靠。在面对质量差别不大的商家时，优惠才会作为主要的选择依据，此时全方位地了解商户信息，为消费者提供最实用的消费方向，就显得相当重要了。所以，优惠功能离不开平台已有的大规模本地商户信息。

大众点评作为一个已经积累了多年商户数据的平台，要在一个小屏幕上对展示的信息进行取舍，保证产品的易用性，大众点评做出了一些尝试，这主要体现在以下 3 个方面，如图 8-13 所示。

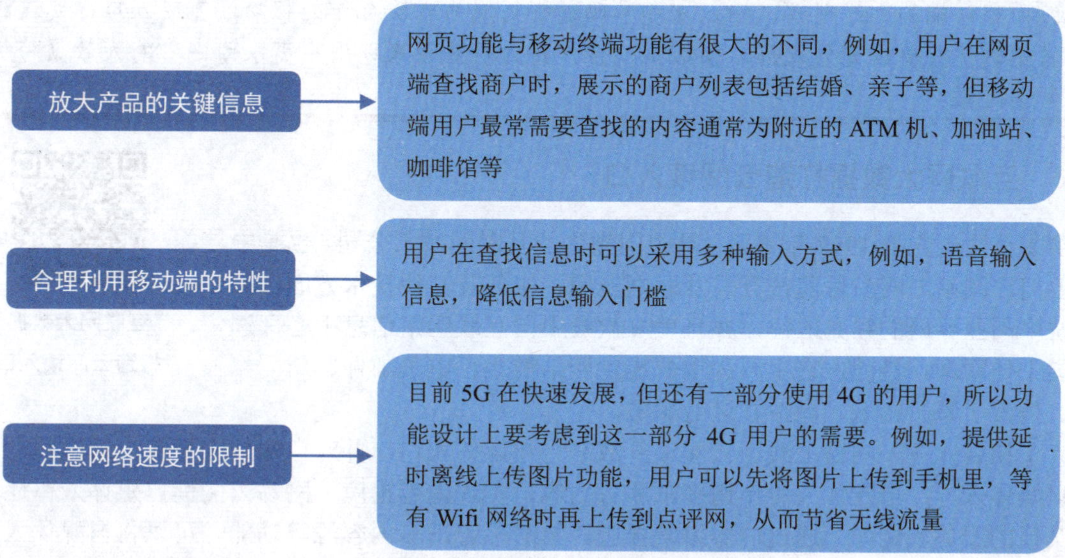

图 8-13 大众点评做出尝试的 3 个方面

▶ 专家指点

大众点评网不仅通过大数据的数据收集，为消费者带来最新、最时尚的本地商业消费资讯，还通过大数据不断更新系统功能，不断改善用户的体验，这也是大众点评成为中国领先的本地生活信息及交易平台，以及全球最早建立的独立第三方消费点评网站的重要原因。

8.2.9 互联网大数据提供校园生活指南

互联网大数据提供校园生活指南

搜狗、携程在北京召开新闻发布会，宣布双方达成开学季“说走就走，大学是青春的旅行”独家战略合作，这也是双方继春运抢票后的第二次合作。

由于 21 世纪互联网的高速发展，使得 00 后一代天生就有着无与伦比的互联网使用经验，使用互联网的能力和比例明显高于其他人群。现在，大量 00 后用户的生活与消费已呈现出互联网化趋势，而此年龄段的用户大多数是大学生，所以携程针对这一部分的人群特点，提供能满足其需求的旅行解决方案，吸引该类用户。

为此，携程与搜狗开展战略合作，依托于搜狗的星云大数据分析系统，通过搜狗的跨屏多平台优势，以大学新生出行旅游票务服务等实际需求出发，为学生用户提供“住、行、玩”信息，尝试全新的基于大数据技术的跨屏整合营销。

在信息数据泛滥的时代，产品、企业的推广方式不能仅仅局限于用户的关键字搜索，要充分的发掘和利用大数据资源。为此，搜狗通过为携程量身定制特型搜索应用，在用户体验和营销效果之间取得平衡，实现共赢。

目前，双方合作的项目包括了搜狗首页入口、PC 和无线端输入法皮肤及新词推荐、PC 和无线端搜索应用、搜狗号码通、搜狗手机助手等。可以说双方的这次合作，为学生用户提供了一份实用且具有时效性的校园生活指南。

> ▶ 专家指点
>
> 搜狗与携程的合作，是一次针对特定用户的跨界合作，更是针对大数据营销的一次具体尝试。而移动端的无线搜索、输入法和号码通都将成为本次合作的移动端重要入口，使这种跨屏营销的优势得以充分发挥，相信本次合作将为行业带来以用户需求为中心的大数据跨屏全新营销思路。

8.2.10 互联网大数据打造云阅读入口

互联网大数据打造云阅读入口

网易公司创立于1997年6月，是中国领先的互联网技术公司，也是中国主要门户网站。网易目前在开发互联网应用、服务及其他技术方面，始终保持中国业界内的领先地位，并且曾多次被中国互联网络信息中心评选为中国十佳网站。目前，它主要为用户提供网络游戏、电子邮件、新闻、博客、搜索引擎、论坛、虚拟社区等服务。

为了拓展业务，网易上线了云阅读开放平台自媒体入口，并对自媒体人开放。通过网易云阅读自媒体入口，自媒体人可申请多项服务内容，实现内容推广。网易云阅读自媒体入口还提供了其他的服务，例如，通过内容编辑排版、单账号管理多内容源等功能，可以将自媒体人从内容管理的工作中解放，而目的就是能专注于对内容品质的把控，实现从创作到推广自由。

以前，精英人士在微信、微博上大显身手，成为自媒体，并产生越来越大的影响力。不过，随着新版微信的发布，自媒体账号将面临折叠，自媒体的传播效果将大打折扣，很多自媒体们感到沮丧。在这一背景下，门户新闻客户端、360、网易云阅读已开始抢夺微信即将放弃的市场，可以说各大巨头对此都是摩拳擦掌。

此外，用户的内容主对自媒体人无条件开放，网易云阅读除对自媒体开放付费阅读模式后，还将为自媒体人开放广告位售卖系统，并提供多类广告插入模式。

> ▶ 专家指点
>
> 网易云阅读从用户的角度出发，满足用户的浅阅读需求，相比单一功能的App应用，网易云阅读已经开始了对用户不同需求以及不同信息数据的关联。而相较其他应用，从深浅阅读两种相近需求着手开始进行资源整合，则更加稳妥。

8.2.11 互联网大数据分析未来的“爱人”

互联网大数据分析未来的“爱人”

互联网时代，就连男（女）朋友都流行在网上找了。据相关统计，有约20%的恋爱关系是从婚恋网站开始的。

许多用户并不知道的是，婚恋网站除了扮演“媒人”这一角色，还有一个真正的身份，就是数据库专家、大数据科学家。男女用户是否最匹配、最合适、最有缘、最靠谱，一切之“最”都可以由大数据演算而来。

用户在注册和使用世纪佳缘的网站时，都要收发信件、填写资料，包括填写择偶条件、自身情况、兴趣爱好以及其他细节。有了这些数据之后，世纪佳缘利用数据库从全国的服务器中搜索最匹配的用户。经过至少 10 亿次的计算，未来的“爱人”就出现在了屏幕上。因此，数据输入质量就决定了输出的质量，用户在在线交友网站上填写的资料越详细，回答的问题越真实，用户的匹配度越高。

另外，世纪佳缘网会根据会员的行为轨迹，通过大数据的挖掘，从所有会员数据中挖掘出信息碎片，通过资料完整度、交友真诚度及账号安全度这 3 个维度来评定用户“靠谱度”。在综合评分中，“资料完成度”的评分占权重为 50%，“交友真诚度”的评分占权重为 20%，“账号安全度”的评分占权重为 30%。

▶ 专家指点

世纪佳缘网站搜集用户的个性化信息，利用大数据的数据分析，为用户提供建议，以实现更加有效和精准的推荐。通过用户的浏览轨迹和填写恋爱问卷的数据等信息，来判断“靠谱度”，将适合的双方进行匹配，从而实现个性化、高效率的速配。

本章小结

本章主要介绍大数据在互联网中的应用，包括互联网中的大数据和互联网大数据的应用案例，带领读者快速认识和了解大数据在互联网中的应用情况，让读者看到大数据对于互联网发展的促进作用。

课后习题

1. 互联网公司利用大数据可以从哪些方面着手？请用文字一一列出。
2. 互联网大数据的盈利模式主要有哪几种？请用文字一一列出。

第 9 章 大数据在金融行业中的应用

在大数据时代的环境背景下，金融行业发生了翻天覆地的变化。本章笔者将具体介绍大数据对传统金融行业和银行销售模式的影响，并例举金融行业大数据的具体应用案例，希望能够帮助读者更好地了解和运用大数据。

本章重点

- 大数据对金融行业的影响
- 大数据给银行经营带来的改变
- 金融行业大数据的应用案例

9.1　大数据对金融行业的影响

在大数据时代，传统金融机构也开始采取积极的应对措施，以面对新兴金融力量的不断渗入。例如，银行业推出网上银行和电子商务等业务，保险业亦开始探索网络销售保险、网上个性化保险产品和虚拟财产保险等业务。

由此可见，大数据俨然成为了金融行业构建核心竞争力的重要资产。这一节主要介绍大数据是如何在金融行业发挥作用的。

9.1.1　大数据对金融行业的作用

大数据对金融行业的作用

传统金融行业在新的历史环境中面临着新的机遇与挑战。因此，各大企业必须利用大数据的理念改造自身。抓住大数据的机会，是中国金融行业新时代的使命所在，企业可以利用自身优势探索一条新的道路。

大数据时代，对于金融行业来说，技术以及平台的选择并不是最重要的，最重要的是企业自身的业务需求。如何根据自己的需求在这些新技术之间做出选择，发展自身的特长，才是把握大数据的关键。

数据中心就相当于人体的心脏，对企业的业务发展至关重要。越来越多的金融企业要求利用数据中心，来达到增加客流量、降低产品风险、提高运营效率、优化产品内容和服务的目的。

▶ 专家指点

新概念是新技术的催化剂，在大数据领域中，Hadoop 和 MapReduce 等新技术都得到了更广泛地应用，Hadoop 和 MapReduce 为通用计算与分布式架构架起了一座桥梁，而传统的企业数据仓库技术则遭遇了前所未有的挑战。

9.1.2　金融行业对大数据的应用

金融行业对大数据的应用

数据的价值在于能够洞察企业的运营规律，这一点正成为金融企业的核心竞争力。大数据在金融行业的发展情况大致体现为以下几点。

1. 大数据应用已初成规模

目前，大数据的应用已经在金融行业逐步发展开来，并取得了良好的效果，形成了一些较为典型的业务类型，如移动银行、智能风控、车险运营与服务、智能客服、资产负债管理解决方案和互联网银行平台等。

互联网与银行平台结合的模式能够快速拓展银行的线上业务，高效地满足银行需求，并通过大数据全面提升银行的服务能力。

▶ 专家指点

目前，沪深两市每天的交易时间会产生数亿条逐笔成交数据，随着时间的积累数据规模非常可观。这些数据在金融工程领域有较高的分析价值，金融投资研究机构需要对历史和实时数据进行挖掘创新，以创造和改进数量化交易模型。

2．大数据带来金融行业的转型

我国政策也全力支持金融业务的数字化转型。目前，我国金融行业面临的转型主要体现在以下 3 个方面，如图 9-1 所示。

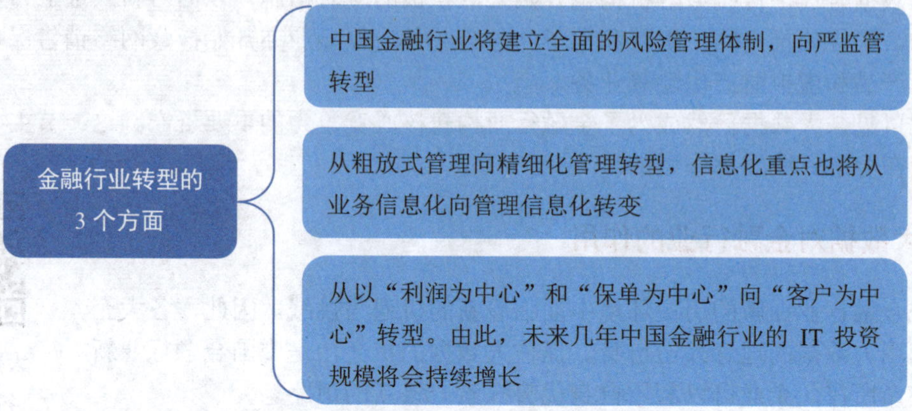

图 9-1　金融行业转型的 3 个方面

3．大数据应用市场获得快速发展

随着数据价值被越来越多的金融企业所认可，在业务转型时期，企业利用大数据优化自身客户端和坐席端，使得大数据应用的市场规模快速增长，同时也产生了一系列智能应用。

> ▶ 专家指点
>
> 无论在哪个行业，大数据在加强风险管控、精细化管理和业务创新等业务转型中都将起到重要作用。具体来说，大数据能够加强风险的可审性和管理力度，支持业务的精细化发展。当前，中国银行业利率市场化改革已经起步，这必然会对银行业提出精细化管理的新要求。

9.1.3　大数据时代金融行业的发展环节

金融行业在大数据的推动下越来越朝着信息化的方向发展，具体又可分为以下 7 大环节，如图 9-2 所示。

金融行业的发展环节

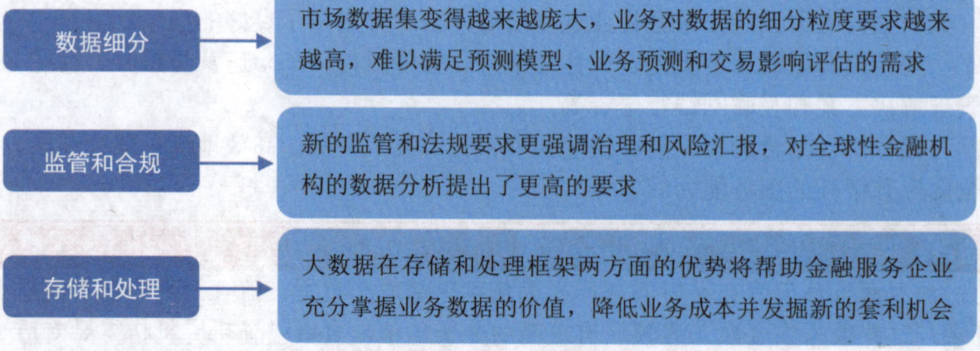

图 9-2　金融行业朝着信息化的方向发展的 7 大环节

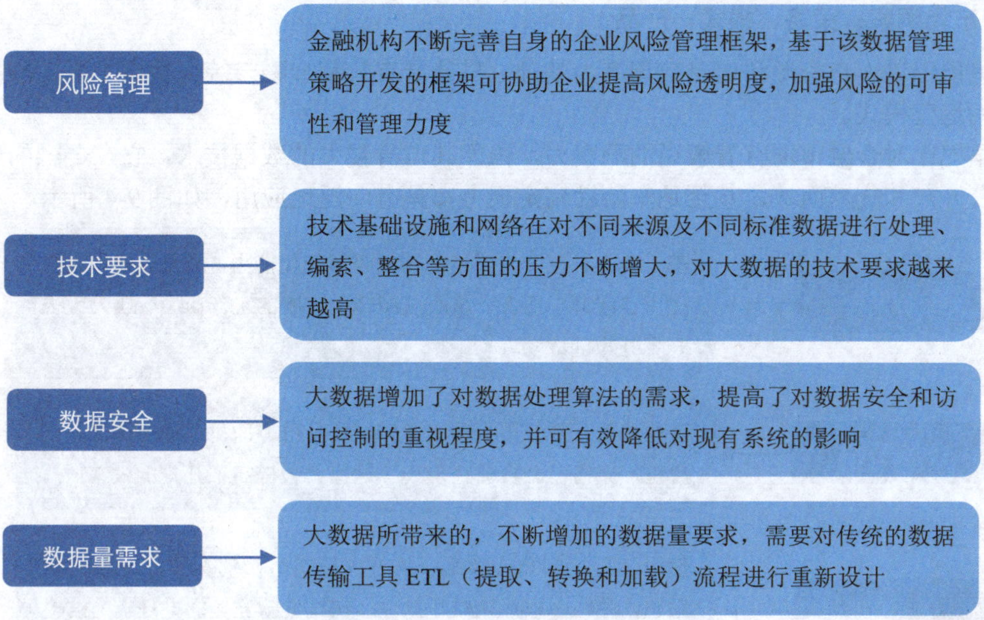

图 9-2（续）

9.1.4　大数据时代金融行业的核心竞争力

金融行业的核心竞争力

在大数据时代，数据的洞察力将成为金融企业的核心竞争力，而数据的洞察又包括市场洞察、运营洞察和客户洞察 3 个方面，如图 9-3 所示。

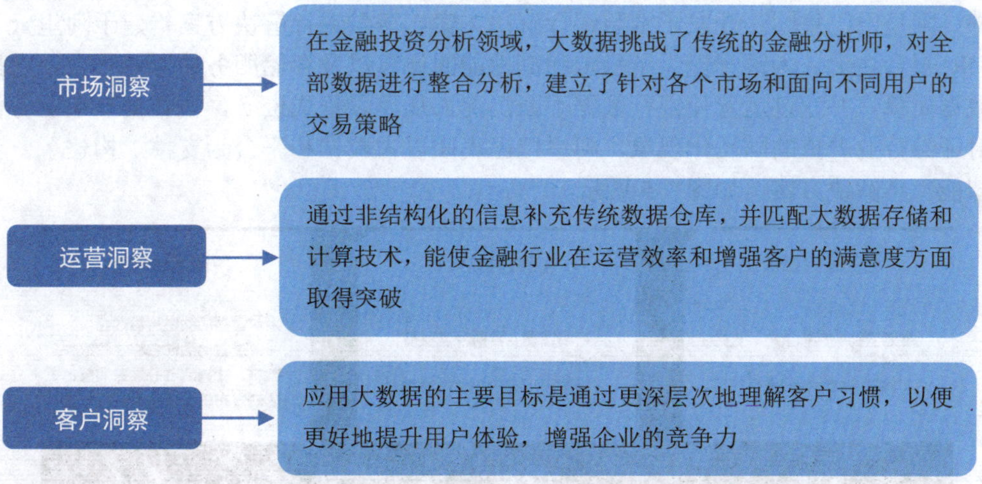

图 9-3　数据洞察的 3 个方面

▶ 专家指点

大数据已经成为一种全新的现象，如自从微博和微信等社交媒体出现后，社交行为被全面数据化；又如小到日常天气预报，大到军事情报，都在不自觉地数据化。这是一种无意识形成的局面，发展到一定程度，可以更好地理解社会并创造更多地价值。

1．市场洞察：策略、模式、产品

阿里巴巴以客户资源和信息数据库为基础，搭建专有云和金融云等大数据平台，冲击着银行传统的运营模式。

阿里巴巴对金融市场有着敏锐的洞察力，依靠其自身强大的数据技术，它在金融的证券开户、对公开户和贷款面签，甚至是车险勘察定损上都具有广泛地应用，如图 9-4 所示。

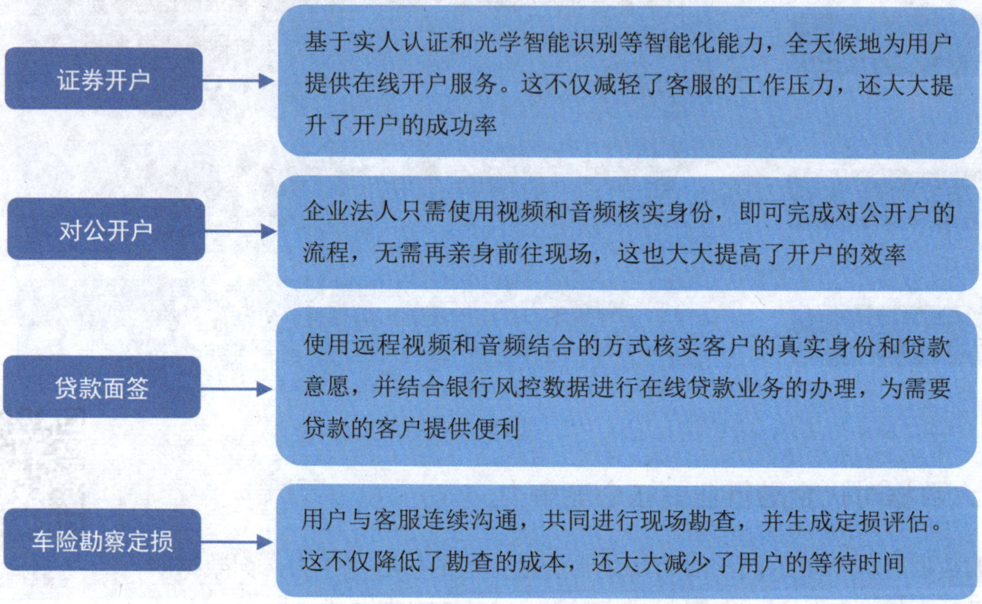

图 9-4　阿里巴巴在金融行业的应用

另外，阿里巴巴集团还开发了智慧银行解决方案。智慧银行解决方案构建于阿里云飞天平台和 EMR 平台之上，为银行提供了稳定和高性能的计算以及存储服务的专业平台。它提高了银行的数据质量，并通过运营使银行数据不断沉淀，从而累积成资产，让数据产生业务价值。

面对证券行业严重的同质化现象，阿里巴巴集团以大数据和平台为支撑，构建了一套全面的证券智能营销解决方案，如图 9-5 所示。

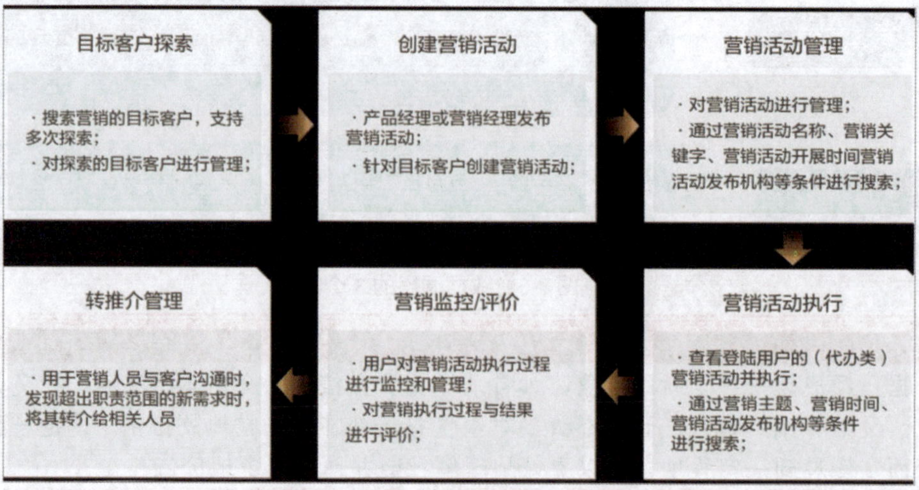

图 9-5　阿里巴巴证券智能营销解决方案

阿里巴巴的证券智能营销解决方案是通过分析并整合客户内部和外部数据，勾勒客户画像，实现对客户的精细化运营和管理。该方案具有可视化和服务化的特点，为客户运营提供了大量的数据支撑。

除此之外，阿里巴巴在银行、证券、保险和基金等金融产品方面具有强大的安全保护性能。它采用独立的机房集群，将数据与公共云物理隔离，降低了数据被盗窃的风险。

▶ 专家指点

除了互联网公司利用数据向金融行业渗透外，金融企业也主动寻求互联网公司的数据支持。例如，平安集团与百度合作，利用大数据研究消费者在互联网上的行为习惯，进行产品的创新。

2．运营洞察：治理、监管、风控

以 IBM 国际商业机器公司为例，其 BigInsights 就是基于 Hadoop 的大数据平台。该平台就是利用数据存储、数据库、数据科学、机器学习、消息传递和深度学习等技术，为不同背景的企业打造一系列的金融方案。

BigInsights 大数据平台通过对数据的分析和监管，可以提升客户的金融体验，帮助客户轻松应对金融上的风险。它在金融行业中的应用，为金融行业创造了新的生产力和生产关系，推动了以数据为生产要素的平台的发展。

另外，国外的一些大规模高频金融交易数据处理平台，比如 MongoDB 和 Oracle 的 Big Data Appliance 等，在金融企业的运营中也得到应用。

3．客户洞察：开发、服务、营销

数据洞察的主要目的还是提升客户体验。一方面，要让客户对服务的形式有更多地期待；另一方面，数字的高度集成化让企业更能完整地理解客户习惯。

例如，摩根大通是为用户提供金融服务的企业，它目前已经与美团达成合作，为美团进行数字化投资管理，增强资金的流动性。这种数字化的服务模式正是对客户需求的洞察，并通过不断地向客户输入专业知识，提升自身的服务质量。

大数据对反非法行为也比较在行。面对钓鱼网站攻击和信用卡套现等欺诈客户的行为，大数据引擎可以建立反欺诈模型，利用数据库中已知的欺诈案例和对异常情况的设定等，可以对嫌疑行为进行分析和判断。

▶ 专家指点

国内金融行业的大数据应用已经起步，如银河证券已经利用结构化数据为客户提供服务，根据客户的买卖信息来分析客户的投资偏好；兴业银行已经通过对还款数据的比较分析区分优质客户；中信银行的信用卡中心已经通过 Greenplum 数据仓库解决方案实现了秒级营销，利用统一的客户视图，结合实时和历史数据进行全局分析，使得营销活动配置平均时间缩短了一周左右。

9.1.5　大数据时代金融行业面临的挑战

金融行业面临的挑战

新兴数据时代的来临，带来了新的机遇和挑战。深入研究大数据时代金融行业的机遇和挑战，有利于企业在大数据时代趋利避害，充分发挥大数据赋能行业的作用。在看到机遇的同时，必须看到大数据时代金融行业还面临一些严峻挑战，这主要可以体现在以下 4 个方面，如图 9-6 所示。

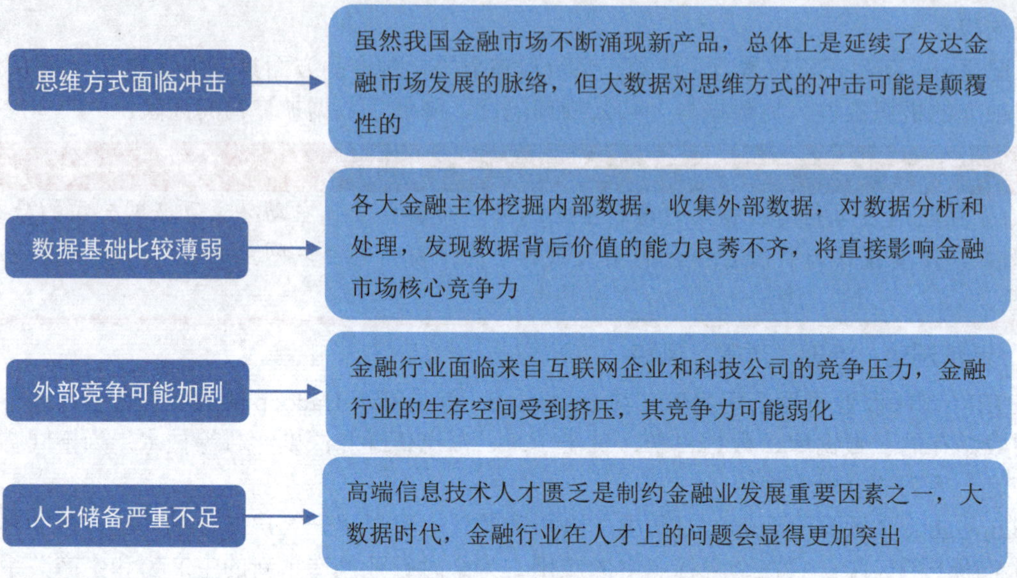

图 9-6　大数据时代金融行业面临的 4 大挑战

9.2　大数据给银行经营带来的改变

我国的商业银行有数十家，其竞争之大不言而喻。本节将主要介绍几个银行对大数据的应用，展现大数据给银行经营带来的重大改变。

9.2.1　工商银行对大数据的应用

工商银行建设了自己的数据仓库，让自身的经营变得更加高效，如图 9-7 所示。

工商银行对大数据的应用

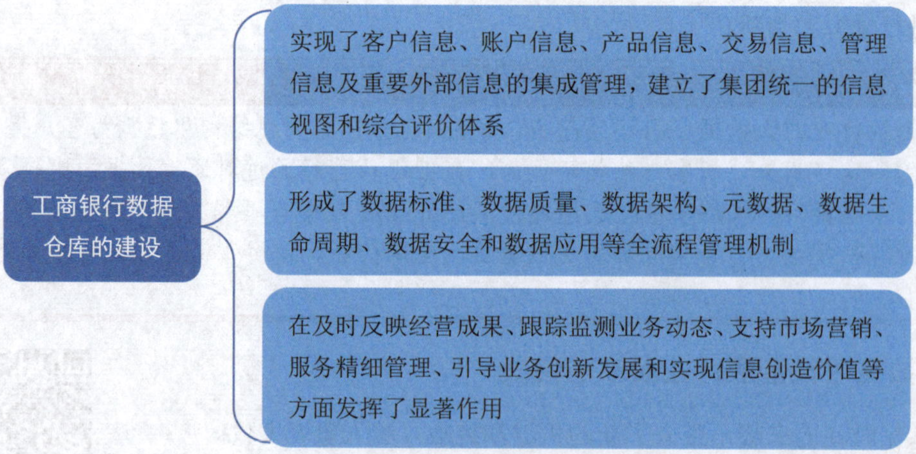

图 9-7　工商银行数据仓库的建设

9.2.2　交通银行对大数据的应用

交通银行对
大数据的应用

Teradata 天睿公司是全球知名的数据仓库解决方案供应商，交通银行就是以其云计算数据分析平台为基础，整合所有职能，实现了经营与管理的双丰收。

交通银行与 Teradata 天睿公司的结合就是充分利用大数据，借助 Teradata Vantage 平台发挥数据的真正力量，打破信息孤岛，从而多维度扩展银行业务，实现经济效益地最大化发展。

金融市场的竞争越来越激烈，用户逐渐呈现出分散化和多样化的特点，因此针对不同类型的客户，应该采取不同的策略，推出个性化服务，对个体进行精准营销，这一模式将成为银行在零售业务领域增长的着力点。

Teradata 的数据解决方案，不仅为交通银行带来了直接的效益，同时也帮助交通银行实现了从信息整合到数据分析，从营销机会发现到名单分配和销售过程管理的全域式闭环营销管理流程，促进了交通银行的数字化转型。

▶ 专家指点

银行的事件式营销是根据客户的有关属性与行为特征，如身份属性和理财偏好等，对客户群进行精准定位，分析出其潜在金融服务需求，进而有针对性地创造并设计出适合于他们消费需求的营销项目。

9.2.3　招商银行对大数据的应用

招商银行对
大数据的应用

在大数据时代，信息的获得更加便捷，技术和产品的模仿更加容易，企业之间的竞争更加激烈，保持优势和丧失优势的周期大大缩短。因此，国内银行要开展品牌创新，首先必须高度重视品牌战略的创新，即在品牌建设上具备战略意识。招商银行之所以成为令人瞩目的金融品牌，就是持续追求品牌战略创新的结果。概而言之，这主要体现在以下 4 点，如图 9-8 所示。

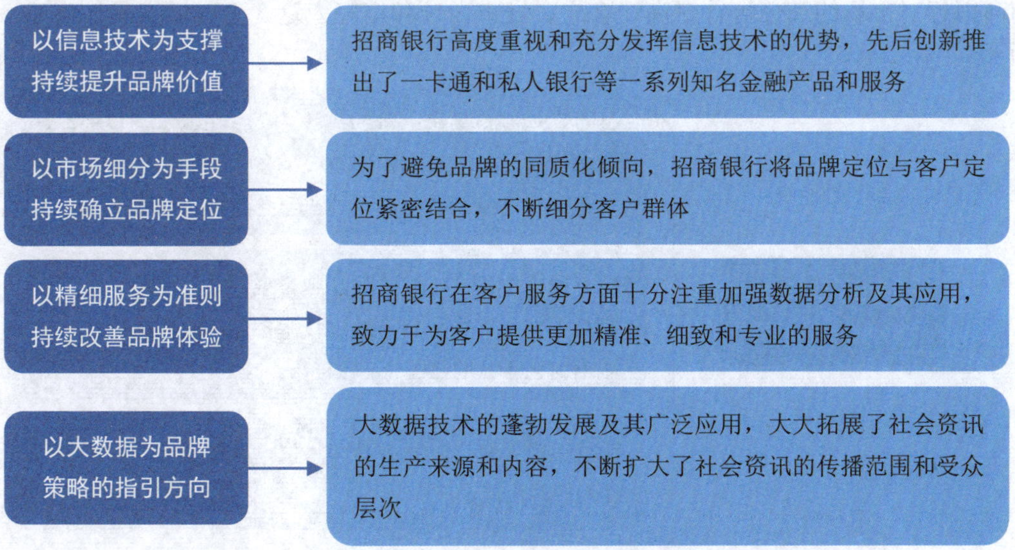

图 9-8　招商银行的品牌体现

1．以信息技术为支撑持续提升品牌价值

近年来，为了顺应 5G 移动互联网蓬勃兴起的历史趋势和积极探索移动金融行业的热潮，招商银行先后推出了 iPhone 版和安卓版手机银行，力图打造全新互联网时代的移动金融生活平台，提升品牌的价值。

同时，招商银行还创新运用互联网金融解决小微企业融资难题，比如开发“生意一卡通”产品，如图 9-9 所示。这有力推动了小微企业业务的发展，通过以信息技术为支撑持续创新金融产品，持续提升自己的品牌价值。

图 9-9　招商银行“生意一卡通”产品

2．以市场细分为手段持续确立品牌定位

招商银行对市场的细分可针对高端客户、城市白领和年轻人这 3 个方面来具体讲述，如图 9-10 所示。

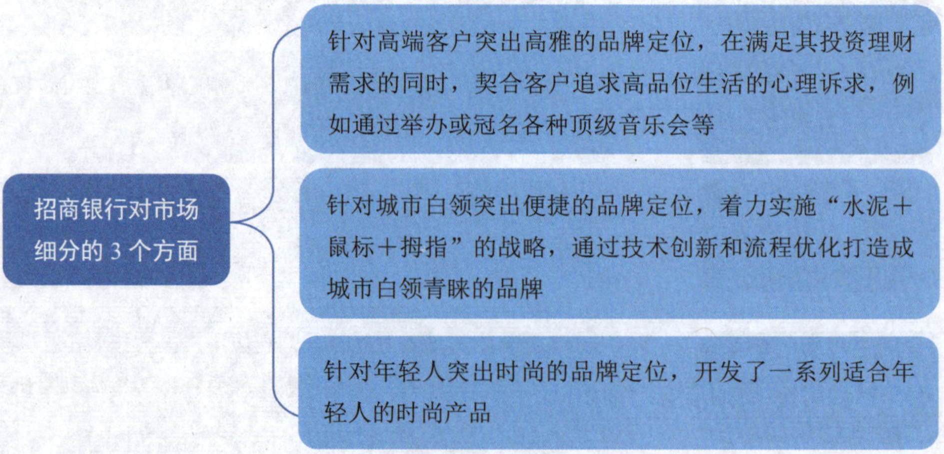

图 9-10　招商银行对市场的细分

3．以精细服务为准则持续改善品牌体验

招商银行的精细化服务还体现在，如果用户尚未开通信用卡境外提现功能，无法取出外汇，在后台监测到该意外情况后，会立即反应，第一时间致电征询用户的意见，并且在 5 分钟内为用户解决提现问题。

4．以大数据为品牌策略的指引方向

为了顺应大数据时代资讯传播呈现出的新情况和新特点，在品牌传播的创新实践中，招商银行采取了以下 5 个策略，如图 9-11 所示。

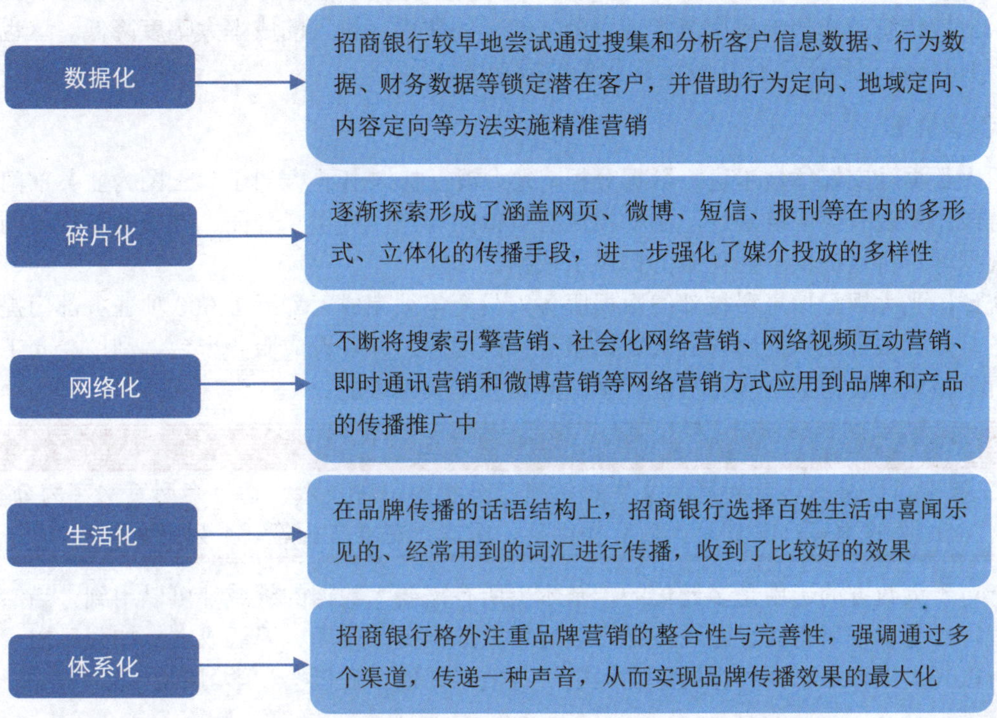

图 9-11　招商银行在品牌传播的创新实践中采取的策略

9.2.4　光大银行对大数据的应用

光大银行对大数据的应用

近年来，越来越多以大数据为核心的应用创新业务不断推出，在为客户提供更优质金融服务的同时，也使得银行运转得更为高效和顺畅。在大数据的潮流下，光大银行大数据利用带来的价值正日益显现，其具体举措如下。

1．加强风控

利用大数据为风险管理保驾护航是金融企业必须具备的核心竞争力，在此方面，大数据的作用也在显现。近年来光大银行全面打造“风险预警平台”，该平台利用互联网大数据挖掘技术、文本数据分析技术以及风险欺诈数据挖掘模型技术，将企业信息与企业账务报表数据进行关联分析，通过事件驱动做出风险事前预警。

在单一客户预警的基础上，还深度挖掘企业与关联企业、企业与关联个人、个人与关联个人之间的关系，使认定的风险预警信号得以传导给与客户相关联的其他客户，从而能够更加高效地发现风险，为银行贷后风险管理构建起一道强有力的大数据信息屏障。

2．提升效率

光大银行基于大数据 Hadoop 技术构建起核心历史数据查询平台，该平台可为客户提供联机历史数据查询应用功能，通过 Hadoop 技术可使以往需要 3~4 天的查询缩减到当日完成，大大提升了运营效率。

3．降低成本

在成本控制方面，核心历史数据查询平台采用开放式的大数据应用架构，在软、硬件科技成本投入上较传统技术架构应用节省近百分之八十的费用，投入的成本大幅度降低。这也是国内首个将 Hadoop 运用于银行在线运营业务的成功案例。

4．创造价值

利用大数据社交媒体技术进行数据分析，光大银行制作出了“云图”，云图为业务部门新拓展供应链或拓宽现有供应链网络，主动发现有价值的客户，提供了全面、准确的数据，同时也为银行根据客户特点提供个性化服务提供了依据。

据统计，光大银行信息科技部门数据服务人员全年须完成人均近 1 000 项业务部门提出的数据服务，光大银行创新提出开放式数据服务社区理念，并建设成服务平台，利用“人工智能语义分析”技术，使得数据服务资源共享、知识共享成为可能。

▶ 专家指点

人工智能语义分析是针对网页文字进行概括分析的一种技术。通过对网页文字的分析，提取最核心的关键内容，并针对此内容提供延伸阅读、精准广告等一系列附加服务。

银行对于大数据的运用是多元化的，基本上所有需要大数据的领域都可以用到。当然，这不光是银行，基本上所有的金融企业都可以运用大数据提升效率、降低成本、加强风控、创造价值。所以光大银行对于大数据的成功运用，是值得其他行业借鉴和学习的。

9.2.5 广发银行对大数据的应用

广发银行对大数据的应用

广发银行与百度签署战略合作协议，双方将在支付、大数据、营销、互联网产品等领域开展跨界合作，以便更好地挖掘客户的潜在需求。

此前广发银行已经与百度旗下的互联网支付公司百付宝开展了合作，而此次双方更深层次的合作，将进一步相互开放优势资源，在互联网金融服务、大数据业务、地图产品等领域全面开展深度合作。

随着互联网的发展，互联网金融已经逐渐成为金融业的主要发展方向，无论是商业银行还是互联网企业，都在探索这片蓝海。商业银行要想在竞争中不败下阵来，需要从思想上进行革命。尤其是百度以搜索见长，掌握着客户的搜索数据，利用大数据分析技术，极易转化为潜在的客户需求。

对于银行和互联网企业的跨界合作，大数据是银行重要的战略资源和发展引擎，而银行接触的数据毕竟还是很狭窄的，银行应主动走出去，科学地选择跨界合作对象，积极寻求外部数据支持，进一步丰富数据的维度。

▶ 专家指点

在本案例中，看到了广发银行与百度成功的跨界合作案例，这是一种很明智的资源共享选择，虽然国内金融业在急速发展，但是相比于互联网金融，银行的发展速度明显滞后了许多，即便如此，银行在金融街的地位还是不可动摇的，所以选择合作伙伴，扩大数据来源，无论是对于银行还是互联网金融，都是一举两得的好事。

9.2.6　民生银行对大数据的应用

民生银行对大数据的应用

民生银行作为国内最早一批部署大数据分析的银行之一，它坚信数据分析对企业价值的提升有着巨大的驱动作用。业务快速增长带来的激增数据对业务洞察能力不断提出新的要求。

一直以来，商业银行从事小微贷款业务一直存在着风险大、成本高、难以持续的难题。而民生银行通过 5 年的实践，逐渐寻找到一种可持续的小微金融模式，其诀窍在于通过批量化、规模化的方式解决风险大、成本高的难题。

而其理论基础则是大数定律，民生银行认为，单笔小微贷款风险可能较大，企业行为也难以预料，但如果分析出成千上万相似的小微贷款，摸透小微贷款企业的发展趋势，那么不良率将趋于稳定且可预见，而小微金融贷款也就达到了风险可控、成本可控的目的。

IBM 和巨杉数据库公司宣布与中国民生银行展开合作，为民生银行搭建低成本、低风险、高性能、高可靠且水平扩张的数据平台，帮助民生银行通过大数据分析应对金融业的大数据挑战，实现深刻的行业洞察。

在实施的路径上，民生银行重点从两个维度实践大数据定律：一圈一链模式和城市商业合作社模式。所谓“一圈一链”，就是围绕商圈和产业链批量开发小微客户。“一圈一链”成功之后，民生银行便开始推进城市商业合作社模式，按照区域、行业等特征，将昔日松散的小微商户，整合成一个有组织的经济体，从而实现客户资源的整合和批量开发。

传统粗放式的客户营销策略已经不足以帮助银行实现快速的增长。民生银行通过精准的营销设计降低客户流失率，提高忠诚度；借助大数据技术对不同渠道来源的提供商、客户的交易行为进行全面分析，实现链式反应；搭建有效的数据模型，为客户提供全方位管家式的非金融服务。

民生银行大数据平台解决方案的实施，将完善大数据平台，帮助民生银行积极应对金融业发展的新要求，完善交易流水查询分析系统、产业链金融管理系统，以及私人银行产品货架管理系统。在应对金融业巨大信息量带来的挑战中，该平台体现了 4 大优势，如图 9-12 所示。

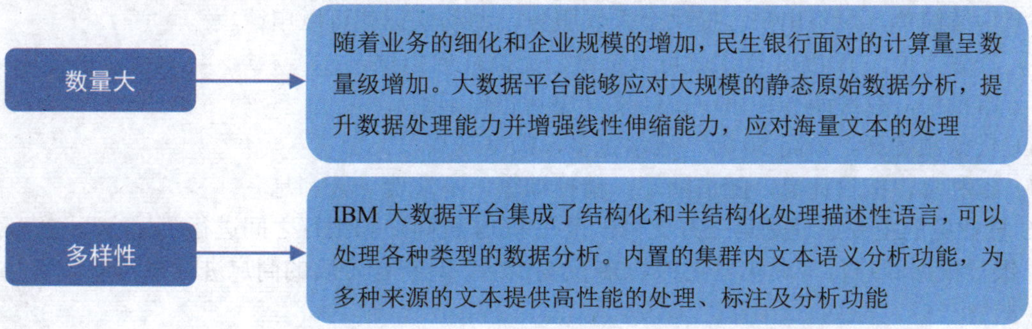

图 9-12　民生银行大数据平台应对挑战的 4 大优势

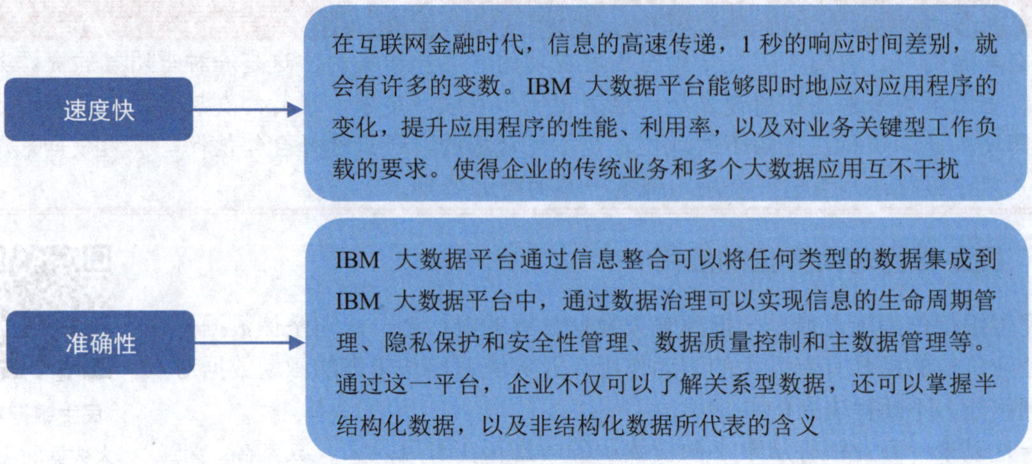

图 9-12（续）

民生银行通过“一圈一链”模式和“城市商业合作社”模式两大手段促进小微贷款迈向大数据的发展，或许小微贷款试水大数据之后将更有利于民生银行的发展，其他银行也应该学习民生银行的发展模式。

9.2.7 中信银行对大数据的应用

中信银行对大数据的应用

中信银行在网络金融业务领域的探索一直走在行业前沿。中信银行在业内率先开创了 POS 贷商业模式，利用网络大数据提升小微贷款发放效率。继国内各大手机支付软件（如支付宝扫码付、微信扫码支付）之后，中信银行推出异度支付手机客户端，并不断升级其网络渠道，下面就来具体进行讲解。

1．POS 贷商业模式

中信银行的创新 POS 贷业务实现贷款网络化，并在网络融资领域引领了行业风潮。继中信银行携手银联商务率先推出 POS 网络商户贷款业务之后，这一创新的业务模式便在业内引来不少跟风者。例如，江苏银行、南京银行先后携手银联商务，再度推出面向小微企业、个体商户的 POS 贷融资系列产品。但是在 POS 贷业务领域，中信银行无疑更加有发言权。中信银行的“POS 商户网络贷款”有以下几个特点。

（1）无抵押、无担保的小额短期线上信用贷款。

（2）针对的是小微企业主，以及个体商户。

（3）手续简单，足不出户，提供全天候服务，动动鼠标就可以申请。

（4）贷款方便，有 POS 流水就可以贷款，无需任何担保。

（5）审批快，在线两分钟出审批结果，快到您想不到。

（6）贷款额度高，最高 50 万，流水越多，额度越高。

（7）省利息，按日计息，随借随还，精打细算，不浪费一天利息。

POS 贷业务的主要原理是第三方支付平台在 POS 机商户和银行之间进行“撮合”，在商户授权下，银行根据商户日常真实发生的 POS 交易流水，对符合资质的商户进行授信评估和发放贷款。

中信银行网络贷款系统有一套复杂的评估模型，对交易流水量、波动幅度等有评判标准，虚假数据是骗不过银行传统的线下实地调研的，当发现它的日常流水紧急下降或增加，银行就会去商户现场查看交易有没有异常变化，线上线下相结合确保信息真实，防范风险。

中信银行借助银联大数据，还可以提前预支并控制风险。由于风险已在前期大数据下进行筛选，风控和审核端的时间周期将大大缩短，因此放款到账周期可以以分钟计。

2．异度支付

异度支付是中信银行建立在大数据和新技术基础上，集网上支付、转账、购物、理财和财富管理等功能的全新产品，包含了手机充值、电影票和理财产品购买、交通罚款缴纳和特约商户优惠功能。中信银行异度支付 App 的应用，涉及票务、缴罚款、保险、充值等多个门类。随着后续的发展，异度支付将不断地推出新业务，增加新功能，提高将非中信银行客户向该行零售客户的转化率。

异度支付与 7881 平台签订了战略合作协议，而 7881 作为异度支付的合作伙伴，也在其官网提供了异度支付 App 的下载，所有在 7881 官网下载异度支付 App 的用户都能获得红包，而且享受游戏充值优惠折扣的待遇。异度支付传递一种服务理念，即在无界的时间和无限的空间中，通过现实与虚拟的多种方式，为该行客户提供“零距离”的贴心服务。

▶ 专家指点

使用中信银行卡的用户，无论借记卡或信用卡，只需在智能手机上安装中信银行手机银行客户端，就能直接绑定默认使用的银行卡，进行网络支付。

异度支付为用户带来的服务主要集中在以下 3 个方面，如图 9-13 所示。

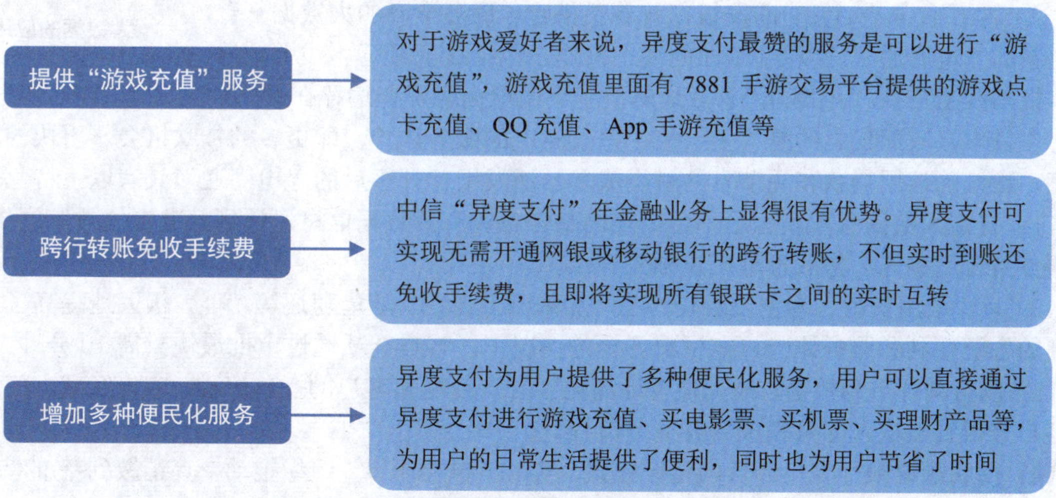

图 9-13　异度支付为用户带来的服务

3．升级网络渠道

中信银行围绕“金融网络化”和“网络金融化”这两个方面发展网络银行业务，将网络银行业务作为全行战略发展的重要支撑和重点领域。从业绩数据上来看，中信银行也在网络金融领域交出了堪称亮眼的成绩单，具体如下。

（1）网络银行中间业务收入 4.94 亿元，同比增长 51.07%。

（2）个人交易笔数替代率 92.75%，同比增加 2.11 个百分点。

（3）个人网银交易笔数 7 380.10 万笔，同比增长 56.54%。

（4）个人网银交易金额 3.81 万亿元，同比增长 58.09%。

（5）个人手机银行交易笔数 131.71 万笔，同比增长 2.47 倍。

（6）个人手机银行交易金额 333.13 亿元，同比增长 5.84 倍。

（7）公司电子银行交易笔数 2 176.40 万笔，同比增长 97.01%。

（8）公司电子银行交易金额 17.57 亿元，同比增长 45.93%。

除了传统的电子银行业务之外，中信银行的网络银行还将突破远程开户和网络授信核查等关键技术难关，重点突破电子商务、移动支付和网络贷款等产品领域，打造全流程网络银行服务模式。

▶ 专家指点

在本案例中，看到了用大数据打造全流程网络银行，无论是在硬件还是软件商都是比较全面的，拓宽企业自身的业务范围，增加了业务量。当下互联网金融发展如火如荼，中信银行在网络金融领域，定会继续坚持理念创新、产品创新和 IT 创新，打造在互联网经济中的核心竞争力。

9.2.8 浦发银行对大数据的应用

浦发银行对大数据的应用

浦发银行发布“电商通”，全面升级该行服务小微电商企业的能力、手段和范围。浦发银行在义乌推出“电商通”主要是针对浙江义乌小商品城的网络化发展，专为义乌电商园区的线上商户提供的配套金融服务。在义乌“电商通”试点推广仅 4 个月后，浦发银行就着手搭建了服务电商的大数据平台，推出全新的“电商通”，实现了全面的线上操作，包括线上经营、线上数据、线上审批与线上贷款。“电商通”有效地解决了小微电商融资普遍存在的“短、频、急”需求，取而代之的是“多、快、好、省”的服务体验，即更多的贷款机会、更快的申贷速度、更好的信用贷款和更节省的融资成本。浦发银行升级后的“电商通”具有以下特色。

（1）打造大数据引入和运用平台，全面整合各类有效数据信息，做到精准定位效率领先、产品服务契合度领先、售后管理质量领先。

（2）以“信用贷款”为主要融资产品，加载网上自助、随借随还等功能，极大地提高了小微电商的融资便利和服务体验，在资料齐全的情况下，客户贷款通过审批最快只需 10 分钟。

（3）以自动评审为核心，最大限度地简化了客户经理和客户的操作流程，客户经理上门一次、客户来银行一次，即可完成所有业务流程。

（4）彻底颠覆银行客户经营的传统模式，实现“自上而下”组织推动，真正做到精准营销和快速服务。

（5）配套政策从而更好地凸显自身的优势，浦发银行为“电商通”配套了专项的贷款规模及更高的不良容忍度。

▶ 专家指点

浦发银行利用大数据打造的“电商通”，标志着浦发银行服务中小微企业的能力的提高、手段和范围进一步扩大，使浦发银行在中小微金融服务领域具有里程碑意义，再一次彰显了浦发银行服务中小微企业、反哺社会的决心和信心。

9.3　金融行业大数据的应用案例

如今，金融行业面临着前所未有的挑战，市场格局和业务流程都发生了巨大的改变。在大数据的时代背景下，未来的金融行业将开展新一轮的建设投资。本节将主要为读者介绍一些金融行业大数据的实际应用，希望对读者有所启发。

9.3.1　支付宝利用大数据发展特色服务

支付宝利用大数据发展特色服务

随着国内网络经济的迅速发展，众多网络支付应用的市场争夺战进入白热化阶段，各大企业也开始推出越来越多的特色产品和服务，其中比较具有代表性的就是余额宝和花呗。

1．余额宝

余额宝是典型的互联网金融产品，与传统的货币基金相比，大数据是余额宝的鲜明特色之一。以基金的申购和赎回为例，余额宝可以利用淘宝和支付宝的大数据平台，充分掌握基金信息，并利用历史数据的积累，预测客户的行为规律。

2．花呗

花呗的发展得益于大数据，之所以这么说，是因为每天都有海量的交易数据在淘宝或支付宝的后台上运行，通过对相关商户最近的数据进行分析，此时的支付宝花呗平台就有可能发挥作用，与潜在的贷款对象及时进行沟通，询问他们是否需要开通花呗服务，从而为消费提供更多的可能。这种利用大数据的应用模式不仅有助于识别和降低金融风险，为用户提供针对性的服务，而且批量化作业也可以使交易的成本大幅度下降。

像支付宝这种开放式的财务管理服务，背后都是人工智能、大数据、云计算和金融科技的体现。运用这一系列的“黑科技”，可以让人们的生活更加智能与便捷。这种个性化的理财服务，让人们自己也能掌控投资理财，实现人生自由。

除此之外，基于以上“黑科技”，支付宝还推出了分期付款服务。利用数据平台，这种金融服务的开通仅需 3~5 分钟，且具有费率低和额度高的特点。值得注意的是，虽然后台大数据会根据用户的情况进行智能评估，限制贷款额度，但是这种金融贷款服务基本上都存在一定的风险，所以用户在应用软件时一定要注意把握分寸，在合法合规且不损害自身利益的情况下合理运用软件。

9.3.2　卡得万利利用大数据发展业务

卡得万利利用大数据发展业务

大数据时代，通过对海量数据的挖掘、分析和运用，带来了一个改变人们生活、工作和思维方式的新浪潮。大数据时代为产生海量数据的金融业带来了新商机，大数据也成为了金融业运作中极具价值的强大决策辅助工具。

上海某餐厅的老板接到了一个电话，电话里有人询问他是否需要融资借款。这位老板很诧异，因为开第二家连锁餐厅需要资金，他奔走于多个银行，但都无功而返，于是他询问对方怎么知道他的融资意愿。

原来，打电话的是卡得万利商业保理有限公司的业务经理，而该经理正是通过公司大数据平台的信息，发现这位老板渴望获得融资，便启动了融资保理业务个性化服务，通过对该餐厅两年来 POS 机刷卡交易数据分析，卡得万利为这位老板提供了预借 30 万，借款期 3 个月的融资保理建议。经过考虑，这位老板接受了卡得万利的建议，获得了所需的款项。

这位老板获得的融资服务，正是上海市政府指定的专门为小微零售商户提供融资的公共服务项目——卡得万利融资保理业务“卡立贷”。保理就是通过应收账款买卖，为用户提供贸易融资，其主要的业务形式就是融资保理。融资保理就是债权方将应收账款转让给保理商，保理商支付现金，提供预付款融资的一个过程。

卡得万利与工行、建行、农行、招商银行以及银联商务等大型金融机构签署了战略合作协议，目的是建立独有的中小微企业融资大数据策略中心平台，从大数据战略出发，提供合理的融资决策建议，把为中小微企业提供融资服务提升到了新的高度，确立了在小微融资领域的核心竞争力。

▶ 专家指点

卡得万利利用大数据战略在管理交易、信贷风险和合规经营方面已经大显神通，开创了小微融资的新篇章。相信，随着大数据时代的到来，小微企业融资也会迎来大变局。

9.3.3 京东数科利用大数据转型

京东数科利用大数据转型

京东数科是以人工智能、云计算和大数据技术为基础，致力于为金融机构、商家或者企业提供数字化金融服务的高新企业。它的最终目的还是通过这些技术平台，推动数字化应用的落地。例如，通过技术组件和大数据前台架构，实现金融的智能营销战略和智能风控战略。

面对金融行业全域式的数字化生态，京东数科赋能商业，还为政府提供了商家管理、商业信用和交易数字化服务，为消费者提供了消费维权和轨迹追踪等服务。

针对金融机构的财富管理和资产管理等各细分业务领域，京东数科还提供了数字证券、数字银行和数字保险等金融服务。图 9-14 为京东数科的数字证券服务。

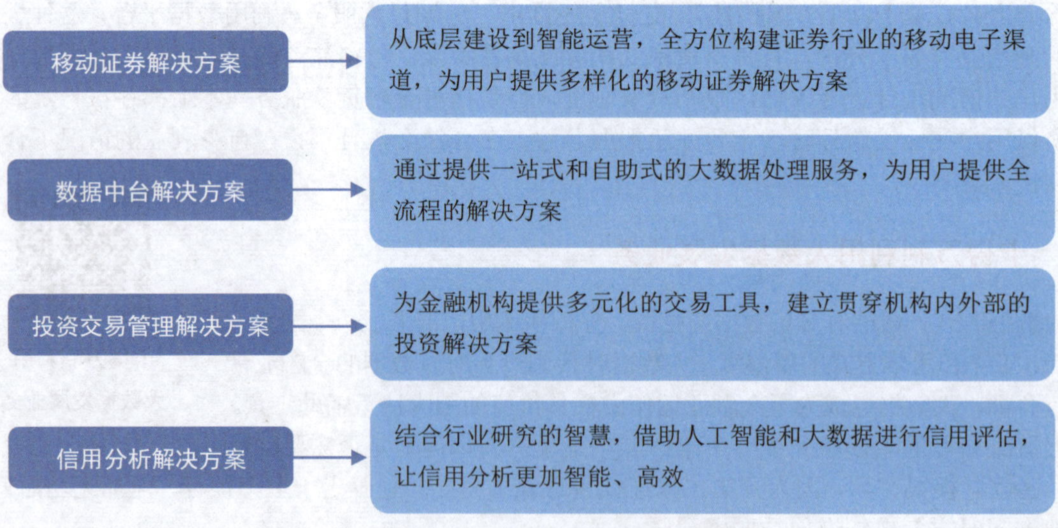

图 9-14 京东数科的数字证券服务

京东数科的金融转型还得益于它强大的数据库功能，它的数据库具有自动运维功能，能够为其应用平台提供一站式的数据库备份恢复、迁移、管理和回收等服务，极大地提高了数据的运行效率。

9.3.4　平安财险利用大数据扩大业务范围

平安财险利用大数据扩大业务范围

云计算还方兴未艾，大数据就迎头赶上，成为高科技热点话题。随着大数据的流行，企业的营销策略也发生着改变，而平安财险在大数据应用上的尝试，让人们重新认识了大数据在保险行业的重要性。

平安集团可以说是传统金融机构向互联网化转型的先驱，多年来，平安财险与百度搜索维持了良好的合作关系。百度每天有数十亿次的搜索需求，而这些搜索所产生的大数据能够描绘出保险行业的切身需求，更重要的是对了解消费者的真实意图、为消费者提供有价值的解决方案很有帮助。

对于企业来说，必须清楚了解自己的利润池分布，并且随时留意直接竞争者或周围企业的利润源头出现的战略性变化。在大数据时代，消费者的生活、娱乐以及消费信息本身就作为数据而被记录和存储下来，并具有真实、前瞻、海量的特点，这些数据能够真实反映消费者的诉求，且反映了消费者需求形成的早期想法。

可以对消费者主动表达的购买意图和行为轨迹的信息数据进行分析提炼，随时了解消费者的意图，更好地理解消费者，从消费者的角度出发去营销和创新，以大数据驱动企业营销战略。总的来说，平安财险大数据战略的意义主要体现在以下几点。

1．从搜索轨迹分析客户需求

随着汽车市场的繁荣，与其相关的零配件市场、修车、车险等周边产品和服务的竞争也日趋激烈。多年来，平安财险通过与百度深度合作，用一种新的视角、方法重新梳理用户，百度每天所记录的用户搜索诉求，所产生的大数据能够描绘用户的需求，更重要的是对了解消费者的真实意图很有帮助。平安财险在消费者直接搜索“车险”等关键字的时候进行品牌沟通与宣传，并借助大数据将客户的生活轨迹可视化。

2．勾勒车主问题蓝图

平安财险对目标客户进行了全新的分析与研究。例如，在研究汽车生命周期时，主要围绕汽车厂商、4S 店、汽车配件厂商、交通部门、加油站、导航服务提供商、保险公司等一系列组织机构，他们共同聚集起来形成了一个生态系统，即车主生态圈。

当研究“车主”的时候，就站在一个产业链的角度来深入了解车主的需求，全方位地了解与车相关的消费生活。这种全新的概念和视角，完全颠覆了传统的客户分析方式。

车主生态圈的概念，主要可分为“购车前”“购车中”“购车后”这 3 个不同的时间阶段，刻画出车主每个阶段的汽车生命周期问题蓝图，从学车、选车、购车、用车再到卖车，可以清晰地看到车主的不同问题与需求。例如，在购车阶段，车主会考虑车险、购车款、经销商、政策、二手车、车牌这几大类问题，而这些问题完整地反映了车主的生活。

3．基于生活的解决方案

买了汽车之后，接下来要做的就是为爱车上车牌。大部分车主都十分重视车牌，希望讨个好彩头或者车牌中含有自己喜欢的幸运数字等。为此，平安财险设计了属于自己的 App，这在一定程度上是替代了百度的功能，同时也说明平安集团对数据获取的重视程度。

如今越来越多的车主在拥有了汽车之后喜欢在节假日组织自驾游。自驾的线路与地图则是自驾游车主们经常在百度地图搜索的内容。那么，这时候车主就需要一个温馨提醒，来告诉他们风险路段需要提高警惕，让用户感知平安财险不仅仅是承保、理赔，更重要的是车主出行的得利助手，这不仅树立了平安财险的品牌形象，同时也提升了品牌的内涵。

4．基于消费的解决方案

当车主遇到交通事故的时候，经常会在百度上搜索相关问题的解决方案。除此之外，车主可能还会直奔品牌官网进行产品的购买，可能进入百度站内的社区搜索信息，也可能进入垂直社区查看品牌的口碑，此时便可以借助营销让车主选择企业推出的产品和服务来解决问题。根据以上分析，平安财险开始利用百度百科平台进行内容营销，服务车主，进一步与车主沟通从而建立关系。

5．布局“车主生态圈”

中国平安财险旗下的创新型子公司“平安财险好车”，在上海、苏州、南京、宁波、温州等地设立了分公司。平安财险通过与购车者、车主、汽车制造商、经销商、零配件供应商、维修厂商、各种配套设施供应商建立紧密联系，构建了一个完整的汽车交易生态链。而在这个链条中，平安财险嵌入了自己的金融服务、购车贷款、租赁、二手车抵押、经营贷款等。

▶ 专家指点

中国平安与百度正式签署战略合作协议，预示着平安将与百度在数据研究、消费者洞察、品牌建设、产品创新、营销模式等领域进行立体式合作，携手建立金融行业互联网营销方法论与行业规则，力图为国内广大消费者提供金融业务网上操作便利平台。

事实上，大数据和互联网的发展正在帮助保险业更好地满足客户的需求，大数据技术可能突破传统保险行业“可保风险”与“不可保风险”的界限，使原来不能承保的风险变为可保风险，扩大了保险业的保障范围。另外，大数据基于精确量化的承保损失分布，可以提升保险机构资产负债的管理水平，在资本市场实施更精准的风险投资组合策略，提高保险业的投资回报。

平安财险通过与百度的合作，利用百度搜集到的用户搜索信息，改变了以往保险行的战略方向。似乎有越来越多的企业选择与百度进行合作，保证自己在大数据浪潮中不被淘汰。的确，这种合作在现在看来是明智的，相信平安财险通过数据的合理利用，会为自身带来更大的价值，同时也会为用户提供更好的服务。

本章小结

本章主要介绍大数据在金融行业中的应用，包括大数据对金融行业的影响、大数据给银行经营带来的改变和金融行业大数据的应用案例，带领读者快速认识和了解大数据在金融行业的应用情况，让读者看清大数据对金融行业的影响。

课后习题

1．大数据时代金融行业的发展主要有哪几个环节？请用文字一一列出。

2．大数据时代金融行业主要面临着哪些挑战？请用文字一一列出。

第 10 章
大数据在销售行业中的应用

销售行业获取的数据是最直接、最直观的，但同时也是最杂的，如果能对它们进行及时有效的整理和分析，就可以很好地帮助企业进行营销决策，为企业带来获取巨大的价值效益。

本章重点

- 大数据与销售行业的结合
- 大数据时代电商对传统零售的影响
- 销售行业大数据的应用案例

10.1　大数据与销售行业的结合

对于数据的使用，许多销售商一方面表示非常重视，他们对企业积累的数据进行了各种预测和分析。然而另一方面，要将大数据用到具体的销售业务中，却还存在着一定的难度。

所以国内的很多企业都知道大数据的好处，但他们一旦将大数据的应用与自己的实际经营状况相结合的时候，便会出现与目前经营非常不适应的情况，如此就导致许多企业对大数据都持谨慎的态度。本节主要介绍销售行业大数据的基础知识，让读者可以更好地将大数据和销售行业结合在一起。

10.1.1　销售行业大数据的形成

销售行业大数据的形成

从人类开始进行生产活动的时候，数据就在不断积累，但是不得不承认，历史上没有哪一个时期的数据量会像今天这样庞大，尤其对于今天的销售行业，数据的产生已经完全不受时间和地点的限制。从一开始的手工记录作为数据管理的方式开始，数据的存储与产生方式大致经历了 4 个阶段，并催生了销售大数据。

1．手工记录和电子收款机阶段

20 世纪 80 年代之前，数据的产生主要依靠手工记录，例如，算盘结算、书写记录等，数据管理没有太高的科技含量。20 世纪 80 年代初，终端经营网点引入电子收款机，与手工记录相比，电子收款机的实际使用有如下特点。

（1）模仿手工劳动并进行简单的计算。

（2）仅在工资管理、合同管理和财务管理等小范围内使用。

（3）仅限于前台结账收款，没有形成与后台连接的网络系统。

2．PC 机和 POS 系统阶段

20 世纪 90 年代，企业开始使用磁盘、磁带、光盘等存储介质对信息进行有效的保存。PC 机应用后，企业内部出现了以公文档为主要形式的数据，包括 Word、Excel 文档、图片、图像、影像和音频等。

20 世纪 90 年代中期，数据存储与产生进入销售时点信息（point of sale，POS）系统阶段，POS 系统是由电子收款机和计算机联机构成的终端网络系统，该系统能够直接入账，并实时处理、随时显示销售信息等。

到了 20 世纪 90 年代后期，基于 POS 系统的条形码技术、色码技术、银行卡互联互通技术和系统集成产品广泛应用，老一代 POS 正在被新一代的 POS 平台所代替，全功能 POS 除了满足传统的销售管理外，还能支持退货退款、刷卡处理、库存查阅、员工培训、忠诚度计划、网上销售、人力管理、自助结账、全渠道营销等功能，新一代 POS 已成为现代零售企业无可替代的神经中枢系统，POS 的功能也极大地促进了销售业数据量的增长。

3．用户原创的互联网阶段

进入 21 世纪，互联网的广泛应用促成了数据量的大规模增长。在互联网时代，几乎全民每时每刻都在制造数据，与此同时，数据的形成也极其丰富，一方面，是社交网络、多媒体、虚

拟服务等应用主动产生的数据，另一方面，又有搜索引擎、网页浏览过程中被记录、被收集起来而被动产生的数据。

4．移动和感知式物联网阶段

随着移动互联网、感知物联网和云计算等技术的广泛使用，数据存储和产生实现了从手工被动到原创主动再到智能自动的时空跨越。每个领域的不同感应设备，每时每刻都在自动产生大量的信息。零售业无线射频技术的大规模应用，不仅提高了数据采集的频率，也极大地推动了销售行业数据量的增长。

▶ 专家指点

很多零售商拥有的数据量在过去 3 年里增加了 5 倍，大数据的意义不在于数据量大，而在于数据价值的最大化，大数据真正重要的是数据的新用途和带来的新见解，这些认识是大数据分析和应用的前提。

10.1.2　销售行业使用大数据的必要性

销售行业使用大数据的必要性

大数据就像空气一样已经渗透到销售行业的各个角落，企业从不断生成的交易数据中获取有关消费者、供应商和运营管理方面的信息。所以，大数据的形成与应用必将对现代销售的数据竞争力、组织业务流程、市场营销决策以及新型商业模式等产生巨大的影响。以往的商业决策依据可能要从经验、直觉转换为数据分析。具体来说，销售行业大数据应用的必要性体现在以下 3 个方面。

1．构建销售行业的数据竞争力

麦肯锡的报告指出：已经有越来越多令人信服的证据表明，大数据将成为竞争的关键，并成为生产率提高、创新和为消费者创造价值的支柱。

托马斯·达文波特指出：要做到“低成本、高效率”的运营及决策正确，企业必须广泛推行以事实为基础的决策方法，大量使用数据分析来优化企业的各个运营环节，通过基于数据的优化和对接，把业务流程和决策过程当中存在的每一分潜在价值都“挖”出来，从而节约成本，战胜对手。

2．实时了解客户并洞察市场

大数据背景下，企业通过记录或搜集客户在各种渠道、各个阶段的行为数据和偏好数据，通过数据分析，宏观上可以把握客户的结构、流量、购买周期以及不同客户群的利润率和贡献率；微观上可以具体到每一位客户的购买频率、购买兴趣、忠诚度和流失的可能性。

通过信息的分析可以从点到线，从线到面地了解客户的消费信息，以及市场的走向，确定最忠诚的客户群体，预测消费群体的消费意愿，主动为其私人定制，提供专属性的个性化产品和服务。从接触客户、吸引客户直到最终的销售，整个过程只在数据交互中实现。通过了解用户的行为数据，即可洞察市场，从而实现精准销售。

3．实现销售行业的思维创新

大数据环境下，销售行业的创新思维涉及以下 3 个方面。

（1）整合企业各个方面的大数据信息，分析多渠道、互联网与移动网、线上线下消费者的行为方式，通过客户的数据识别，设计潜在的个性化服务，满足不同细分市场的需求。

（2）基于大数据平台的数据实时分析，预测客户实际行为的动态变化，从而设计与之适应的销售策略，并实时更新。

（3）销售业的商业模式创新，依赖于从海量的可拓展数据中挖掘出有价值的信息，依靠这些信息影响企业运营系统中的销售模式、组织结构调整、劳动生产率、经营绩效、管理决策和管理效率，从而实现大数据的商业模式创新，给企业带来价值的提升。

▶ 专家指点

大数据时代已经完全不是此前单纯的数字媒体化年代，一些商业巨头已经开始用大数据驱动市场营销、驱动成本控制、驱动产品和服务创新、驱动管理和决策。大数据就像是零售企业发展的导航仪，如果能对它们进行整理和分析，就可以有效地帮助企业洞察行业情况，为企业带来巨大的效益。

10.1.3　如何将销售与大数据无缝对接

如何将销售与大数据无缝对接

如今，中国销售行业面临着巨大的挑战，整个行业都在积极探寻发展出路。目前已经进入了大数据时代，面对海量、碎片化的数据，怎么利用和管理大数据，为企业的发展提供帮助，可能是企业管理者最值得关注的问题。

个性化精准推荐是各个行业运用大数据的重要“法宝”，大数据的最大价值，是在销售策略上与大数据技术进行结合，最大程度地编制前置性的销售策略，确保销售计划的实现。

企业管理者要根据业务数据给出相应的策略，为企业赢得更多的时间和市场策略调整空间。就像洪水预警一样，分析上游的情况会对下游造成什么样的影响，要能够提早做出“预警”。只有将数据用到这一层面上，才具有直接的业务价值。例如，一家实体零售商，在一组货品的 15 分钟促销时间内，往往准备着 3 套应变策略，以确保货品能够按计划卖出。

企业可以利用大数据的特性，根据不同的业务数据做出相应的应对策略，为企业赢得更多的时间和市场策略调整空间。要做到这一点，企业需要注意以下 4 个方面，如图 10-1 所示。

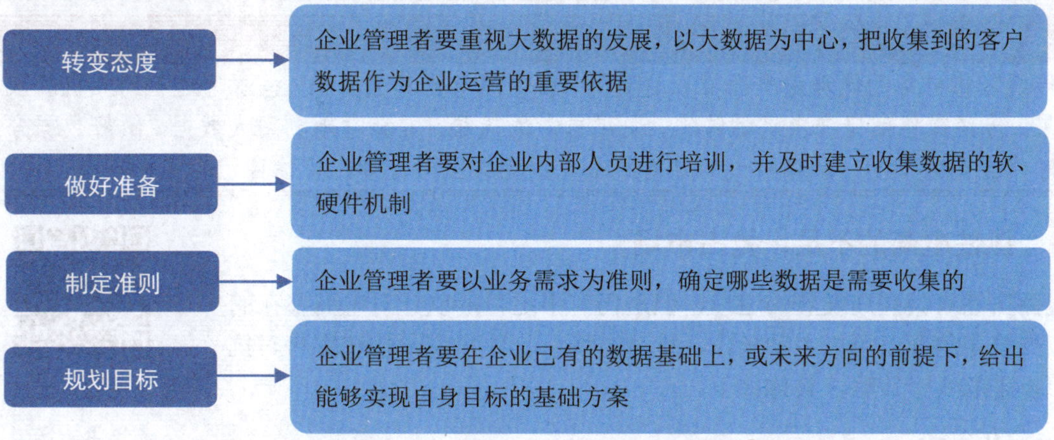

图 10-1　企业利用大数据需要注意的 4 个方面

任何企业经营都要有自己的特色，了解自己的客户群，把适合的产品与服务提供给客户，线上线下要走出差异化的道路。只有这样，实体零售商才能跟上时代步伐，顺应市场发展趋势。

10.2　大数据时代电商对传统零售的影响

大数据在销售行业的运用已经步入正轨，尽管国内的销售市场一直保持着增长的态势，但是销售行业的商业运作看来还是战战兢兢地发展着，似乎稍有不慎，或遇到其他行业的猛烈冲击就会将其击垮一般，而且电商的快速发展，也影响着实体销售的发展。在这种情况下，销售行业的从业人员如何利用大数据，从而获得更好、更稳地发展呢？这一节就来具体进行讲解。

10.2.1　发挥传统零售自身的优势

发挥传统零售自身的优势

电商的来势汹汹，目前全国大多数连锁企业都开展了网购业务，对于每一个企业来说，互联网销售已经是一个不容忽视的渠道。然而，高速发展中的电商并非一帆风顺。当前国内电商正在使用各种方式抢占市场份额，价格竞争异常激烈。

传统零售商如果能利用大数据充分发挥自身的优势，那么守住自己的江山是没问题的。传统零售与电商相比有两大优势，如图 10-2 所示。

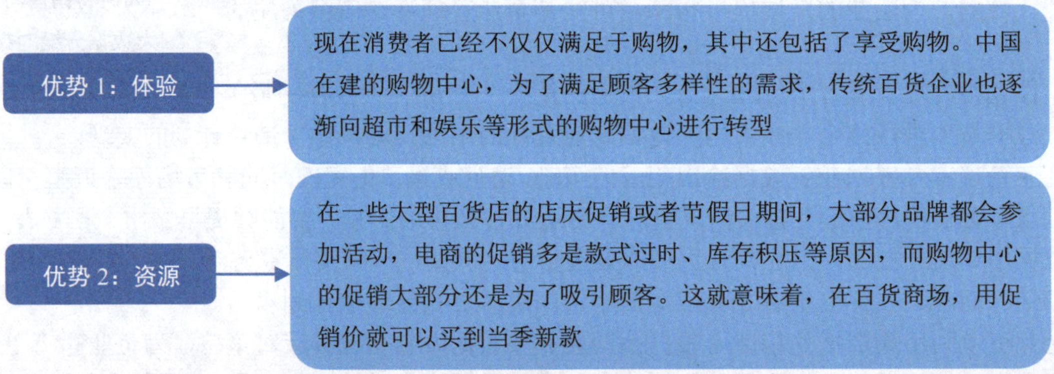

图 10-2　传统零售与电商相比的两大优势

▶ 专家指点

传统零售自身的优势是电商难以达到的，就像汽车再怎么高档，也永远达不到飞机的飞翔效果。传统零售商坚守自己的阵地，发展自身的优势，并合理地利用大数据，做好数据分析，守住自己的市场，就算再大的电商冲击，也能够应对自如，留住自己的客户资源。

10.2.2　抓住电商的不足，抢占市场

抓住电商的不足，抢占市场

电商自然有其高速发展的道理，但是仍有不足，所以针对电商存在的不足，传统零售商就可以主动出击，抢占市场。具体来说，传统零售对抗电商可以采取 5 个策略，具体如下。

1．错位竞争

错位竞争就是避开网上的促销日。电商的促销往往是比较“狠”的，

“双 11”“双 12”等购物狂欢节通常会有比较大的优惠力度，如果传统零售在这个时候与其竞争的话，那无疑是鸡蛋碰石头。所以面对电商咄咄逼人的攻势，传统零售商想要“绝地反击”，那就必须避其锋芒。例如，有的商场会为了抢夺消费者，会将年底促销提前 1 个月。这样，那些需要提前购买年货的消费者，可能就会选择涌入该商场。

2．新品上市打折

相比于电商，传统零售更具备资源优势，一般新品上市，电商不会给出太优惠的价格，如果传统零售商可以针对当季新品做到“折上折”，同样可以诱使消费者进行多件购买，这与电商低价引导消费者进行大量选购有着异曲同工之处。

3．卖场多生态联动

多业态联动促销是传统零售企业打出的一张体验优势牌。虽然电商可以拉拢千家品牌参与促销，但他们大多是各自为战，甚至是互打价格战、互相竞争。而传统零售业要好很多，传统零售可以通过多业态联动推出一条线的整体促销优惠，加强消费者的购物体验。毕竟网上购物永远体会不到与实物接触时的细微感受，更是享受不到卖场消费时那种贴心的服务。

4．线上线下齐发力

“与其与狼对着干，不如选择与狼共舞。”传统零售可以布局网上销售平台，入驻国内主流电商开发平台，或自己发展电商，这让本就激烈的网购领域竞争更趋白热化。例如，苏宁电器就成立了网上销售平台——苏宁易购，还有一些传统零售商既有传统零售店面，又有淘宝店面。传统零售企业通过线上、线下的有效互动，增加传统零售的销量，从而使企业进入良性发展，真正做到两条腿走路。

5．对客户进行精细化管理

零售业可以加强对客户的跟踪和研究，应用好客户管理信息系统，例如，让顾客办理会员卡，在会员日可以享受折扣优惠或积分等，并且可以通过会员卡的消费情况，分析顾客的喜好和需求。北京的某家百货商店就将这种思想发挥到极致，该店店庆前 1 个月会根据会员的喜好挑选好产品，并将产品信息发送至顾客的邮箱，让顾客可以及时了解产品的信息。

> ▶ 专家指点
>
> 在互联网时代，电商的迅速崛起是情理之中的，但是电商只是一种新的销售渠道，并不能替代或者淘汰原有的销售模式，毕竟生活中不可能所有消费都由电商完成。零售与电商只是两个不同的销售领域，而二者的对抗只是两个领域的一点点交集而已，传统零售业同样可以合理利用大数据，并在数据分析的基础上，找到吸引顾客目光、留住回头客的营销策略。

10.3　销售行业大数据的应用案例

当一部分人对大数据的研究还停留在在概念阶段和初步应用阶段时，一些企业已经将大数据运用得非常熟练了。如果企业能够把大数据的成功应用作为目标，去借鉴、学习成功的案例，那么自身在大数据的应用上也会少走许多弯路。这一节，就来重点为读者介绍销售行业的大数据应用案例，帮读者指明大数据的应用方向。

10.3.1 利用大数据开发交易数据系统

利用大数据开发交易数据系统

淘宝每天会进行许多的交易，这些交易的记录包括了交易时间、产品价格、购买数量等信息，更重要的是，这些信息可以与买方、卖方的年龄、性别、地址，甚至兴趣爱好等个人特征信息相匹配，这样就形成了一个庞大的交易数据，这些数据资源别说是普通的零售超市，就是一线城市的大型购物中心都很难获取到，而互联网时代的淘宝却可以轻易做到。

为了巧妙地运用这些数据信息，淘宝网开放网站所有的交易数据，并将其命名为“数据魔方”。其开通“数据魔方”的主要目的是，分析淘宝平台的行业趋势和规模、消费者的行为数据、热销榜单和搜索信息，从而帮助店铺分析访客的行为。具体来说，“数据魔方”主要具有以下 3 个方面的功能，如图 10-3 所示。

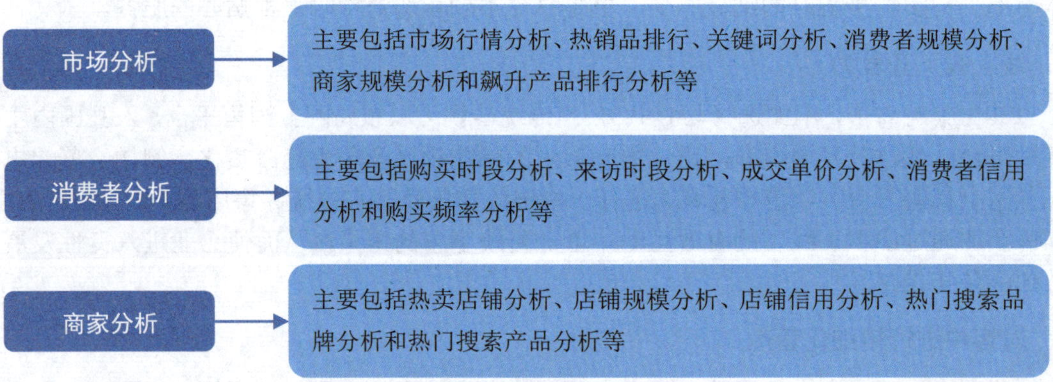

图 10-3 “数据魔方”的主要功能

对于淘宝来说，“数据魔方”的主要任务就是获取数据，通过获取的数据来分析市场、了解市场行情，从而为商家提供最新的商业资讯，为商家建立更好的销售平台。例如，今年春天流行穿什么？喝什么？玩什么？网上热销的品牌、热搜的关键词又是什么？这些问题都能通过淘宝的“数据魔方”来一一解答。

对于消费者来说，最大的好处就是提供方便，如今消费者的消费大部分都是主动消费，消费者是否购买产品，很大一部分取决于商家的推荐力度。如果产品足够好，价格足够优惠，就算消费者不是很需要，可能也会去买。

对于商家来说，“数据魔方”无疑就是一个大型的数据库，通过这个数据库，商家可以了解热卖的店铺以及规模等信息，从而分析出各个行情销售情况，以及热门的品牌与产品，为商家提供正确的销售方向。

例如，每年 3 月正是新茶上市的时节，淘宝“数据魔方”的月度数据显示，此时消费者在进行搜索时，与茶叶相关的搜索词热度猛增。也就是说，茶叶是很多用户都比较感兴趣的品类。那么，商家就可以根据这些数据，调整经营方向，多购进茶叶，并通过不同茶叶的销量，进行更加细致化的分类，购进适量的茶叶。

又如，“数据魔方”某年 5 月的数据显示，连衣裙是销量的主流，占到总销售额的 22.27%。

和往年相比，T 恤占到女装总销量的 15.01%。与此同时，淘宝女装类目集结了淘宝上数十家家优秀女装店铺进行春季专场促销，各店家都奉上最能代表自己店铺的人气搭配，消费者可以直接将一整套搭配好的衣服买回家，省去了搭配的时间和精力。某淘宝店铺的碎花连衣裙只需要 176 元，无论是款式还是价格上都还是可以接受的，如图 10-4 所示。

图 10-4　某淘宝店铺的碎花连衣裙

10.3.2　利用大数据挖掘母婴零售市场

利用大数据挖掘母婴零售市场

目前中国的母婴零售店遍地开花，市场的竞争也越来越激烈。越来越多的母婴零售店与大型超市一样，都采用了会员制度，并开设会员日，以“会员专享优惠”“多倍积分”“积分兑换产品”等优惠方式吸引大批新的消费者。而消费者为了获得更多的优惠就会留下个人手机号码、宝宝性别、宝宝月龄、家庭地址等相关信息。

虽然并不是所有消费者都会办理会员卡，但是不得不承认，办理会员卡的消费者要占大多数，这也就积累了越来越多的会员数据。在数据化管理的时代，会员的消费数据就是公司的一笔财富。如何对会员数据进行深入挖掘，更好地帮助母婴零售商和母婴品牌商共同把生意做大做好，成了母婴店关注的焦点。

要想通过数据挖掘帮助母婴零售商和品牌商把生意做得更好、更强，是需要一个数据分析过程的。通常，母婴店利用大数据扩大生意需要经过以下 4 个步骤，下面就来具体进行解读。

1. 挖掘潜力消费者

不同的群体具备不同的行为特征，所以不同的消费群体所采取的营销策略也不一样。母婴零售行业也不例外，只有对会员有效地进行细分，然后针对不同的会员采取相符的营销政策，才能更好地达到相应的营销效果。通常来说，母婴零售店的会员主要分为以下 4 大类客户。

（1）新妈妈 / 孕妈妈

新妈妈 / 孕妈妈主要指最近 3 个月新招募过来的，且小孩年龄在 0～3 岁左右的妈妈，或者是还在怀孕期的妈妈，并且在该母婴店没有任何消费记录的会员。

（2）成熟妈妈

成熟妈妈是指最近 3 个月招募回来的，但小孩年龄已经超过了 3 岁的妈妈，并且在该母婴店没有任何消费记录的会员。

（3）奶粉购买会员

奶粉购买会员是指小孩的年龄在 0~3 岁且在该母婴店购买过奶粉的会员。

（4）奶粉沉睡会员

奶粉沉睡会员是指小孩的年龄在 0~3 岁且在该母婴店购买过非奶粉的会员。

对会员进行分类的目的就是挖掘高档奶粉的潜在消费者，帮助母婴零售店获得更多收益。购买奶粉的会员可以细分为高档奶粉消费者及高档奶粉潜力消费者两种。商家和品牌方需要找出那些具有消费能力的客户进行激活，并在此基础上寻找潜在高档奶粉消费者。

通过对会员数据的有效细分，寻找潜在目标用户，并针对不同的客户群体进行营销，例如增加高档奶粉消费者的来店频率，而对高档奶粉潜力消费者，则让其增加单次的购买额，这样才能最大程度地释放其消费价值。

2．判断客户价值

不同的消费者在消费观念上有很大的不同，母婴消费也是如此，比如有的妈妈倾向于买很贵的尿片，而有的妈妈则认为买中档品牌就可以了，因此进行客户细分之后，还要对他们的消费价值进行预判。

母婴店获取了会员的消费信息之后，要做的就是判断不同客户所能产生的商业价值。通常来说，可以从以下 3 个角度进行判断会员的价值。

（1）分析是否有关联产品

“啤酒与尿布”的案例大家再熟悉不过了，通过数据挖掘的购物篮分析去研究购买者行为特征的。通过购物篮分析可以发现，很多客户在购买高档奶粉的同时，也会购买某品牌的婴儿专用洗衣液，那么该品牌的婴儿洗衣液就是该高档奶粉的亲缘品类。通过亲缘品来的购买情况可以分析出，购买目标品牌的消费者是否需要购买亲缘品，以便做出合理的推荐。

▶ 专家指点

购物篮分析是一种在零售业和市场营销中常用的数据分析技术，旨在识别和理解消费者购物的模式。这种分析主要关注顾客在一次购物中购买的产品组合，以揭示产品之间的关联性和购物习惯。

（2）判断会员消费能力

家庭条件好与差是影响购买产品高档与否的一种因素，但并不是唯一因素，例如，家庭条件差一点的同样会去购买高档婴儿用品，那么通过什么判断会员的消费能力就成了关键。

商家通常会根据会员所购买的一系列产品来判断消费者的消费水平，如果会员在购买了高档奶粉的同时，又购买了高档奶瓶、高档手推车等，那么他的消费水平应该不会差，这些会员则是高档婴儿用品的潜在会员。

（3）利用会员信息纠正会员的价值

会员在做登记时，母婴店通常会要求留下联系电话和住址等相关信息，这不仅可以方便后期更好地进行精准营销，更重要的是通过登记地址信息梳理，可以辅助纠正会员的消费价值。所以在进行会员价值判断的时候，必须对会员的历史消费记录、登记地址进行梳理，这样才能更有效地识别会员的价值，从而找到潜在的高档婴儿奶粉的潜在目标。

例如，某会员在母婴店购买了中档婴儿奶粉以及相关产品，结合以往的购买记录很容易发现这位会员的消费水平一般，但是再结合会员登记的地址，发现该会员住的是一个高档小区，所以由此可以判断，该会员是可以发展为高消费能力的潜在会员。

所以，判断会员的价值要从多方面分析，利用信息之间的相互佐证，来判断会员更倾向于哪种消费水平。母婴店通过多角度的会员数据分析，可以将会员大致分为 4 类，如图 10-5 所示。

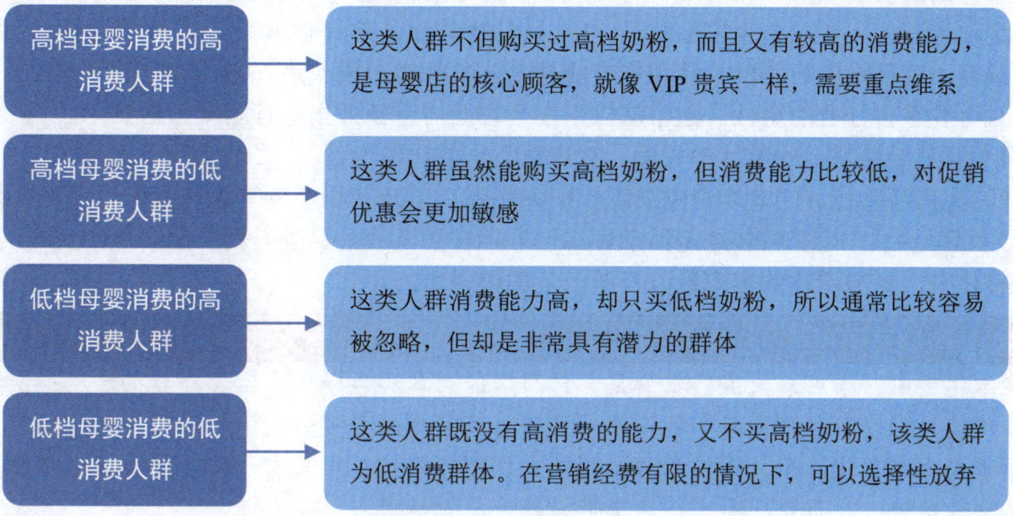

图 10-5　母婴店通过多角度的会员数据分析的分类

3．设计合理的营销活动

大部分的零售商每个月总要搞那么几次活动来扩大效益，那么如何设计合理的营销活动就成为了讨论的焦点。对会员进行营销推广有很多不同的形式，其推广的目的也不一样。推广营销通常有这几个目的：引起试用产品、使消费者重复购买、鼓励增加购买量、刺激非计划购买、增强广告促销效果、巩固品牌形象。零售商可以根据不同的营销目的实行与之相适应的促销方式，如表 10-1 所示。

表 10-1　促销方式与销售目的

促销方式 / 营销目的	卖点促销	赠优惠券	赠送样品	价格折扣	举办竞赛	购买奖励	免费包装
引起试用产品	√	√	√	√	√		
使消费者重复购买		√		√			√
鼓励增加购买量		√		√		√	√
刺激非计划购买	√	√		√		√	√
增强广告促销效果					√		
巩固品牌形象					√	√	

母婴产品销售推广也是这个道理，结合不同的婴儿奶粉细分客户群，针对不同的营销目的，匹配相应的营销活动设计，能够更有效地提高营销活动的成功率。

4. 营销效果评估

当前面的工作都有序地完成了之后，就需要进行科学的营销效果评估，以帮助母婴零售店及时了解营销活动的效果，同时发现营销执行中存在的问题，不断优化营销活动的方案。

营销效果评估主要从5个方面尽显，所以也被称为“5度评估体系”。这5个方面包括营销目标完成度、营销推广响应度、营销推广成功度、参加客户成长度、参加客户满意度。

针对母婴零售行业的特性，通常从以下3个方面对营销效果进行科学评估。

（1）营销活动前后的整体销售额、客户数大小变化情况。

（2）营销活动前后的老客户响应度、购物频率，以及购物金额等关键指标的变化情况。

（3）沉睡会员（指那些曾经是活跃顾客但近期在购买或与品牌互动方面表现较为冷淡的会员）的转化率、参与活动的客户数以及所产生的销售额。

▶ 专家指点

在本案例中，给人最大的感觉就是，母婴店通过各种手段、利用各种数据信息，挖掘各种商业价值，带动各种可能进行的消费，从而为商家带来更多的利润。不得不承认，这种方式的数据挖掘与数据利用，是将数据的价值发挥到了极致，也只有这样，大数据才能发挥它最大的商业价值，为企业、商家、品牌带来最大化的利润。

10.3.3 利用大数据升级在线购物系统

利用大数据升级在线购物系统

元宵节、端午节、中秋节，随着各种节日的相继来临，网购礼品的热潮让商家体验着一波又一波的狂欢盛宴。在国内，最早用折扣吸引大众眼球的，不是淘宝和京东，而是上品折扣。

上品折扣是中国都市型百货折扣连锁店旗舰品牌，其门类涵盖了几乎所有的百货产品，如各种知名品牌的服装饰品、运动用品、休闲用品、户外用品、儿童用品、家居生活用品、皮具箱包、化妆品和钟表等。

上品折扣率先在传统零售商中开展了B2C网上商城业务，并在行业中逐渐处于领先的地位。上品折扣旗下的官方购物网站“上品折扣网”上线之后，实现了由单店购物系统到多店购物系统的升级。下面，就来为读者介绍上品折扣购物系统升级的具体举措。

▶ 专家指点

B2C是商业术语，代表“business to consumer”（企业对消费者）。B2C指的是一种商业模式，其中企业直接向消费者销售产品或提供服务，绕过中间商和批发商。在B2C模式中，企业通过各种销售渠道，如网上商店、实体零售店、目录销售等，直接与人顾客进行交易。

1. 对所有进店产品进行数据采集

上品折扣公司要求每个进店的品牌、供应商等都将搜集到的信息，全部进行详细的录入，并实时更新。公司为所有门店的所有员工配备了平板电脑，所有产品信息必须从平板电脑录入、用平板电脑开票，这样销售数据全都汇聚到了上品折扣的数据库中。

后来，上品折扣又自己独立研发安卓应用终端，所有导购员通过平板电脑录入产品数据，使产品信息全部数字化。这样公司就可以根据这些录入的数据信息进行产品调配，导购员也可以查询产品的具体信息，帮助顾客下单购买。

2．实现门店的数据共享

各个门店之间想要做到业务的融合，就必须做到数据的共享。所以，2009年7月，当上品折扣网正式上线时，其产品信息系统实现了线上线下、店与店之间的互通，无论哪个渠道售出了产品，其后台的单品管理系统都会实时锁定该产品，这样所有的销售数据，任何一家门店、线上商店都能获取到。

3．利用数据进行产品规划

上品折扣公司有一个产品规划部，它的职责是依托后台系统支持，制定年、季、周的产品营销计划。每个营销计划都要参照以往的销售数据、物价变动、市场发展趋势、气候变化等综合因素，然后再细化到每个产品的价格区间、产品颜色等内容。

4．逐步尝试产品定制

上品折扣推出了“定制化产品”，即提前半年与知名品牌商预约下一季的款式，在质量与潮流元素不变的情况下做出部分“减法”，以便形成价格优势，适应折扣店的销售需求。

通过数字化的单品管理，为上品折扣进行战略的调整和转型提供了非常大的空间，也使他们在电子商务大潮到来之际显得比其他传统零售企业更从容。上品折扣积累了大量数据，为了利用好这些数据为企业和供应商服务，上品折扣开始了BI分析的探索之路。

在北京中关村的一家上品折扣店内，出现了一台带有触摸大屏的导购机。顾客只要用手指在屏幕上随便浏览点击，上面就会显示产品的所有信息，例如，产品的价格、品牌商、尺码和库存等信息，以及在店内的货架位置。这还不是主要的，顾客还可以用手指拖拽几件同类产品到显示屏中央，进行全方面的对比，甚至还可以发邮件给亲朋好友，请他们给出合理的建议。

通过本案例中的营销过程可以看出，在大数据时代，数据库的重要性，不仅仅是线下线上和电商业务，未来的数据管理、实体店、营销、会员体系等，全部都需要一个更智能的数据库去做支撑。

> ▶ 专家指点
>
> 尽管不断涌现的新技术正在快速催生新一代的消费者，但对诸多传统零售商，特别是百货零售商而言，面对不确定的战略转型路径，那些敢冒风险、大胆探索的企业的成功经验是值得关注的。

10.3.4 利用大数据扭亏为盈

利用大数据扭亏为盈

英国的某位男子毕业于牛津大学，他在美林和拉扎德做了15年的并购专家之后，离开自己的老本行，开起了酒吧公司。他已经收购了几百家经营不善的酒吧，并从追踪啤酒价格、日销售波动、顾客饮酒偏好等各处细节入手，帮助这些酒吧扭亏为盈。

想要让这些酒吧扭亏为盈，了解定价以及酒水种类是关键，而许多酒吧恰恰缺乏这类数据。在他看来，英国酒吧因为缺乏对自身经营的关注，已经在很长时间里受到不利影响。如果能够让定价和产品成为业务核心，那么绝佳的机会就摆在了眼前。

英国啤酒与酒吧协会提供的数据显示，在经济衰退、超市售卖更便宜酒类等多重因素的冲击下，整个英国已有大约1万家酒吧关门，酒吧的啤酒销量也大幅下降，由此导致那些之前急于扩张的酒吧被债务压垮。

不过如今，酒吧业经历的寒冬正在逐渐消融，这要感谢像这位英国男子这样的投资者。在下滑了 6 年之后，开业一年以上的酒吧已连续数月实现销售额的不断上涨，各个酒吧也因此看到了希望。整个英国的酒吧大致可以分为以下 3 类，如图 10-6 所示。

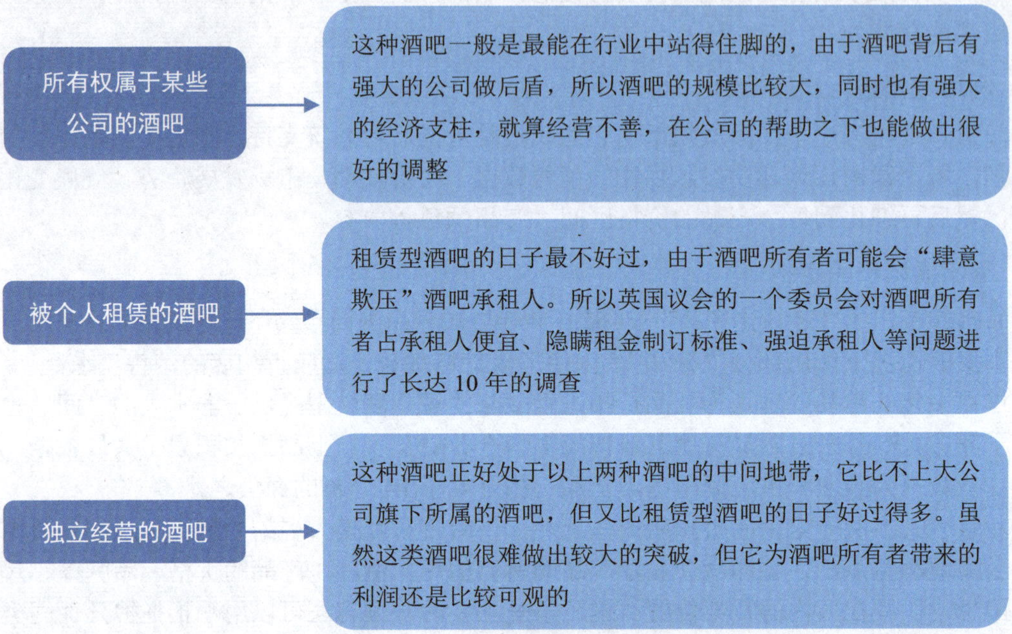

图 10-6　英国酒吧大致分类

而这位英国男子看中的酒吧大多是租赁型酒吧，他在每家酒吧投入了 1 万到 10 万英镑不等的资金进行翻新，并且安装了新式触摸屏收银机，该收银机能够连接到一个中心数据库，方便他观察酒吧卖出了哪些酒，又有哪些酒无人问津。

他在过去一位银行业同事的帮助下，对酒吧的潜在销售额和利润进行预测，分析顾客可能会点什么酒，以及他们愿意付多少钱。他还希望改善同酒吧承租人的关系，要求公司经理每周与酒吧承租人碰面，讨论供应哪些啤酒、如何定价，以及怎样才能让自己的酒吧在众多竞争者中脱颖而出。

除此以外，要吸引英国人进酒吧还需要营造出轻松惬意的氛围。在赫特福德郡韦林的白马酒吧，当顾客走进酒吧的时候，大部分顾客都觉得自己就像是电影《欢乐酒店》里的诺姆。

就这样，通过追踪啤酒价格、分析顾客饮酒偏好等细节数据，他帮助这些酒吧扭亏为盈，同时也为自己创造了巨大的利润。他通过对酒吧啤酒价格的追踪、顾客饮酒的偏好等相关数据分析，将一个个濒临倒闭的酒吧扭亏为盈。就好像其他销售行业一样，酒吧行业中顾客就是市场，就算是处于逆境，只要能够抓住顾客，就能变被动为主动、变亏损为盈利。

10.3.5　利用大数据化解货品的库存危机

利用大数据化解货品的库存危机

国内大型的招聘网站上曾出现过一则阿迪达斯公司的招聘广告，职位为 Inventory Sales Specialist（存货销售专员），工作地点为阿迪达斯中国区总部。该职位描述的首要条件是：能够按照不同渠道的实际库存情况，制定一个年度库存削减计划。

这样的招聘信息在平时并不会引起人的关注，而在众多渠道商纷纷大面积低价清理手头存货，有人退出、有人倒闭，甚至有经销商干脆不去阿迪达斯处提货的情况下，它的意义就显得很不寻常了。越来越多的事实表明，存货问题已经让阿迪达斯进入到一个危机之中，将对其今后的发展造成影响。

与阿迪达斯一样乐观地预期市场增长的渠道商们发现，由于市场并未达到预期，经销商多拿的货变成了自己身上的“沉重包袱”。迫于经营压力，甚至有一些经销商因缺少现金宁愿违反协议也拒不提货。由于阿迪达斯与经销商采取的是货到付款的方式，这些未根据协议提走的、积压在阿迪达斯仓库中的货品总额甚至高达上亿人民币。

库存危机出现后，阿迪达斯从“批发型”公司转为“零售驱动型”公司，它从过去只关注把产品卖给经销商，变成了将产品卖到终端消费者手中的有力推动者。而数据收集分析，恰恰能让其更好地帮助经销商提高售罄率。

阿迪达斯产品线丰富，过去，面对展厅里各式各样的产品，经销商很容易按个人偏好下订单。现在，阿迪达斯会用数据说话，帮助经销商选择适合的产品，其具体举措如图 10-7 所示。

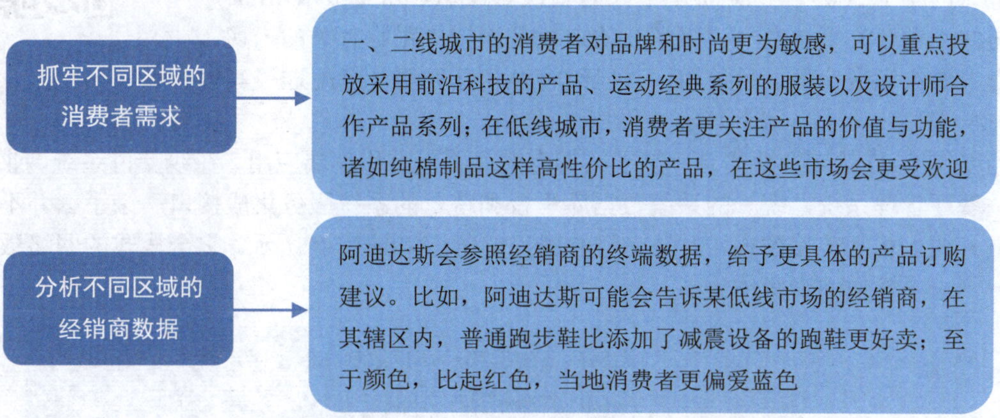

图 10-7　阿迪达斯帮助经销商选择适合产品的具体举措

阿迪达斯的订货方式，得到了经销商们的认可。一方面降低了他们的库存，另一方面增加了单店的销售率。卖得更多，销售率更高，也意味着更高的利润。挖掘大数据，让阿迪达斯有了许多有趣的发现。例如，同为一线城市，北京和上海消费趋势不同，气候是主要的影响因素。实际上，对大数据的运用，也顺应了阿迪达斯大中华区战略转型的需要。

下面看一位阿迪达斯的忠实经销商是如何利用大数据度过危机并走向成功的。某经销商在福建省泉州市的一个沿海县级市南安开了一家新店。南安算上周边地区也有 100 多万人口，它一般会被定义为四线或五线城市。

该经销商是阿迪达斯在福建的经销商，当他把第一家阿迪达斯门店开到南安的时候，南安还只有一个购物中心，门店第一年的利润是 12 万元。现在，随着另一个受到年轻人欢迎的购物中心的建起，该经销商也挑选了一个临街的好位置，开了一家 120 平方米的新店。

该经销商看着同行大多仍身陷库存的泥潭，他庆幸自己选对了合作伙伴。他的公司与阿迪达斯合作已有 10 多年，如今旗下已拥有 100 多家阿迪达斯门店。他说：“之前库存问题确实很严重，但我们一起解决问题，生意再次回到了正轨。”

现在，该经销商每天都会收集门店的销售数据，并将它们上传至阿迪达斯的数据库。收到数据后，阿迪达斯对数据进行整合、分析，再用于指导经销商卖货。研究这些数据，让阿迪达斯和经销商们可以更准确地了解当地消费者对产品颜色、款式、功能的偏好，同时知道什么价位的产品更容易被接受。

阿迪达斯通过与经销商的紧密合作，已统计到更为确切可靠的终端消费数据，帮助自己重新定义了产品供给组合，从而可以在适当的时机，将符合消费者口味的产品投放到相应的区域。简而言之，阿迪达斯还只是利用数据对客户进行细分，然后开展针对性营销。

不过，阿迪达斯还缺乏创新能力，想要创新就必须要学会利用大数据的“预知”能力。企业可以利用大数据事先捕捉顾客的关注点和需求，并且给出可执行的解决方案。另一方面，社交媒体、电子商务、物联网等新应用的兴起，打破了企业原有价值链为围墙，仅对原有价值链各个环节的数据进行分析，已经不能满足需求。企业需要借助大数据战略打破数据边界，更为全面地了解运营环境的全景图。

10.3.6 利用大数据提供全栈式的服务

利用大数据提供全栈式的服务

饿了么创立于 2009 年，是中国最大的餐饮 O2O（Online to Offline，即线上与线下融合）平台之一。饿了么的定位是连接“跟吃有关的一切”，除了现有的餐饮配送业务，目前饿了么已经将触角延伸至商超配送等其他领域。

作为餐饮 O2O 的专业化平台，饿了么拥有网站系统、移动端应用、在线支付系统、业务后台系统、餐厅管理系统、统一的系统数据库平台和统一的系统服务集成接口。饿了么并不是简单的线下和线上相互转移模式，而是完整的服务链条，如图 10-8 所示。它全栈式的网络数据服务为用户带来了愉悦的消费体验。

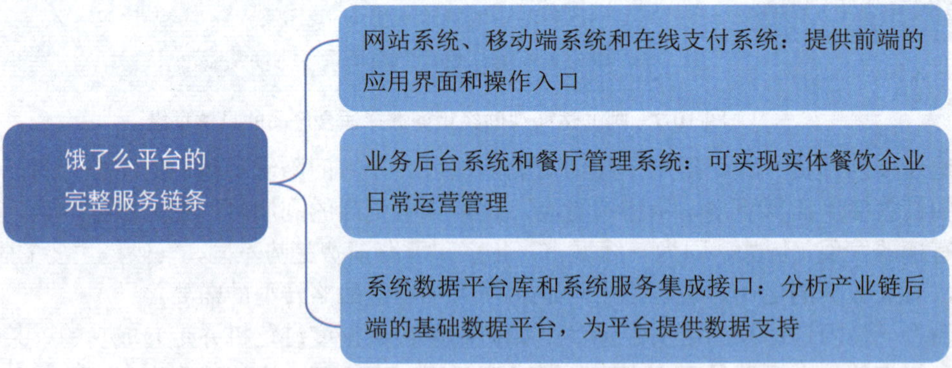

图 10-8　饿了么平台完整的服务链条

在诸多餐饮商家意识、人财物等方面不健全的条件下，饿了么深耕实体，在传统企业电商化改造方面应该颇具实际意义。

饿了么会根据后台的数据，为用户推荐附近的美食或团购活动。另外，饿了么还建立了“蜂鸟配送”，以及更加智能的“方舟”调度系统，提高外卖平台的物流运营效率，将每个订单分配给最合适的骑手，为每位骑手规划最佳路径，让骑手可以精确地将外卖送到每位顾客手上。

除此之外，饿了么还在研发无人机配餐，其推出的无人机最高飞行时速可达 65 千米，可以让外卖配送更加完全高效，为智能零售开辟新的路径，如图 10-9 所示。

图 10-9　饿了么的无人机配餐

10.3.7　利用大数据提高企业的运转效率

可口可乐是家喻户晓的饮料品牌之一，随着中国民族饮料品牌的蓬勃发展，以可口可乐为代表的外国饮料企业逐渐感受到强烈的威胁。作为快速消费品行业的代表企业，可口可乐在销售数据和库存管理方面出现了以下 4 大问题。

（1）销售数据滞后或失真，影响营销决策。

（2）资金挤占和坏账损失，导致财务危机。

（3）库存数据不准确、不及时，导致库存成本增加、流转效率低下。

（4）跨区域窜货，打乱企业整体的市场布局。

利用大数据提高企业的运转效率

面对竞争日益激烈的中国饮料市场，可口可乐公司开始思考改变管理模式，优化管理流程，提高管理的效率，从而更好地控制成本。

可口可乐公司通过借鉴其他消费品企业的数据管理经验，进行市场调查和产品试用评估，最终北京亿美软通走进了可口可乐公司的视线。北京亿美软通是具备国际水准的移动商务平台技术和应用方案提供商，是中国领先的移动商务服务商，它致力于为企业提供精准营销、高效管理和个性服务解决方案。

针对可口可乐公司的业务需求，亿美软通结合销售终端数据采集系统，推出“数据空港”大数据方案，为可口可乐分析其下属各分公司、连锁店、代理商的实时销售和库存情况，帮助可口可乐提高流程运转的效率。亿美软通“数据空港”大数据方案的优势体现在以下几点。

（1）拥有不同制式及多种传输方式，不受地域、运营商、IT 环境的限制。

（2）操作快捷方便，多种应用模式，能够满足不同企业的不同需求。

（3）实现与外部数据接口无缝对接，融合各种移动商务应用。

（4）管理逻辑灵活，支持多终端对多表单。

（5）安全性强，系统稳定，支持多用户吞吐，保证数据安全。

（6）运作模式成熟，为企业量身定制移动信息化应用服务。

通过亿美软通的大数据系统，可口可乐公司可实现以下功能。

（1）销售人员编辑固定格式的短信，将当日销售金额、售出产品明细等信息上行发送至总部；通过上行发送规定格式短信，销售人员向总部物流中心汇报库存物品的入库、出库、盘点情况并提报补货请求。

（2）总部发送下行短信下达各种通知：产品价格调整通知、促销信息和发薪通知等。

（3）实现总部重大事件的信息发布提醒和企业各层级人员之间的信息沟通。

（4）对上下行短信进行归档，并保存到历史数据表中，从而供数据统计部门进行汇总处理。

（5）在重大节日、员工生日时，总部行政部门发送短信，送上节日祝福和生日祝贺，为员工送上关怀，增强员工凝聚力。

借助亿美软通的“数据空港”大数据方案，可口可乐公司的各级管理者通过手机就能掌握各销售网点、销售地区的销售和库存情况，做出及时准确的销售分析，实现 24 小时的信息数据有效传达，从而快速响应市场，提高企业的管理水平和竞争实力。

可口可乐公司利用亿美软通的无限移动技术，为企业的管理层和终端销售人员提供了信息管理平台，提高了销售执行力，加强了沟通，规范了终端销售人员的工作流程，真正实现了移动化办公。

10.3.8 利用大数据集中管理销售数据

利用大数据集中管理销售数据

在上海某个超市的一个角落，农夫山泉的矿泉水静静地摆放在这里。来自农夫山泉的业务员每天例行公事地来到这个点，拍摄 10 张照片，展示水的摆放方式、位置和高度等信息。

这样的商店每个业务员一天要跑 15 个，按照规定，下班之前 150 张照片就被传回了杭州总部。每个业务员，每天产生的数据量达到 10 M，这似乎并不是个大数字。不过，把范围再扩大一点，这个数据就会变大。农夫山泉在全国有 10 000 个业务员，这样每天的数据就是 100 G，每个月为 3 TB。

挖掘这些数据到底有什么用呢？农夫山泉面对这些照片，很快找到了几个突破口。怎样摆放矿泉水更能促进销售？什么年龄的消费者在水堆前停留的时间更久，他们一次购买的量多大？气温的变化让购买行为发生了哪些改变？竞争对手的新包装对销售产生了怎样的影响？如果按照数据的属性来分类，“图片”属于典型的非关系型数据。系统地对非关系型数据进行分析，是农夫山泉在“大数据时代”必须迈出的一步。

农夫山泉决定甩开经销商，自己控制营销市场，并着手建立一支直接面向终端的一线业务代表团队。农夫山泉将工作的重点转向了营销信息化，开发了营销管理短信平台，借助 GPS 服务和全球定位增值业务，把每一个经销商、终端门店和终端业务员的销售数据集中起来管理。

借助手机终端，农夫山泉实现了对业务代表和销售人员的实时监控、管理，公司的管理触角直接由一级经销商扩展到零售门店，甚至直达终端消费者，牢牢掌握住了渠道。而将电子数据流作为依据，从订单到收货，农夫山泉也能够随时查询、分析所有的数据信息，为决策提供支持。目前，国内所有省市都有农夫山泉的业务员在使用手机终端运作业务，每月总短信量超过 1 000 万条之多，覆盖范围极广。

农夫山泉在全国有 10 多个水源地，把水灌装、配送、上架，一瓶超市售价 2 元的 550 ml 饮用水，其中就有 3 毛钱花在了运输上。因此，如何根据不同的变量因素来控制自己的物流成本，成为农夫山泉的核心问题。

在采购、仓储、配送这条线上，农夫山泉特别希望大数据的获取能解决 3 个顽症：首先是解决生产和销售的不平衡，准确获知该生产多少、送多少；其次，能将400家办事处、30个配送中心纳入到体系中来，形成一个动态网状结构，而非简单的树状结构；最后，让退货、残次等问题与生产基地能够实时连接起来。

对此，农夫山泉团队开始了场景开发，他们将很多数据纳入了进来：高速公路的收费、道路等级、天气、配送中心辐射半径、季节性变化、不同市场的售价、不同渠道的费用、各地的人力成本，甚至是突发性的需求（比如某城市召开一次大型运动会）。

在数据应用方面，农夫山泉希望借助数据库平台SAPHANA，实时分析海量的数据，加快应付账款管理、简化订单流程、优化库存管理、加速物料资源计划运算时间，从而在各种“端到端”业务流程中获得全新的商业价值。

有了强大的数据分析能力做支持后，农夫山泉在饮用水方面快速超越了原先的前三甲：康师傅、娃哈哈、可口可乐。根据国家统计局公布的数据来看，农夫山泉饮用水的市场份额几乎是康师傅、娃哈哈、可口可乐这3家之和。

作为一家后来居上的快消品企业，农夫山泉的产品线并不像可口可乐、康师傅、娃哈哈那么齐全。除了依靠特色产品之外，狠抓渠道管理、重视终端市场表现，并借助IT系统制定出快速反馈机制，是农夫山泉的致胜武器。

10.3.9　利用大数据进行企业的数字化转型

利用大数据进行企业的数字化转型

美特斯邦威的发展可谓是起起伏伏。这家“不走寻常路”的服装企业最风光的时候市值近400亿，后来又有一段时间市值不足百亿。它曾出现主营业务业绩下滑，大量库存产品积压和滞销等问题。但是，在它不断地尝试进行数字化转型之后，如今也成为深受年轻人喜爱的品牌之一。它的数字化转型之路具体可分为3步，如图10-10所示。

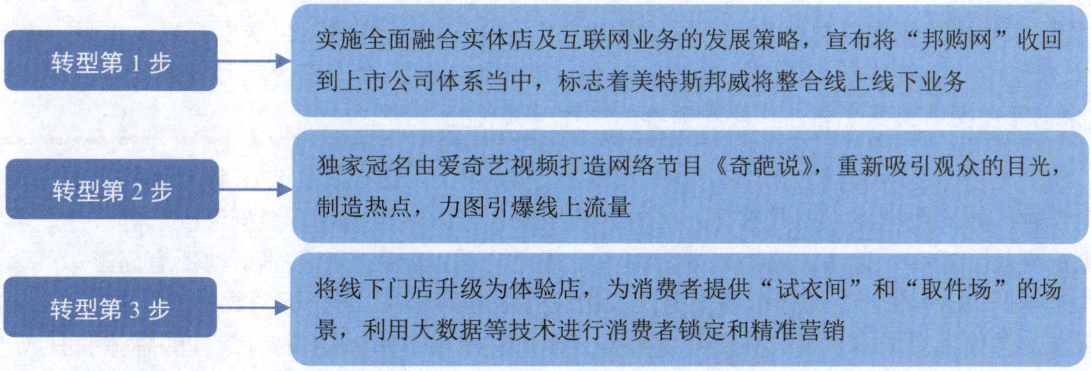

图10-10　美特斯邦威的数字化转型之路

另外，美特斯邦威还通过支付宝为消费者提供便捷的支付服务，借助相互打通的体系，进一步实现数据的共享和交叉分析，这也让美特斯邦威可以积累更多的线上数据。

10.3.10　利用大数据打造有特色的美食平台

利用大数据打造有特色的美食平台

“绝味”意为绝妙的、绝无仅有的味道，其经典的绝味鸭脖深受消费者的青睐。现在绝味全国门店突破10 000家。绝味2023年的营业收入达到 72 亿元，同比上涨超过了 8%，与 2022 年相比，2023 年的营业收入增长了近 6 亿。

一根看似毫不起眼的小鸭脖，能达到这样的规模，这是很多人没有想到的。目前，绝味已经为数千个加盟商实现了创业梦想，解决了数万名员工的就业问题。这一组数据揭示了绝味正是“小行业大市场”的企业典型，通过小小的鸭脖，绝味撬起了巨大的休闲熟食市场。

绝味在商业模式、管理方式、营销手段上都做了创新和尝试，才获得了今天的地位，这主要表现在 3 个方面，如图 10-11 所示。

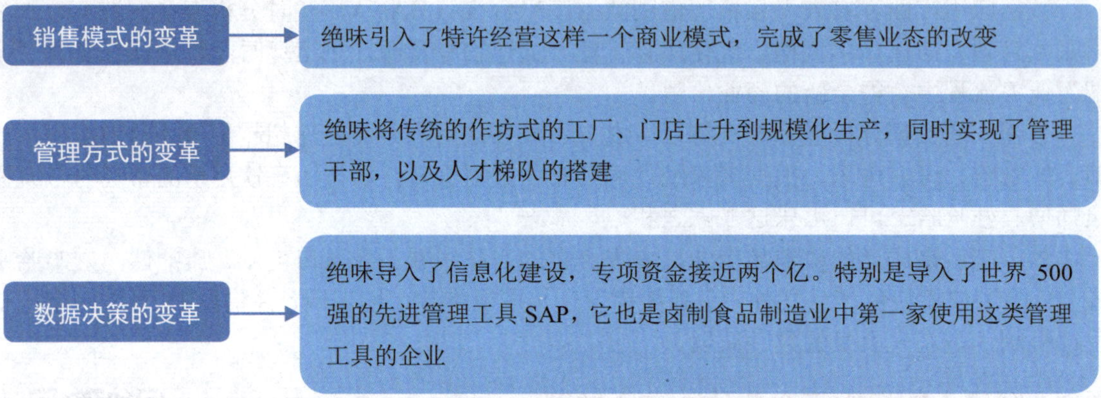

图 10-11　绝味的创新和尝试

> **▶ 专家指点**
>
> 例如，随着微信公众平台的推出，作为行业领导品牌的绝味敏锐地把握了这一极具价值的推广资源，已正式开通微信平台。使用微信的人大多年轻、时尚，追求新事物，这和绝味的目标人群相匹配。
>
> 通过微信平台，绝味能实现对目标人群“点对点”的信息推送和实时互动。微信平台将成为绝味和消费者之间最快捷的数据沟通桥梁。通过这一新媒体，消费者可以更方便、及时地了解绝味的相关信息、资讯，更便捷地参与绝味推出的活动，享受到更多的优惠。同时，绝味也可以提高消费者黏性，实现品牌的“病毒式传播”。

SAP 是目前全世界排名第一的 ERP 软件。根据应用场景的特性，SAP 针对性的数据库可以分为 5 种：行式数据库、列式数据库、内存数据库、嵌入式数据库、数据流处理等。由于客户数据的交易、迁移、存储、分离、分析都各有特点，不可能用一个技术解决所有问题。

基于此，SAP 在各个细分市场上提供了相应的数据库产品：在分析型数据库方面，Sybase IQ 有最佳的总体拥有成本表现；在交易型数据方面，SAP 的 Sybase ASE 有最佳的总体拥有成本；在移动以及嵌入式数据库方面，SAP 有 SQL Anywhere；在统一的实时数据管理平台上，SAP 也有对应的产品。

目前，绝味正在努力打造成一流特色美食平台，让“绝味”成为汇集各类美食的渠道，让消费者更便捷地获得健康、安全的美食。同时，绝味还将强势推广品牌，不断拓展经营加盟商，为加盟商提供更好的加盟环境，进而实现与消费者、加盟商三方共赢的商业生态圈。

▶ 专家指点

在本案例中，绝味通过与消费者的近距离深入互动，让消费者切实体会到娱乐、痛快的品牌感知，进一步融入了消费者的休闲生活，这不但提高了绝味品牌的美誉度，还为其进入互动营销新时代铺好了路。绝味还可以让大数据飞得更高，让企业具有无可比拟的竞争优势。

本章小结

本章主要介绍大数据在销售行业中的应用，包括大数据与销售行业的结合、大数据时代电商对传统零售的影响和销售行业大数据的应用案例，带领读者快速认识和了解大数据在销售行业的应用情况，让读者看清大数据对销售行业，特别是零售业的影响。

课后习题

1. 销售行业大数据的形成分为哪些阶段？请用文字一一列出。
2. 销售行业使用大数据的必要性体现在哪些方面？请用文字一一列出。

第 11 章 大数据在医疗行业中的应用

11

如果说什么行业对大数据资源的汇总及运用最为广泛，那一定是医疗。随着人们对医疗健康的日渐关注，医疗行业的发展也越来越趋向于数字化和智能化。本章将对大数据在医疗行业的价值，以及影响做了具体介绍，并例举了多个医疗应用案例，希望能够帮助读者更好地了解大数据。

本章重点

- 医疗行业大数据的基础知识
- 大数据对医疗行业的影响
- 医疗行业的大数据应用案例

11.1　医疗行业大数据的基础知识

医疗行业与人们的切身利益息息相关，大数据技术在此的应用市场也非常广泛。可以说，在大数据的推动下，医疗行业获得了更广阔的发展天地，并很好地为其服务水平的提升创造了条件。这一节就来重点解读医疗行业大数据的基础知识。

11.1.1　大数据是精准医疗时代的推手

大数据是精准
医疗时代的推手

大数据与医疗的结合具有非常可喜的发展。如果说精准医疗的时代即将到来，那么大数据就是它的关键助力和推手。借助医疗领域的众多实践经验，对各种与医疗相关的数据进行解读，可以获取更具优势的数据结论。

因此，只有妥善处理好数据运行效率和存储架构，大数据才能给医院带来价值。我国的医疗行业正在迈入大数据时代，其主要有以下两大特征，如图 11-1 所示。

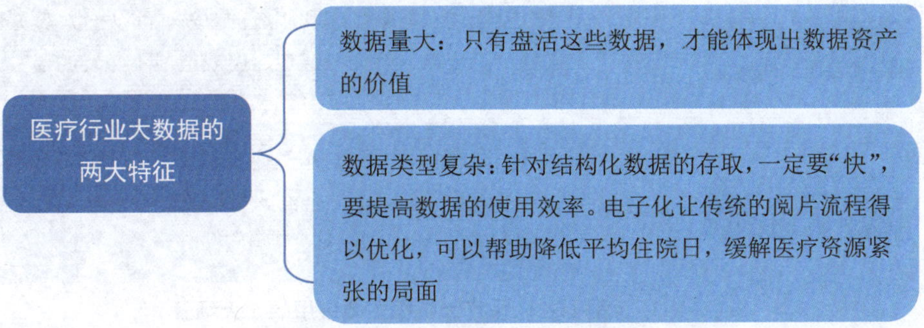

图 11-1　医疗行业大数据的两大特征

相信终有一天，每个老百姓都可以随时管理和查询自己的健康医疗数据。这样的数据将不仅仅是体检结果、日常健康行为监测数据和就诊记录，还可以衍生到基因数据，人们将从法律上拥有查看这些数据的权利。到那个时候，医疗行业大数据将发挥它的实际价值，也将对自身有一个更清晰明了的认识。

11.1.2　医疗行业大数据的应用场景广泛

医疗行业大数据的
应用场景广泛

在电子病历系统、电子处方软件、公共卫生报告和移动医疗设备等医疗产业中，充满了等待被使用的数据。随着时间的增加，会有越来越多的医疗数据需要被保存，它们要求在遇到某一相似病例时，能够被及时调出并发挥参考作用。下面将重点介绍医疗行业大数据的应用场景。

▶ 专家指点

医院和医疗行业面临的大数据主要有医学影像、视频（教学、监控）及文献等非结构化数据。由于这些数据增长很快且结构复杂，给数据管理和利用带来了较大的压力，导致存储与管理成本不断提高。

总的来说，医疗大数据主要应用在 5 大场景，在这些场景下，大数据的分析和应用都将发挥巨大的作用，如图 11-2 所示。

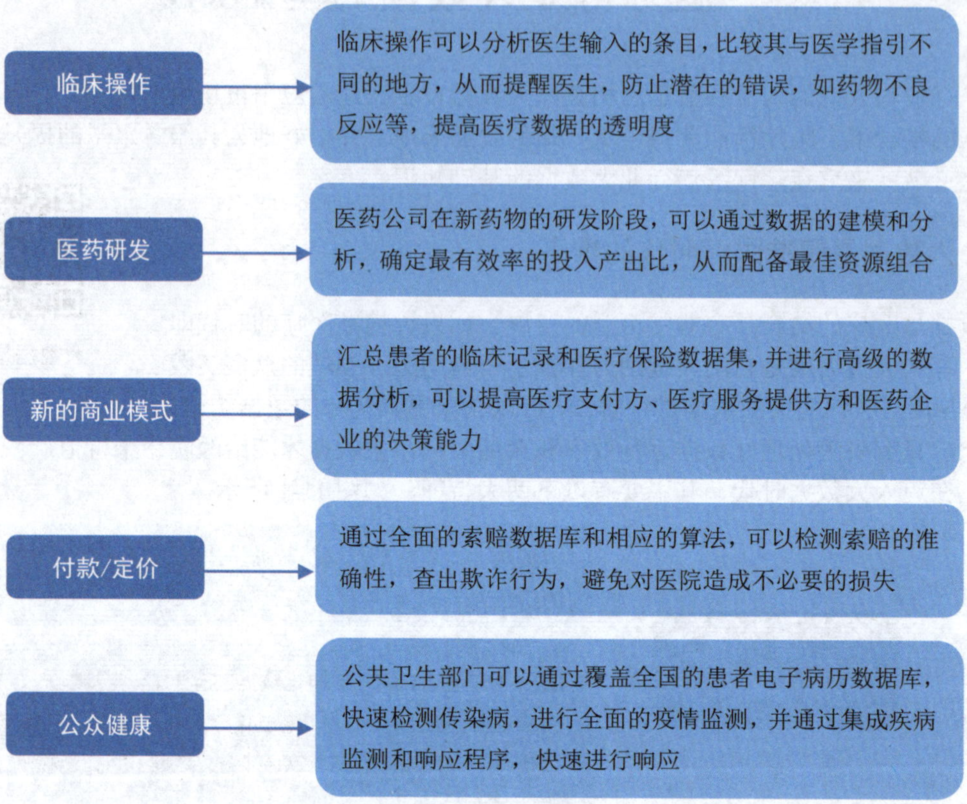

图 11-2　医疗大数据主要应用的 5 大场景

11.1.3　医疗行业大数据发展面临的挑战

医疗行业大数据发展面临的挑战

目前，大数据在医疗行业的应用还处于起步阶段，但大部分医疗企业和机构已经开始意识到大数据的重要性。要想真正地在医疗健康领域创造实际价值，仅仅靠掌握医院内部的数据是远远不够的，还要联合整个医疗行业的资源信息。无论是对于医院，还是对于医疗企业或机构来说，在大数据道路上的医疗应用都会面临不小的挑战。下面将从医院存在的挑战和医疗行业存在的挑战这两个方面来具体介绍。

1．医院存在的挑战

国人已经把健康大数据上升为国家战略，而面对大数据的挑战，医院必须考虑以下 3 个主要问题，具体如下。

（1）数据存储的问题。首先，医院系统应当具备突发情况的紧急处理能力，例如当突然停电时，系统是否能对未完成的业务进行自动存储和备份。如果数据不能迅速恢复，那将会对医院的人力物力造成浪费，并将直接影响患者的满意度。

（2）数据运行和服务的效率问题。数据的高效运行可以节省医生的时间，提高就诊效率，从而缓解医疗资源的紧张，以帮助更多的人及时就诊。

（3）大数据的成本问题。医疗数据越多，对医院造成的存储扩容压力就越大。所以，医院在保障效率的同时，要考虑医疗的成本问题。

2．行业存在的挑战

对于医疗行业来说，数据的共享具有重大意义。但是在实践过程中，仍具有一定的挑战，如图 11-3 所示。

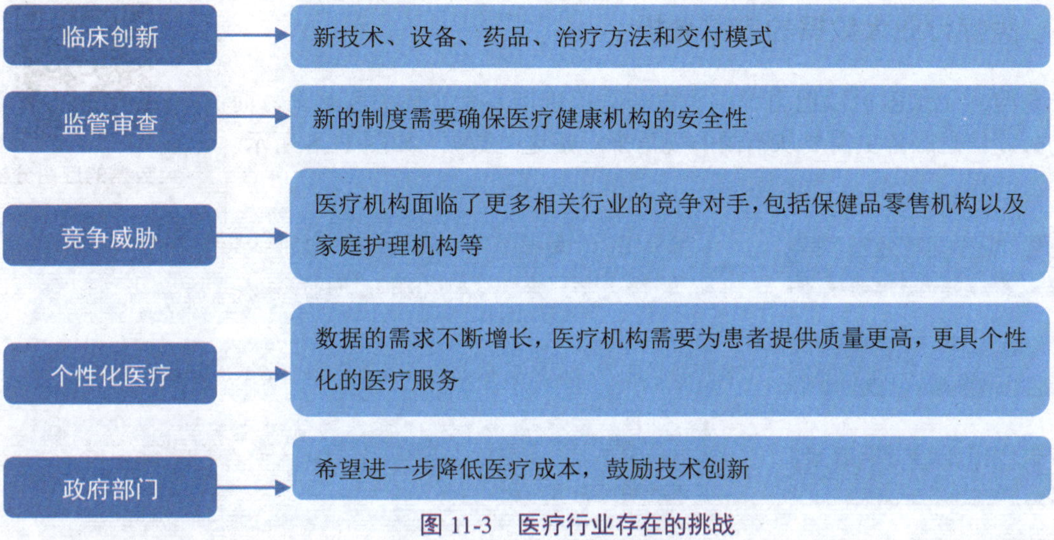

图 11-3　医疗行业存在的挑战

医学数据应该是严谨的，这些医学数据的多样性提高了大数据的处理和应用的难度，具体体现在以下 3 个方面，如图 11-4 所示。

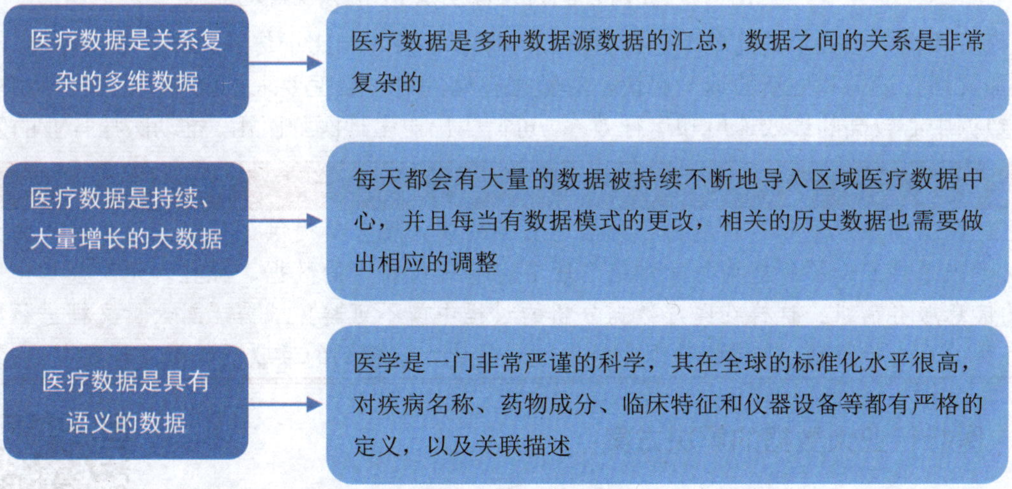

图 11-4　医学数据多样性提高难度的 3 个方面

医疗数据的一些特有性质，为医院管理和居民健康档案管理应用服务上的大数据分析带来了特殊的挑战。比如，一个简单的实验室检测，必须同时记录与之相对应的编码系统、检测时间、检验项目、标本编码以及相关联的患者就诊机构、申请医师标识号、审核医师标识号和正常值参考等，这些都增加了数据处理的难度。

▶ 专家指点

如何有效地将大数据存储成本降至最低，是企业和 IT 领导者，尤其是医疗大数据面临的根本性挑战。因为除了数据数量和形态的迅速增加，医疗数据还需要越来越长的保留期。患者的病历可能需要保存 70 或 80 年，甚至更长。许多情况下，病历还必须以原始格式永久保存，以满足法规要求。

11.1.4　医疗行业大数据的应用分析

大数据的应用分析

一条检测记录就可以把患者、医生和医疗机构多个实体关联起来，而不同的医疗信息服务更需要从不同的视角来观察这些数据，如图 11-5 所示。

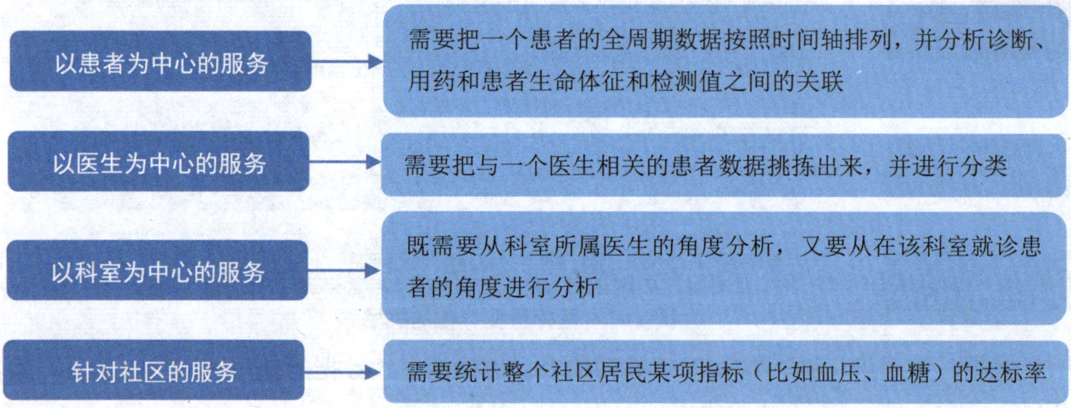

图 11-5　不同的医疗信息服务从不同视角观察数据

医疗大数据中心并不是简单地进行数据的存储和备份。相比于传统的医疗数据存储，它的路径更加灵活，读写和更新的速度更快，对数据存储的可扩展性要求也更高。但在应用方面，医疗大数据中心较高的读取速度和运行效率，可衍生出更多地医疗医用，推动医疗行业的发展。

▶ 专家指点

医疗数据的多维度和多粒度为各种信息服务的多角度分析提供了可能，但同时也为大数据分析带来了挑战：不可能为每一种信息服务存储一份特定的数据，况且也无法枚举出所有可能的信息服务需求。这样在医疗数据分析的过程中就不可避免地需要对大量文档进行解析和对各种关系进行推理。这样的数据分析处理过程比之前提到的互联网数据处理要复杂得多。

11.1.5　医疗行业大数据的解决方案

大数据的解决方案

在应用大数据时，根据医疗行业的特性，可得出特有的大数据解决方案，如图 11-6 所示。

图 11-6　医疗行业特有的大数据解决方案

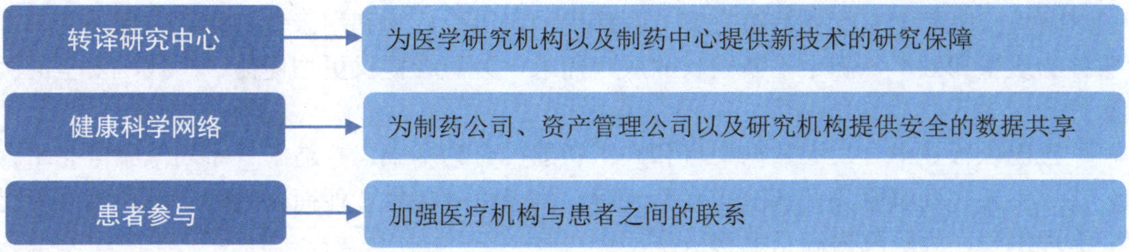

图 11-6（续）

11.2　大数据对医疗行业的影响

近年来，信息技术在快速改变着传统医疗行业。大数据时代，以数据为内容的移动医疗是否会颠覆传统医疗模式？它在医疗资源整合和医患关系改善方面又会有什么作为？本节将通过具体的案例讲解大数据对医疗行业的影响，希望能对读者有所帮助。

11.2.1　大数据推动医疗解决方案的出台

大数据推动医疗解决方案的出台

利用先进的阿里云数据平台和算法，阿里巴巴在智慧医疗方面就具有了得天独厚的优势。为了提升医疗机构服务能力，提高居民个人健康水平，阿里巴巴特地推出了阿里云医疗健康行业解决方案。

阿里云医疗健康行业解决方案是阿里云针对医疗健康行业推出的一系列云计算服务和解决方案，旨在帮助医疗健康行业实现数字化转型，提升服务效率、改善医疗质量、降低成本。这些解决方案涵盖了多个方面，如图 11-7 所示。

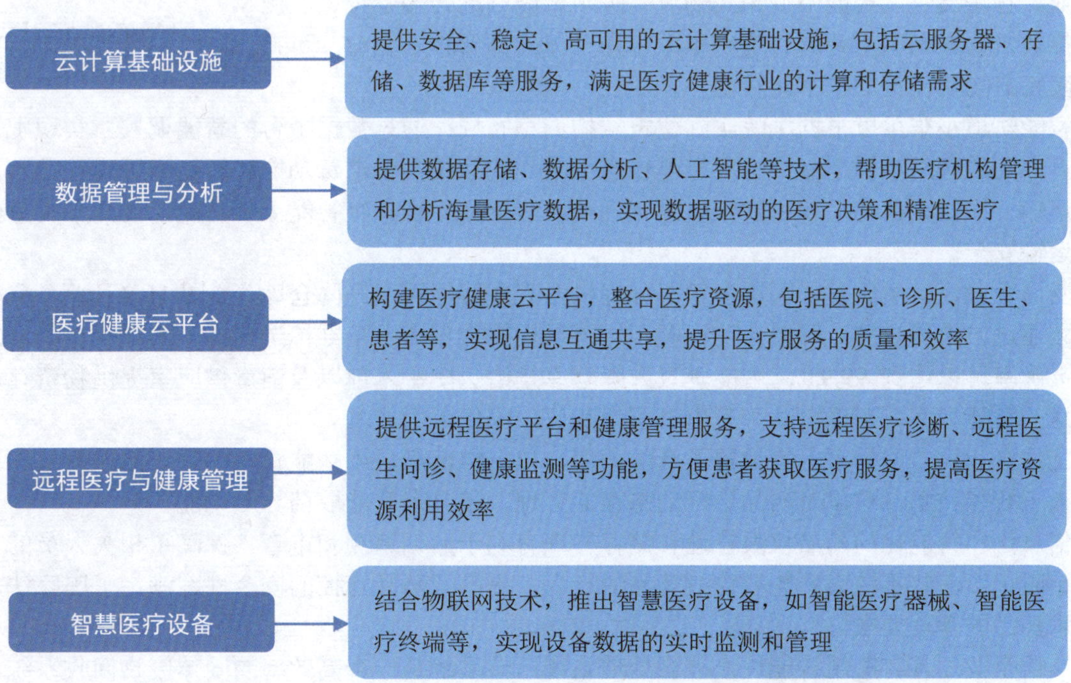

图 11-7　阿里云医疗健康行业解决方案涵盖的方面

通过阿里云医疗健康行业解决方案，医疗机构可以更好地利用云计算和大数据技术，提升医疗服务的质量和效率，满足不断增长的医疗需求，为患者提供更加便捷、高效、安全的医疗健康服务。

阿里巴巴以行业中台、大数据中台和人工智能中台为基础，打造了一系列健康信息平台，例如公共卫生云、药事服务云和医防联动云等，为老百姓提供了便捷的就医服务，为政府提升了行业治理水平，为医院提高了就诊效率。

云 HIS 解决方案是面向医院建立的统一数字化医疗服务流程，从数据采集到门诊，再到住院和形成病历，都可以通过云 HIS 解决方案进行全面管控，且部署方式十分灵活，支持各种医疗业务的创建，在许多医院都得到了良好的实践认证。

另外，阿里巴巴在医疗影像方面也取得了巨大的成就，一般来说，医疗行业要求医学影像要保留 15 年以上，这对医院的存储能力是一项非常大的挑战。传统的存储不仅成本高，读取速度慢，还需要反复检查。而阿里云无需修改接口，就可以为医院提供海量的云存储空间，从影像存储到影像智能，实现了医疗资源的备份和扩容。

阿里巴巴的影像云解决方案为医疗数据搭建了统一的共享平台，在社区、县镇级卫生院、市县级中心医院和省级综合医院中都得到了广泛的应用。

讲到医疗数据的管理，各位读者可能就会想到这么庞大的数据库，如何来保障它的信息安全呢？作为科技发展的巨头企业，阿里巴巴提交了一份完美的答卷。阿里云使用自主研发的深度学习算法，在全球各地域进行部署，其系统完全符合个人数据隐私的相关规定。

11.2.2 大数据推动全栈式医疗企业的发展

大数据推动全栈式医疗企业的发展

艾信智慧医疗是我国在智能物流领域唯一拥有全栈式医疗产品组合的企业。它是集医院智能中型箱式物流、医用智能气动传输系统、医用智能接驳机器人和医用智能轨道小车系统为一体的高新技术企业，可帮助医院完成物资传输的数字化转型。

智能轨道小车可以根据医院实际建筑结构调整布局，通过数据中台的智能调控，实现水平和垂直方向的医用物资运输。医用智能轨道小车物流系统具备消毒功能和智能水平感控技术，可以运输一次性无菌物品和不能倾斜的试剂或血液样品，还具有智能上锁功能，提高了贵重药品的运输安全。

艾信企业还自主研发了医用多箱层分拣机器人和智能垂直升降仓库，如图 11-8 所示。分拣机器人通过二维码导航，可以自动行驶，并可以根据数据后台精准拣选药品，实现全自动出入库，准确率可以达到 99.9%。智能垂直升降仓库是给医院手术部以及消毒供应室提供物资存储和输送的智能方案，可以自动分配出库下架货位，降低人力成本。

艾信企业还专门为手术室设置了麻醉药房，该麻醉药房采用智能管理权限，例如指纹和读卡等人工智能技术，可以对药品进行动态存储管理，还具有智能取药导航功能。

信息化和智能化的药品权限管理和储存管理有利于后期追溯和审查，保障了相关人员的安全，也防止了一些不法人士想要窃取药品的行为，提高了药品管控的安全性，满足了国家法规对手术药品的管理要求。

艾信企业还具有医用智能垃圾被服处理系统，该系统是一个高效率的固体废物回收系统，能对医院内所有的生活垃圾和床单被罩等非医疗性垃圾进行自动智能传输和收集处理。

通过艾信物资云平台对数据的智能调控和管理，可以实现多部门物资数据管理系统的对接，它的后勤管理系统也为现代医院数字化建设提供了保障。

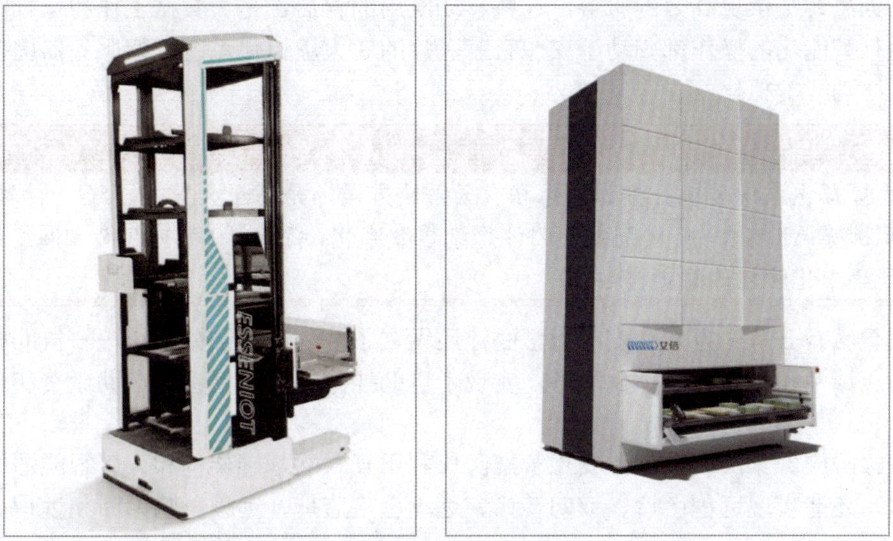

（a）　　　　　　　　　　（b）

图 11-8　医用多箱层分拣机器人和智能垂直升降仓库

图 11-9 为重力式垃圾被服处理机。该系统通过铺好的管道，利用重力和人工智能技术，形成自成一体的医院生活垃圾收集系统，可以有效避免二次污染。

图 11-9　重力式垃圾被服处理机

11.2.3　大数据推动智能医疗技术的进步

大数据推动智能医疗技术的进步

安想智慧医疗又称为平安联想智慧医疗，是新一代智能医疗技术的代表。平安是每个家庭的美好愿景，安想智慧医疗秉持着以患者为中心的理念，致力于为每一个家庭创造健康绿色的生活环境。安想智慧医疗分为智慧医院、智慧医疗和智慧健康 3 大部分。

顾名思义，智慧医院是专为医院打造的一系列综合业务系统，它具有许多核心功能，例如，线上预约管理、后台数据智能导医系统和智能分诊等。临床系统是安想智慧医疗的一大亮点，通过移动护理可以将医护业务拓展到手持终端，形成一个动态和实时的移动平台，为患者提供更高效的服务，这些移动应用的背后都是大数据工作和运行的体现。

这一系列智能化的操作都归功于安想智慧医疗的 3 大虚拟化系统，即服务器虚拟化、存储虚拟化和网络功能虚拟化。

▶ 专家指点

这 3 大虚拟化系统又统一称为联想私有云解决方案，是基于大数据、5G、计算机视觉技术和图像识别等 AI 技术，将医院复杂的诊疗流程数字化，将计算、数据存储和网络深度融合，为医院实现集中化管理的智能平台。

基于联想私有云解决方案，安想智慧医疗还设置了医院专业细分系统——自助机，为患者打造了诊前、诊中和诊后的一体化服务，实现了自助挂号、自助候诊、自助缴费和自助打印等功能。

为了积极响应国家医改政策，安想智慧医疗利用互联网基础架构和人工智能图像、视频和定位等技术，还能实现远程会诊、双向转诊、远程重症监护、远程影响诊断和远程心电诊断等功能。

11.2.4 大数据推动医疗知识图谱走向完善

大数据推动医疗知识图谱走向完善

依图科技凭借其先进的基础科技研究，在大数据、自然语言处理、计算机视觉以及算法推理等方面均取得突破，它秉持着将大数据与医疗行业相结合的理念，用新技术推动医疗行业向前发展。

依图科技的全域式自研技术应用在智能城市、智能医疗和智能商业等多个领域。在医疗方面，依图科技充分发挥其技术创新能力，将大数据技术嵌入医院临床工作，并形成智能互联网医疗平台，建立完善的专业医师标准和反馈机制。

基于依图科技完善的医疗知识图谱体系和云计算技术对医疗数据进行深度挖掘、提取与结构化处理，可为医院提供云计算＋大数据的科研平台，连接多项医疗业务。

另外，依图科技利用人工智能语音技术连接手机终端，为每一位用户打造了智能语音助手“小依”。“小依”具有强大的数据库，可以为用户提供基本医学问题的解答。

“小依”可以将语音转化为文字，帮助用户解决基础医疗问题。当它遇到紧急情况或难以处理的场景，就为用户推荐附近医院，让人人都能享受更好的医疗环境。

依图科技的人工智能技术与硬件的结合则体现在其儿童生长发育智能测评方案上。将全防护 X 骨龄摄片与人工智能测评系统深度融合，并对其摄片数据进行深层次分析，依图科技在帮助儿童进行疾病早筛和解决儿童放射问题方面做出了巨大贡献。

基于以上技术成果，依图科技联合广州妇女儿童医疗中心还研发了利用人工智能技术诊断儿科疾病的重磅科研成果，并在国际著名医学期刊《Nature Medicine》发表，对临床智能诊断来说具有重要意义。

基于 3D 的算法模型，依图科技还研发了胸部 CT 智能 4D 影像系统。该系统可以智能诊断胸部以及肺部的常见病变，并根据以往的案例对其数据进行全面的量化和智能分析，为临床影像诊断提供了丰富的决策信息。

11.3　医疗行业的大数据应用案例

随着科技的发展，智慧医疗有着日益广阔的发展空间。各大龙头企业也不甘落后，积极拓展医疗业务，形成了当今智慧医疗市场欣欣向荣的局面。本节将介绍医疗行业的大数据应用案例。

11.3.1　利用大数据推进基因组的研究

利用大数据推进基因组的研究

北卡罗莱纳大学（简称 UNC）在基因组测序技术上投入重资，以支持其医疗卫生系统更好地开展临床医护工作，同时推进基因组和生物基础研究。

该基因组测序技术需要处理大量数据，要求管理和分析数百乃至数千人员的基因组，以满足临床医生和研究人员的不同需求。具体来说，该基因组测序技术的工作流程主要分为以下 3 个阶段，如图 11-10 所示。

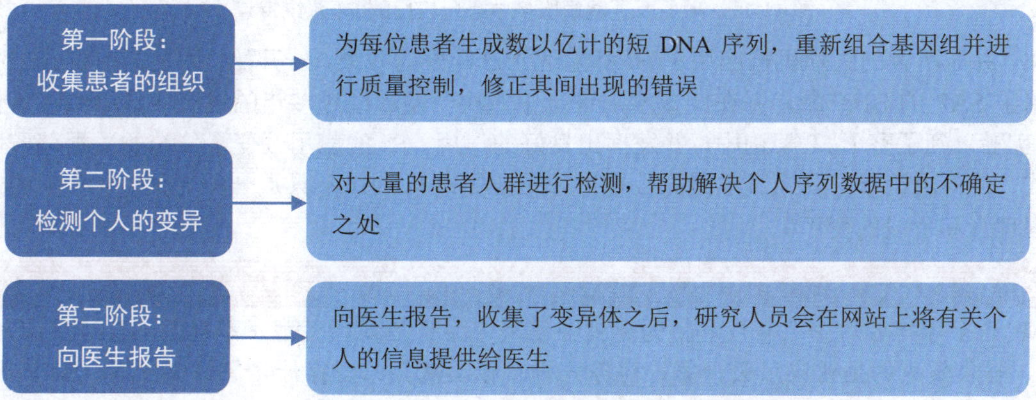

图 11-10　基因组测序技术的工作流程

北卡罗莱纳大学的解决方案依赖于一个大型商业集群，该集群使用 50 个基于英特尔处理器的刀片服务器，每周最多可处理 30 个基因组。目前，北卡罗莱纳大学在一个大型 EMC Isilon 数据系统上存储了大约数百 TB 的基因组数据。利用 Hadoop 系统，研究人员可以进行极具针对性的分析，很好地改进了 MapReduce（一种编程模型，用于大规模数据集的并行运算）的结构。

▶ 专家指点

刀片服务器是指在标准高度的机架式机箱内可插装多个卡式的服务器单元，是一种实现 HAHD（High Availability High Density，高可用高密度）的低成本服务器平台，刀片服务器就像“刀片”一样，每一块“刀片”实际上就是一块系统主板。

基因组测序是一项新技术，各种事项都在迅速变化中。人们现在提出的问题也在迅速变化，因此信息解决方案也必须具有可调整性。

总体说来，大多数医疗机构的数据来自临床、财务、操作的应用程序。临床数据能提高医疗质量，使人口健康管理变得简单；财务数据帮助医院对盈亏底线做成本分析；而操作数据能帮助进行设备管理和资源利用。把这些都综合在一起，就可以满足员工的需求，提高工作的效率，并提高护理的质量。

11.3.2 利用大数据构建医疗智能系统

利用大数据构建医疗智能系统

悉尼西区健康服务中心应用 BI 系统，使医院管理人员可以在几分钟，甚至几十秒之内，看到医院各个环节的运行状况和管理状态，以及各个病人的状态和医疗服务情况等。悉尼西区健康服务中心所应用的 BI 系统具备以下 3 个特点，如图 11-11 所示。

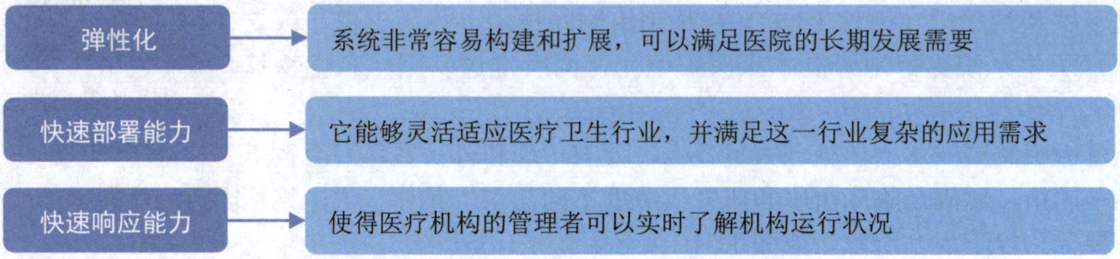

图 11-11　悉尼西区健康服务中心所应用的 BI 系统特点

当然，并非所有的医疗机构应用了 BI 都能达到这样好的效果，一开始，悉尼西区健康服务中心选用了 SAP 的 BI 产品，并在此技术上进行了二次开发，经过多年的发展，该中心终于使得 BI 切实融入到了整个 IT 架构中，并发挥出良好的作用。BI 的应用改变了传统的数据获取和分析方式，使得决策者可以通过准确的数据进行有效的决策。BI 不只是一种工具，它带来的是一种管理理念和手段的变革。

▶ 专家指点

SAP 是全球知名的企业管理和协同化商务解决方案供应商，致力于帮助企业实现更卓越的运营，提供领先的企业应用云计算、商务分析、移动商务、内存计算等解决方案。SAP 大数据解决方案主要集中在数据库及数据仓库层面和企业信息管理层面。

其中，数据仓库及数据仓库解决方案主要由实时数据平台 HANA、分析型数据库 SAP Sybase IQ 和交易型数据库 Syabse ASE 来处理，企业信息管理主要由 SAP Information Steward、SAP NetWeave、企业内容管理（ECM）来处理。

医疗行业是世界上最复杂的行业之一，因为在医疗机构中，它所服务的对象是各种不同类型的人，这里不仅包括提供服务的医生、护士，还包括不同类型的患者，再加上医院的基础设置、各种医疗器械等都需要管理，这些都给医疗行业的运作带来了很大的复杂性。

大数据 BI 系统正是以上这些问题的最好解决方式。大数据 BI 是能够处理和分析大数据的 BI 软件，区别于传统 BI 软件，大数据 BI 可以完成对 TB 级别数据的实时分析。

例如，国内很多医疗机构非常热衷于采购医疗器械，比如 CT、核磁共振等高级设备，应用这些设备确实能够提升医院的服务能力，医院也能借此获取更多的收益。但是，如果这些设备中所产生的数据无法快速传达到医生那里，供他做出参考和判断，势必会大大降低设备的效率，设备本身的价值会被浪费掉。目前，大部分医疗器械都是数字化产品，它们的应用都需要与之相配套的 IT 系统作为支撑，以便让其产生的数据能够快速传递出去。

在 BI 系统的应用上，医院应该以现有的成熟的 BI 产品为基础，进行一些自己的开发，并将 BI 系统与其他医疗信息化系统整合起来，才能发挥其应有的作用。此外，对于那些专业的医疗信息化系统，医院没有必要自己进行开发，只需要选用成熟的产品，并在异构的系统上进行二次开发，将其集成在一起即可。

11.3.3　利用大数据预测心脏病的发作

利用大数据预测心脏病的发作

麻省理工学院、密歇根大学和一家妇女医院创建了一个计算机模型，可利用心脏病患者的心电图数据进行分析，预测未来 1 年内患者心脏病发作的几率。

通常情况下，医生只会花 30 秒钟来观看用户的心电图数据，而且缺乏对之前数据的比较分析，这使得医生对 70%心脏病患者的再度发病缺乏预判，而现在通过机器学习和数据挖掘，该模型可以通过累积的数据进行分析，发现高风险指标。

将大数据技术运用到医学上不仅可以建立完善的医疗系统，更重要的是对于患者病情的预测以及控制会有巨大的作用。大数据一直在改变历史进程，对于普通人而言，虽然对于大数据的概念云里雾里，但在生活中却每天在和它打交道。大数据也在不经意间改变着人们的小生活。

11.3.4　利用大数据监测血压的动态变化

利用大数据监测血压的动态变化

人们在医院测量血压时，由于特定环境产生的心理压力可能导致血压异常，而且人体的血压是动态变化的，测量一次的结果，也不能准确反映出心血管系统的运作状况。

Apple Watch 智能手表不仅可以检测那些血压非常高的人，还把目光瞄准那些没有任何症状的人。通过持续测量血压，收集大量数据，Apple Watch 智能手表可以使医生详细了解佩戴者的血压变动，及时发现异常状况，最终将有可能利用这些数据来预测心脏病发病时间，降低心脏病和中风发病率。

Apple Watch 智能手表的血氧监测功能，可以作为衡量用户健康状况的关键指标，它全新的血氧传感器会得到用户手腕上的血管样本，然后人工智能算法会根据反射回来的样本，计算用户血液的颜色和含氧量。

由于它的轻巧便携，可以全天候佩戴，所以也适用于中老年人。而且它还具有远程操控功能，让一些用户即使不在父母身边，也能了解父母的健康水平。

另外，心率过高或过低，都有可能发展成为严重的健康问题。但是，人们往往无法及时发现，甚至有些留守老人在睡梦中死去却无人发现。而 Apple Watch 智能手表的心率检测和睡眠作息时间记录功能，可以解决这一大问题，如图 11-12 所示。

Apple Watch 智能手表可以检测心脏，一旦发现心率异常，就会发出警告提醒，以便用户采取行动，及时就医。

除了 Apple Watch 智能手表之外，市面上还出现了专门用于监测血压的手表，如新加坡研究人员发明的一种名为 BPro 的血压监控手表。这款手表只要戴在患者的手腕上，就会 24 小时密切监控血压。BPro 内部有一个传感器，通过计算手腕上动脉跳动的次数，再转换成血压读数。BPro 除了可以显示波浪形曲线，表明心脏跳动频率和力度外，还可显示血压方面任何令人担忧的趋势。

人们在医院测量血压时，紧张的心情可能会导致血压异常。此外，人体血压随时在发生变化，即使单独一次测量能够得出准确结果，也难以反映心血管系统运作状况的全貌。与需要暂时阻断动脉血流然后放气来测量血压的传统血压计不同，BPro 血压计通过监测脉搏波沿手部动脉的传播速度来计算血压，比一般的便携血压计轻便得多，可以像手表一样随身佩戴。

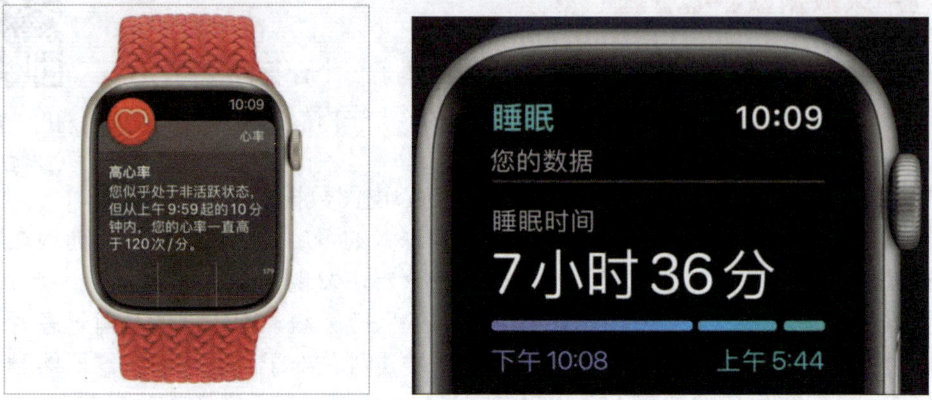

（a）　　　　　　　　　　　　（b）

图 11-12　Apple Watch 智能手表的心率检测和睡眠作息时间记录功能

研究人员不仅用 BPro 治疗那些血压非常高的人，也把目光瞄准那些没有任何症状的人。让病人戴上这种血压监控手表，不仅可能降低心脏病和中风的发病率，还可收集大量数据。通过持续测量血压状况，BPro 使医生能详细了解佩戴者的血压变动，及时发现异常状况，最终将有可能利用这些数据来预测心脏病的发病时间。

▶ 专家指点

从以上案例中，可以发现，大数据的挑战不仅来自数据量的增长，还需要新技术的支持。信息化和健康整合就会关系到每一个人的生活，数据是“新的石油”，怎么找到这个能源，并挖掘它，这是非常值得研究的。

图 11-13 为智能血压轴带。同样的，利用大数据和人工智能技术，能满足用户在家就能测血压和做心电图的需求。

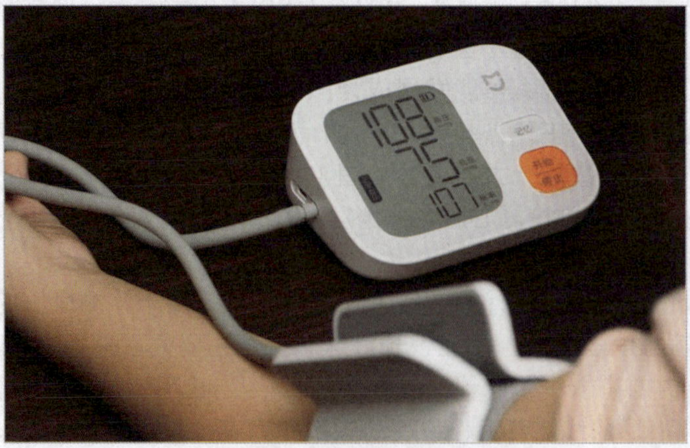

图 11-13　智能血压轴带

这个智能血压轴带的金属表面是一个数字听诊器，触摸其电极两端可以用来测量血压，听诊器可以监听用户心跳。最重要的一点是，通过数据传输，所有的诊断结果可以传到用户的手机上，如图 11-14 所示。除此之外，用户还可以通过手机将数据共享给医生，然后让医生给出合理建议，这样在家就达到了看医生的目的。

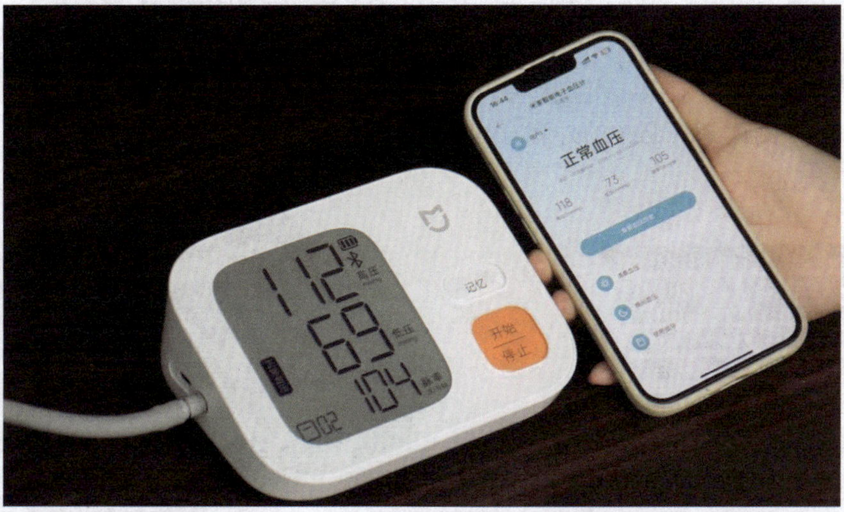

图 11-14　诊断结果传到用户的手机上

另外，根据血压监测的不同时段，智能血压轴带还可以自动进行数据分析，并能实现一键导出用户血压分析状况图（图 11-15），为医生诊疗提供了数据决策依据。

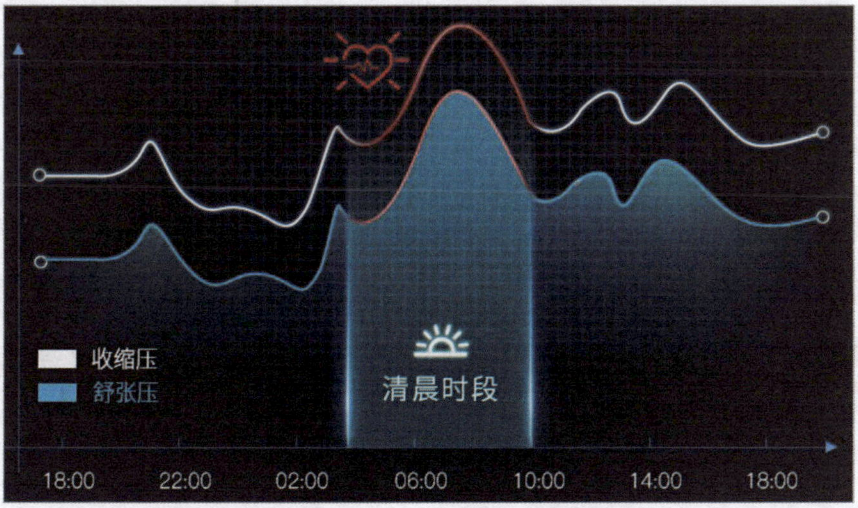

图 11-15　用户血压分析状况图

11.3.5　利用大数据发展远程医疗项目

英特尔和通用电气联合宣布，两家公司已经达成合作协议，共同出资成立一家新的医疗保健公司，关注远程医疗和独立生活。

利用大数据发展远程医疗项目

医疗创新公司主要业务是开发和推广能够增强家庭和社区健康、独居生活的产品、服务和技术，并重点关注 3 大领域：慢性病治疗、独立生活、辅助技术。医疗创新公司成立不久后便推出了以下两款针对家庭医疗的产品。

（1）Health Guide

Health Guide 适用于慢性病人，可以监控各种人体机能，提取吃药时间、血压、体重等数据，并发给相关的医疗机构；它还支持病人和医生进行电话和视频会议，能够提升病人的生活质量，让病人不必总是亲自到医院看医生。Health Guide 的外观如图 11-16 所示。

（2）Reader

Reader 是一种便携式设备，可自动将印刷文本转换成数字文本并朗读出来，帮助盲人和有阅读障碍的人进行阅读。Reader 的外观，如图 11-17 所示。

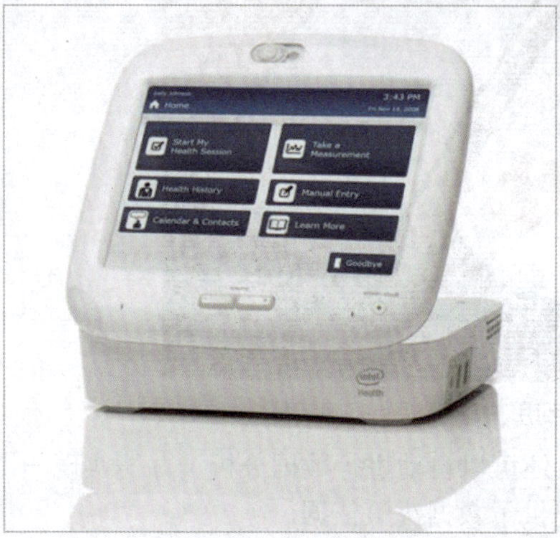

图 11-16　Health Guide 的外观

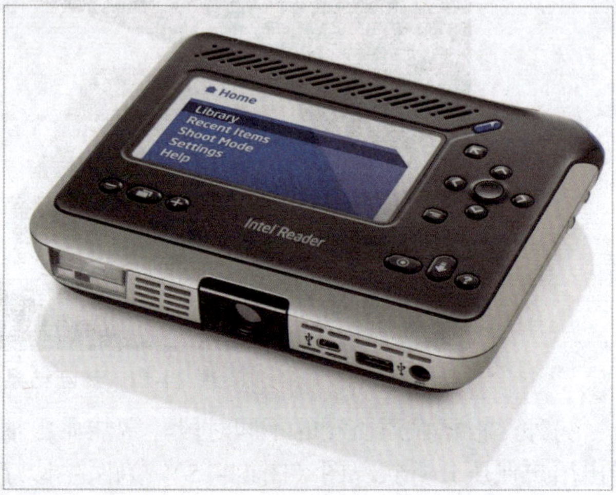

图 11-17　Reader 的外观

目前，医疗创新公司正在研究一种“魔毯”，这块地毯配备传感器和加速器，可以安装在老年人家中。传感器可以感应老人下床和行走的速度和压力，一旦这些数据发生异常则会给老人的亲人发送警报。

当今有一系列的重大社会问题，包括老龄化人口、高昂的医疗成本、为数众多的慢性疾病患者等，需要新的护理服务模式来解决。必须跳出“去医院和诊所看病”这种旧模式，转变为以家庭和社区为基础的护理模式，从而将预防、早期诊断、医疗保健行为改变和社会支持结合起来。

▶ 专家指点

虽然内置传感器装置对大多数人来讲依然昂贵，但由于这些对自身数据量化的小工具越来越受欢迎，用户可以清楚了解和改变他们的行为，改善他们的健康状况。

11.3.6　利用大数据建立临床医学系统

利用大数据建立临床医学系统

中南大学的“湘雅临床大数据系统建设项目”启动，首批共有 101 个项目入选，覆盖 40 余个临床学科。据悉，开展大数据在临床医学领域大范围、系统性的探索和应用，这在国内高校中尚属首次。

中南大学的湘雅医院、湘雅第二附属医院、湘雅第三附属医院、湘雅口腔医院和湘雅医学院肿瘤医院每年门诊人次过千万，医疗体量极为庞大，可产生海量的多媒体临床医学数据。如将其运用于临床科研和转化医学研究，进而带动基础医学的发展，将有助于产生更多有价值的医学成果。

中南大学分 5 年连续投入 1 亿元人民币，资助该校所有临床专科建设其大数据系统，并为每位受助的医生配备一名软件的专业研究生，协助开展数据采集工作，以建立起从病人踏入医院开始的一整套网络化电子病历系统。临床大数据系统的数据采集主要包括以下两方面的内容，如图 11-18 所示。

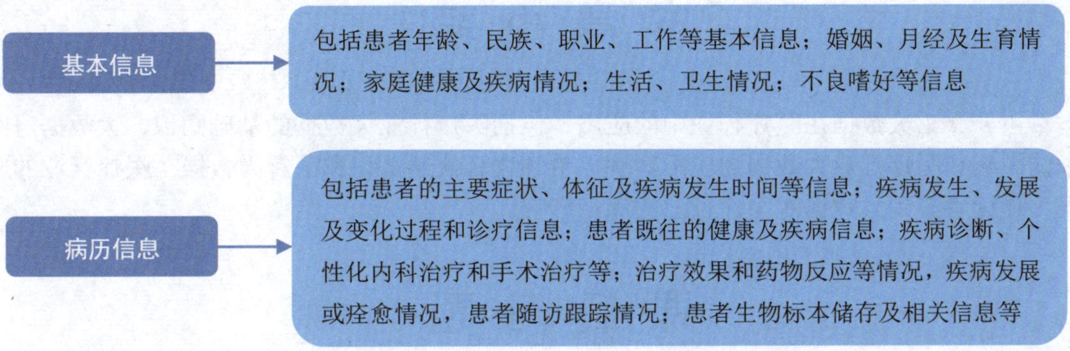

图 11-18 临床大数据系统的数据采集的主要内容

同时，用户只需在手机上登录采集系统，点击体温、脉搏、血压等按钮，便可指挥与另一位被测者相连的采集设备开始工作，并在手机上实时读取动态测量值。采集完成后，检测数据将被储存到大数据中心。如有其他人需调阅该数据，只需从另一台手机登录推送系统，便可收到大数据中心发送过来的完整记录。

未来，中南大学还将通过临床医学与信息技术的深度融合，深度挖掘和分析大数据，建立国际先进和国内领先的医疗相关数据运营模式，促进智慧医疗、个体化医疗、医院精细化管理、临床科研、转化医学和基础医学的发展，为卫生行政部门提供决策依据。

临床大数据系统的建立对诊疗模式变革意义重大。在血管外科手术已日益精细和复杂，并趋向个性化的今天，临床大数据系统不仅有助于医生提高诊疗和科研水平，还能让病人了解自身详细的病史。

国民健康和医药卫生事业的发展是构建和谐社会的重要因素。国际上，有些大学和科研机构已经开始在针对某个或少数的一些疾病进行有关临床大数据的研究，如美国匹兹堡医学中心设立了乳腺癌临床大数据库。

11.3.7 利用大数据改善代谢综合征的预测

利用大数据改善代谢综合征的预测

代谢综合征（metabolic syndrome，简称 MS）是多种代谢成分异常聚集的病理状态，是一组复杂的代谢紊乱症候群，是导致糖尿病（DM）、心脑血管疾病（CVD）的危险因素，其集簇发生可能与胰岛素抵抗（IR）有关，目前它已成为心内科和糖尿病医师共同关注的热点，国内外至今对它的认识争议颇多。

美国安泰保险为了帮助改善代谢综合症患者的预测，选择 102 名患者完成了实验。在一个独立的实验室内，通过患者的一系列代谢综合症的检测试验结果，在连续 3 年内，扫描 600 000

个化验结果和 18 万个索赔事件。

安泰保险通过大数据分析，将最后的结果组成一个高度个性化的治疗方案，以评估患者的危险因素和重点治疗方案。

大多数疾病可以通过药物来达到治疗效果，但如何让医生和病人专注参加一两个可以真正改善病人健康状况的项目却极具挑战，安泰保险正尝试通过大数据达到此目的。

本章小结

本章主要介绍大数据在医疗行业中的应用，包括医疗行业大数据的基础知识、大数据对医疗行业的影响和医疗行业大数据的应用案例，带领读者快速认识和了解大数据在医疗行业的应用情况，让读者看到大数据对医疗行业的深切影响。

课后习题

1. 医疗大数据主要应用在哪些场景中？请用文字一一列出。
2. 医疗大数据解决方案主要有哪几种？请用文字一一列出。

第 12 章 大数据在智慧城市中的应用

12

从以前的马车到现在的自动驾驶汽车，城市也变得越来越科技化和智能化，这就是大数据技术发展带来的便利。那么，在科学技术变革下的智慧城市究竟是什么样的，又会给人们的生活带来怎么样的影响呢？本章一一进行介绍。

本章重点

- 城市交通的大数据应用
- 城市通信的大数据应用
- 城市传媒的大数据应用

12.1 城市交通的大数据应用

在大数据技术的大力推动下，城市建设也变得越来越智能化。政府部门也出台了多个政策和法律，支持企业向数字化转型，从而构建了一系列的城市交通生态建设。本节主要介绍城市交通的大数据应用。

12.1.1 大数据解决城市交通问题

大数据解决城市交通问题

随着我国城市人口的增加，城市交通问题日渐严重。由于过量的汽车，导致交通阻塞、交通事故频繁和大气污染等问题，想必读者已司空见惯，城市交通问题已经给社会经济的发展带来了严重的影响。具体来说，城市交通需要重点解决以下 5 大难题，如图 12-1 所示。

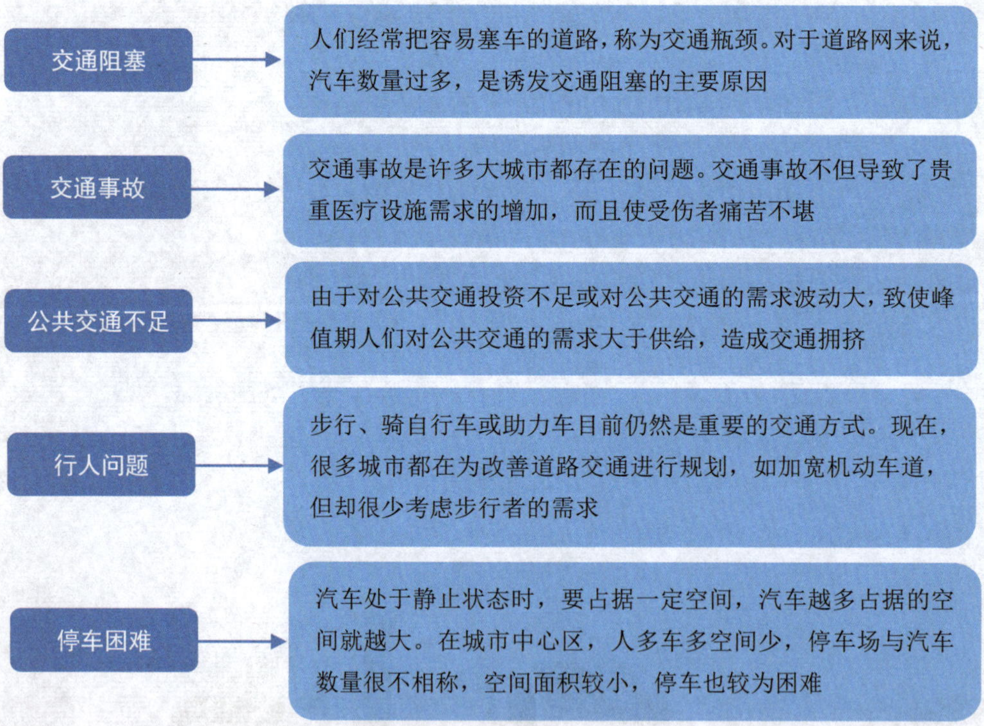

图 12-1 城市交通需要重点解决的 5 大难题

▶ 专家指点

现在，很多大城市已开始着手解决步行者的问题，如在中心商业区的一些重要街道上设置步行街或步行区，禁止车辆通行；在市中心的部分区域，除了公共汽车外，其他车辆白天均不得通过等。

由此可见，交通问题的解决绝不是一朝一夕的事情。因此，政府要将实时获取的交通数据作为构建城市交通管理体系的前提。另外，大数据能将离散的数据按需求聚合形成数据长尾，从而满足传统交通解决方案中难以实现的需求。

用大数据管理交通是交通管理模式的变革，与此同时也变革了公共交通市场管理的整个内涵，阻碍传统交通的瓶颈可通过大数据分析来解决。大数据在交通方面的解决方案主要体现以下 4 个方面，如图 12-2 所示。

大数据能促进公共交通均衡性发展 → 大数据解决方案可以将技术决定论与制度理论相结合，将信息技术应用于公共交通，从制度层面提高信息资源的利用率，减少对诸如土地等外部资源的依赖

大数据可以跨越行政区域的限制 → 利用交通大数据的虚拟性，有利于其信息跨越区域管理，只要多方共同遵照相关的信息共享原则，就能在已有的行政区域下解决跨域管理问题

大数据具有信息集成优势和组合效率 → 大数据有助于建立综合、立体的交通信息体系，将用户需要使用的各种交通数据纳入系统，构建公共交通信息集成利用模式，发挥整体性的交通功能

大数据能较好配置公共交通信息资源 → 大数据能辅助人们制定出较好的统筹与协调解决方案，在各个交通部门之间合理配置交通职能，针对有关道路问题进行合理的资源配置

图 12-2　大数据在交通方面的解决方案

▶ 专家指点

公共交通的智能化管理，表现在：一旦某个路段发生问题，能立刻从大数据中调出有用信息，确保交通的连贯性和持续性；另一方面，大数据具有较高预测能力，可降低误报和漏报的概率，可随时针对公共交通的动态性给予实时监控。

大数据技术的发展给未来的交通方式带来了无限的可能性，它在公共交通、无人运输、无人港口和自动驾驶等方面都得到了广泛的应用。在互联网技术的压力下，传统企业要想转型，就要充分发挥大数据的价值。实践是大数据价值的最终体现，是社会发展前进的基石。转型中的交通面临着调整发展结构、提升发展质量的难题，此时与大数据时代相遇实为幸事，因为大数据为交通难题带来了解决方案。在交通问题解决过程中，基于大数据的智能交通数据处理体系得到了应用，该体系的具体流程如图 12-3 所示。

收集和输入数据 → 这些数据包括静态数据和动态数据，前者指道路环境、车辆信息等长时间不会改变的数据，后者指在交通运行中产生的实时数据，比如车辆行驶速度

交换和处理数据 → 数据中心对实时交通流数据进行提取，同时规定统一的数据格式，促进数据交换中心之间对数据进行交换和处理

图 12-3　基于大数据的智能交通数据处理体系的具体流程

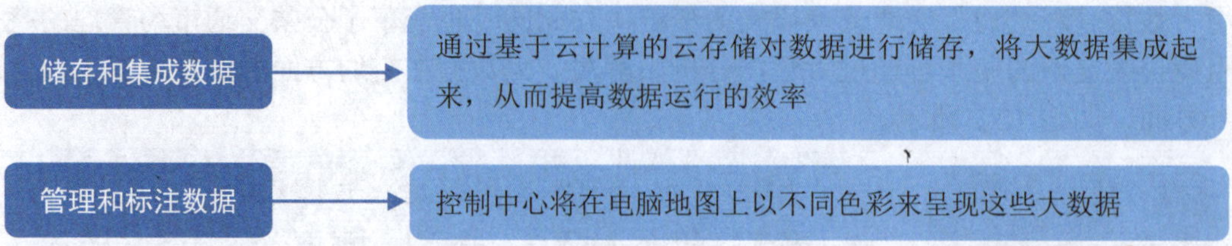

图 12-3　基于大数据的智能交通数据处理体系的具体流程

那么，为什么要用大数据解决交通难题呢？这主要是用大数据解决交通难题具有 4 大优势，如图 12-4 所示。

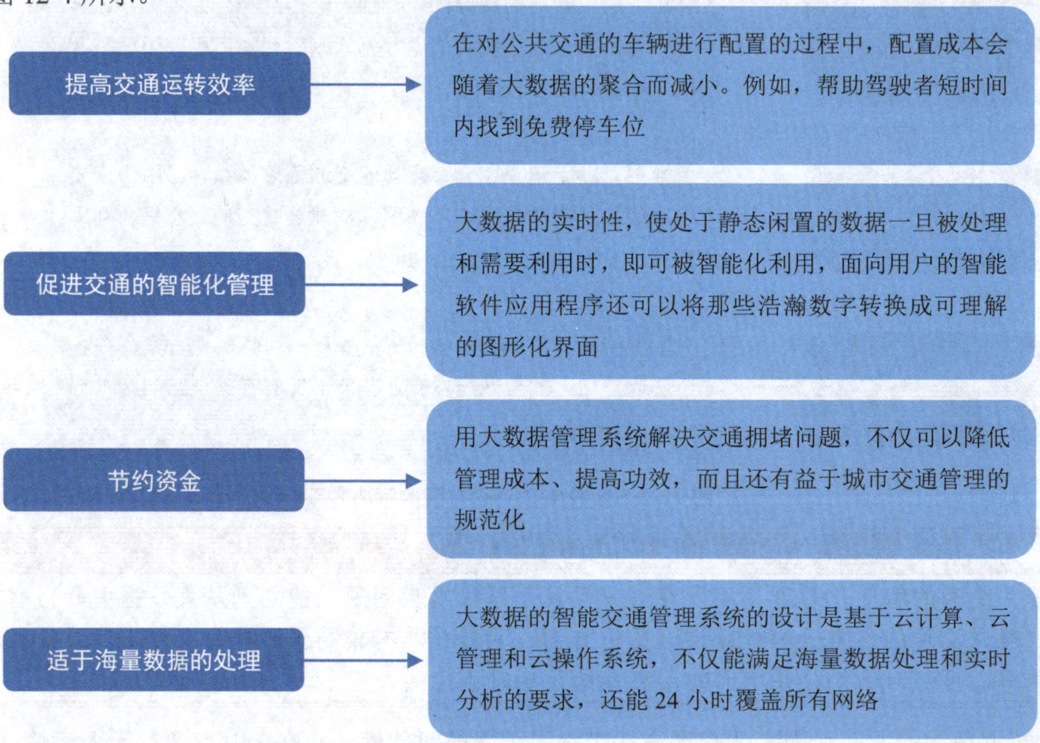

图 12-4　用大数据解决交通难题具有的优势

12.1.2　大数据让交通变得更智能

随着信息通讯技术的发展，交通运输从数据贫乏的困境转向数据丰富的环境，而面对众多的交通数据，如何根据用户需求提取有效数据成为关键所在。

大数据让交通变得更智能

大数据管理是一项巨大的挑战，一方面要及时提取交通数据以满足用户需求，另一方面须在数据的潜在价值与个人隐私之间取得平衡。图 12-5 为大数据在智能交通行业面临的 3 大挑战及建议。

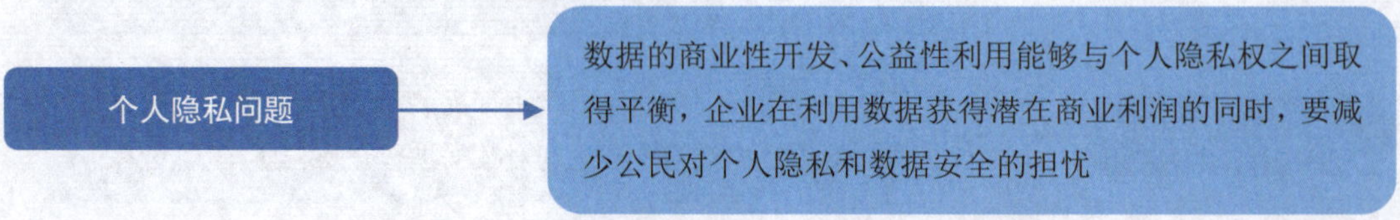

图 12-5　大数据在智能交通行业面临的挑战及建议

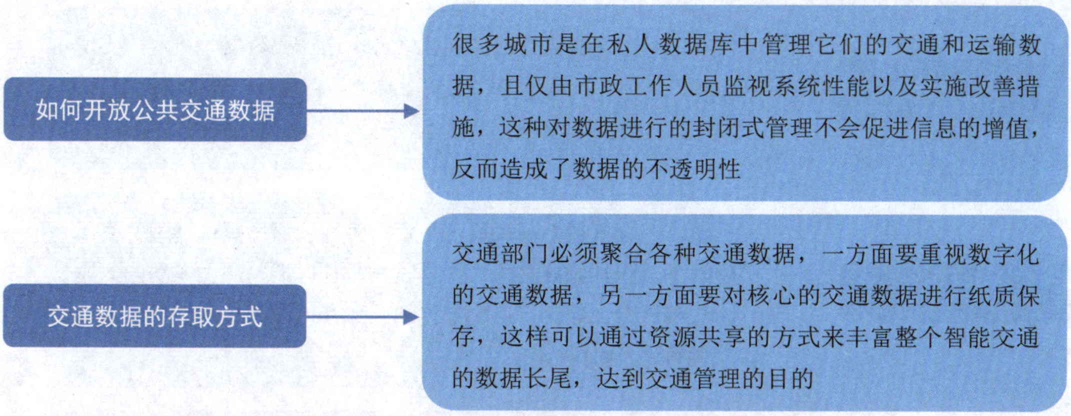

图 12-5　大数据在智能交通行业面临的挑战及建议

▶ 专家指点

要真正利用大数据构建一体化的公共交通管理体制，还需要从采集、处理和存储等方面来进行梳理，需要对智能交通系统的构建以及用户界面的完善做进一步研究。总而言之，大数据是智能交通的核心，对交通数据深度处理与分析是很有必要的。

12.1.3　企业研发的大数据解决方案

企业研发的大数据解决方案

目前，我国市场上有许多企业开发并研究了大数据解决方案，在交通管理方面做出了巨大的贡献。下面就为读者一一介绍。

1．阿里安联大数据

阿里巴巴围绕政府防汛、防涝和防台等突发事件的处理工作，通过数字化预案管理精准预测和智能分析，为最大程度地减少自然灾害带来的社会损失，设置了一系列智能应用。例如，防汛防涝时，可以利用大数据，通过物联感知检测水位和雨量，一键启动数字化预案管理，并对其物资和路径进行智能调度，为城市紧急情况建设提供安全保障。

阿里巴巴通过其平台数据架构和阿里云数据中台，提供了人工智能智慧应急平台底座，实现了对突发事件的影响范围、方式和持续时间等方面的智能研判，并可以针对其做出紧急预案处理。

以数据城市为驱动的智能化，是实现阿里巴巴城市大脑的关键性因素之一。阿里巴巴智慧城市的建设还体现在实现了城市公共资源的智能调度和优化配置。城市的运行离不开各部门的协同配合，阿里巴巴在建设智慧城市时明显考虑到了这点。以阿里云平台为中心，它可以实现多部门之间的数据接入、信息交互和联合共治，从而形成高效应急业务体系。

社区是城市的重要组成部分，也是城市服务的“最后一公里”。阿里巴巴为营造一个智能、安全和时尚的智慧小区，全面打造了社区微脑解决方案，如图 12-6 所示。

社区微脑针对业主和访客打造了社区电子通行证，保障了社区人员的安全，可以有效排查异常人员，并对老人或行为不便人员进行重点关注，传递社区温暖。它还可以利用人脸识别、文本解析和智能监控等人工智能技术，对社区车辆、水电和房屋进行智能化管理，帮助居民快速获得生活服务。

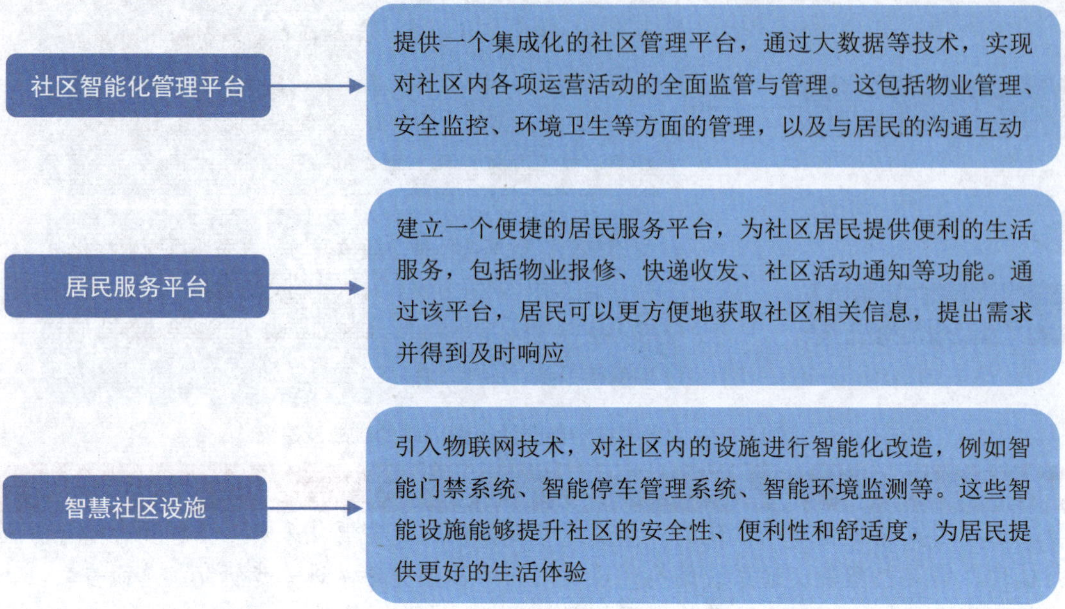

图 12-6　阿里巴巴的社区微脑解决方案

2．百度车路智行

百度 ACE 交通引擎是基于人工智能和自动驾驶等技术，可以应用在多个交通方面的生态融合体，它具体包含了一个数字底座，两个智能引擎和 N 个生态应用。两个智能引擎即百度 Apollo 和车路协同，与传统交通相比，它的系统更加智能化。

百度 Apollo 作为国内的知名自动驾驶开放平台，已经拥有了数百个合作伙伴。它打造的车路协同智能交通系统，能够全面感知人、车和路的全域数据，从而保障交通安全。

为顺应未来车辆发展趋势，百度发布了车路智行方案。在该方案中，预计 2025 年完成数字化升级，2035 年全面实现车路网联化升级，即车路智行数字化程度达到 95%，网联化程度达到 80%，如图 12-7 所示。直到本世纪中叶，车路智行将进入完全无人驾驶的时代，实现 0 拥堵和 0 事故的愿景。

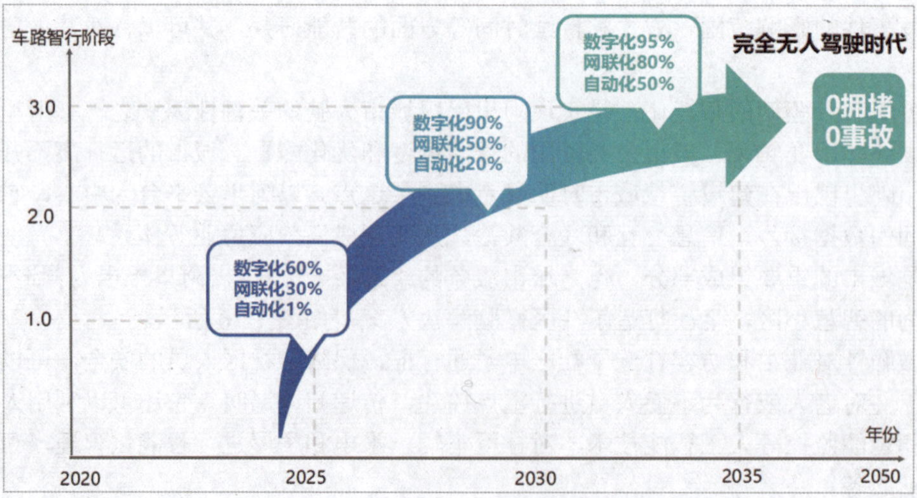

图 12-7　百度发布的车路智行方案

12.1.4　大数据在城市交通中的应用案例

大数据在城市交通中的应用案例

对于许多从事交通、汽车行业的企业来说，大数据无疑是营销的利器。这一小节将通过企业的成功案例，来展示大数据在交通行业发挥的巨大作用。

1．大数据确保无人驾驶运输

图森未来是一个知名的无人驾驶运输企业，它创立于北京，后与美国合作。它的无人驾驶运输卡车（图 12-8）搭载了自动驾驶技术，能够保持一年全天候不间断地进行高效运输。

图 12-8　图森的无人驾驶运输卡车

无人驾驶运输卡车是以图森未来货运网络（AFN）为基础，再加上其自主研发的高清地图，让卡车的感知距离长达 1 000 米，并具备夜间感知功能，使其能够自动识别路线，即使在夜晚也能高效行驶。不仅如此，它强大的处理能力，还能够实时检测并更新道路情况，以确保运输的安全和高效。它的监控系统能将数据传送给管理者，以确保每辆卡车都能保持联系，并将货物准时送达。

总的来说，图森未来就是通过无人驾驶卡车、智能地图和它独特的运营系统 TuSimple Connect 云平台，并利用大数据对车辆精准定位和管理，打造的一个面向全球的无人驾驶运输生态服务系统。

图森未来目前拥有 50 多台无人驾驶卡车，它充分利用了人工智能技术，将卡车的价值提升到最大化，并利用大量的数据模型进行检测，反复验证，努力提升货物运输的安全性。当它遇到紧急情况时，还可以自主闪避，反应时间只需 0.1 秒。

2．大数据连接家居和交通功能

除了高端品牌，还有一些平民小众汽车品牌也具备很多智能化功能，上汽通用五菱汽车股份有限公司旗下的新宝骏就是一个很好的例子。它在安全及控制方面性能比较优异，例如，它的 TJA 交通辅助功能，如图 12-9 所示。当与前车距离过近时，它能发出报警，避免交通事故。

图 12-9　新宝骏的 TJA 交通辅助功能

▶ 专家指点

新宝骏的 TJA 交通辅助功能（Traffic Jam Assist）是一项车辆智能辅助驾驶技术，旨在帮助驾驶员在拥堵交通情况下提供更轻松的驾驶体验。这项技术基于车载传感器和计算机视觉系统，借助车辆的自动控制系统，能够在特定情况下实现车辆的自动驾驶或半自动驾驶状态。

新宝骏的目的是打造一套人、车和网络互联的智慧网连系统。在 5G 芯片的加持下，它能共享不同家用设备间的数据流，实现“手机＋车机＋智能家居”的车家互联。另外，它的智能语音算法能达到普通车机的 20 倍，能够快速响应，且无需唤醒，直接说出命令即可。

新宝骏车辆还能与多个 App 云端互联，让车也能成为用户的私人放松空间。新宝骏是一款更适合家用的新能源汽车，可以远程控制家居，更多的是承载多口家庭的日常出行。

12.2　城市通信的大数据应用

在互联网企业中，凡是颇具规模的公司都有自己的大数据战略，不同的是，他们使用大数据武装自己的方式各不相同，不同行业的互联网企业也有不同的侧重点。这一节，就来重点为读者介绍城市通信的大数据应用。

12.2.1　微信利用大数据做互联网营销

微信利用大数据做互联网营销

大数据越来越成为各大企业和社会重点关注的战略资源。在互联网的数据营销中，有几大企业取得了不错的成果。下面以微信为例，为读者具体讲述他们是如何运用互联网这座营销“金矿”的。

众所周知，个人电脑互联网上的数据量肯定比移动互联网数据更大，但较之个人电脑互联网，现在的移动互联网，数据本身的价值在于更完整和更生动地去描绘一个互联网用户的生活轨迹，例如，用户的浏览记录。因此，与 PC 互联网的大数据相比，移动互联网上的大数据具有以下 3 个特征，如图 12-10 所示。

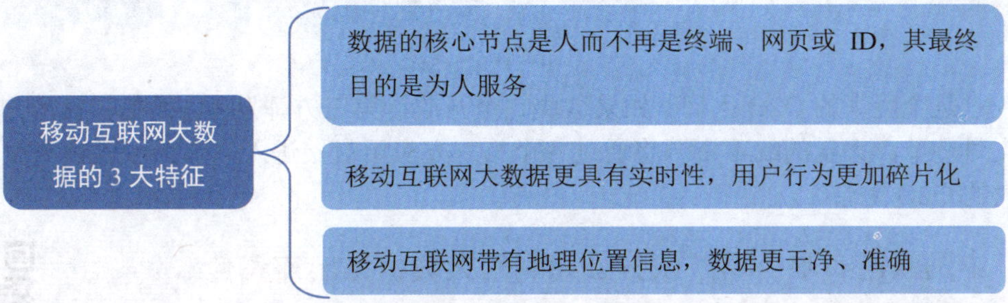

图 12-10　移动互联网上的大数据 3 大特征

> ▶ 专家指点
>
> 每个用户可能拥有不同的终端，从平台电脑、手机到其他各种移动式终端接入到互联网里，在移动终端上产生的信息越来越多样化，无论是文本、图片、语音、视频，还是多点信息、结构信息又或者是非结构信息，其使用频率都非常之高。

微信就是为移动互联网而生的，其拥有的数据也非常吻合移动互联网大数据的特点。2023 年，微信的用户数突破了 13 亿，可以想象得到，若把这些用户的数据开放出来将会爆发出巨大的能量。那么，这些用户数据要如何进行开发呢？大致可以从以下 6 个方面进行开发，如图 12-11 所示。

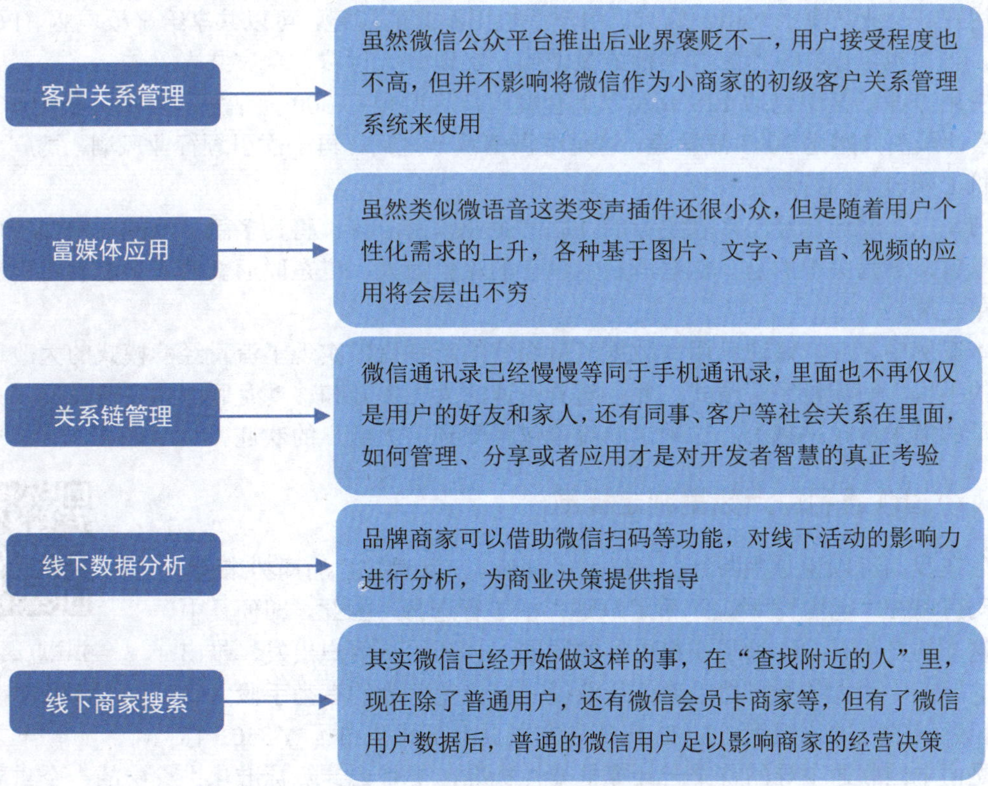

图 12-11　微信用户数据的开发方向

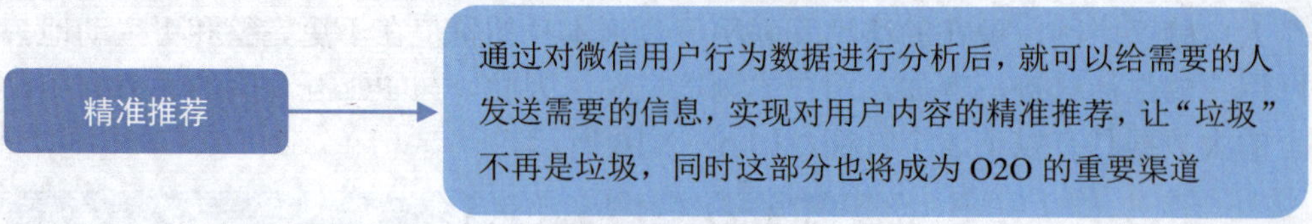

图 12-11（续）

这绝对是个巨大的O2O入口，如果这块完全开放给第三方开发者，微信只做用户数、管理标准和支付环节，大量的线下资源将通过各个第三方应用对接进入，那么可以预测微信将成为中国最大的O2O平台。

12.2.2 中国联通有限公司广东分公司利用大数据推出流量包

利用大数据推出流量包

智能手机时代，用户早已不满足从网上查看文字和图片信息，很多人都开始用手机看视频和直播，那么这就要求手机的流量足够多、网速足够快。中国联通有限公司广东分公司（简称广东联通）为应对大数据、大流量需求，全省网速升级，力推用户期待已久的上网流量大数据包，其中包含的流量非常大，推动我国上网流量套餐开始走进“G时代”。

“G时代”的到来在一定程度上解决了手机流量的问题，例如在线观看电视剧、电影要消耗大量的网络流量，以往这被视为一件奢侈的事情，但是广东联通推出的视频定向流量包可在广东全省使用，足够观看多部大片。

而对于用不完的流量，广东联通推出G时代“流量共享产品”，全面满足家庭用户、多终端上网用户、企业共享上网用户需求。用户手机用不完的流量，可以共享给平板电脑、PC或其他手机，当然也可以共享给家庭其他成员使用，实现一人付费、全家共享。

在费用方面，其中包括126元及以上套餐用户只要预存300元话费即可每月获赠1G超大流量，累计最高共赠送30G流量等。这是继微信沃卡之后，再一次引领行业风潮，携广大用户实现手机上网流量的跨越。

目前，广东联通已经与多家主流的互联网企业紧密洽谈，将为多款主流的互联网应用推出定向流量包，最为关键的是，这些流量包包含的流量惊人，广东联通新的流量套餐将引领流量经营改革之风。

在本案例中，广东联通利用大数据流量经营的新举措，实现了流量经营模式的大改革，突破传统的手机上网流量经营模式，并且随着网速的大大提升和移动互联网的飞速发展，人们对上网流量的需求量越来越大，这种定向流量包将受到广大用户的欢迎。

12.2.3 中国联通利用大数据制定标准

中国联通利用大数据制定标准

通信在我国可以说是垄断行业，但是从目前“三足鼎立”的局势来说，用户起码可以在“电信”“移动”和“联通”中进行选择。因此，即便是中国联通这样的龙头企业，为了获得更好的发展，也开始从用户出发，推出更优质的服务，而大数据自然是通信行业提升自己竞争力的有力手段。

通讯领域的标准化组织ITU-T在其官方主页上正式公布了Y.3501标准，这是由中国联通主导的首个云计算框架性标准，更是云计算标准化进程中的一个重要里程碑，其意义如图12-12所示。

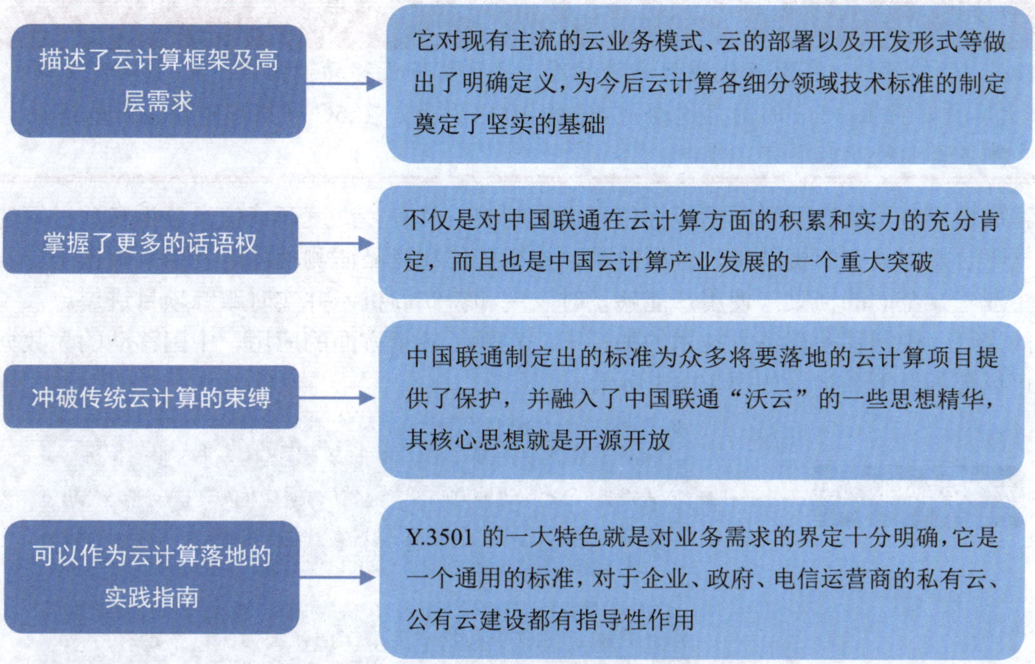

图 12-12　中国联通主导的云计算框架性标准的意义

此标准对云资源管理、云基础设施、互联云等云计算的重要组成部分进行了全面、系统性的梳理和定义。基于云计算平台，中国联通通过微信小程序向社区周边商户的营销提供便利，为他们提供生活圈广告智投服务与通信宣传服务，并利用大数据赋能，为他们提供一站式的营销解决方案。

另外，基于中国联通强大的数据后台，它还能为用户提供空号识别、二次号验证和 3 要素验证等功能，能够及时清洗用户和管理用户体系。系统在识别过程中，只需一秒，就可以发起大规模的并发查询，且对用户无感知，能够帮助企业高效精准地开展营销和维系商业活动，减少营销的成本。

12.2.4　中国移动利用大数据制定战略

中国移动利用大数据制定战略

自从 1G 语音时代开始，中国移动就深入市场，积极开发大数据技术，经历了文本时代、图片时代和视频时代之后，中国移动也逐渐进入 5G 互联网时代。在人工智能技术、大数据技术的帮助下，5G 用户能够依托原生的终端消息入口，无需下载 App 就可接收信息，还具有全媒体的交互体验，能够享受咨询、交互和支付等一站式的服务。

依托于大数据技术，中国移动还打造了中移云客服、智慧物流和语音识别处理系统。中移云客服是以通信和云计算为基础，为中国移动 10086 新一代客服系统打造的智能化应用平台，它具备全渠道接入和大数据分析功能，可根据不同客户的需求提供相应的行业客服产品及解决方案，帮助不同企业在不同环境随时随地响应客户请求。

基于大数据的技术能力，中国移动还构建了中移舆情平台。该平台利用大数据级别的智能爬虫技术，能够实时采集互联网舆情信息，帮助各级政府及大型企业对网络舆情信息及时监控预警，并了解行业动态和竞争对手信息等。

▶ 专家指点

5G 是 4G 的延伸，是第五代移动通信标准，也称第五代移动通信术。5G 具有高速率、低时延、大容量等特征。5G 的网络速度是 4G 的 10 倍以上，在 5G 网络环境比较好的情况下，1G 的文件 1 至 3 秒就能下完。

中移商情平台是针对互联网招投标信息而定制的，具有多维度商情信息分析和项目筛选功能的数据平台，它具有商机助手、分析决策、投标资信和竞品监测功能。利用大数据平台，它可以为企业建立全面的档案，使用户能够及时发现和获知商机，并实时跟踪项目进展。

总的来说，中国移动在各大技术的加持下，实现了各个方面的应用。中国移动的大数据战略具体可以分为以下 3 步，如图 12-13 所示。

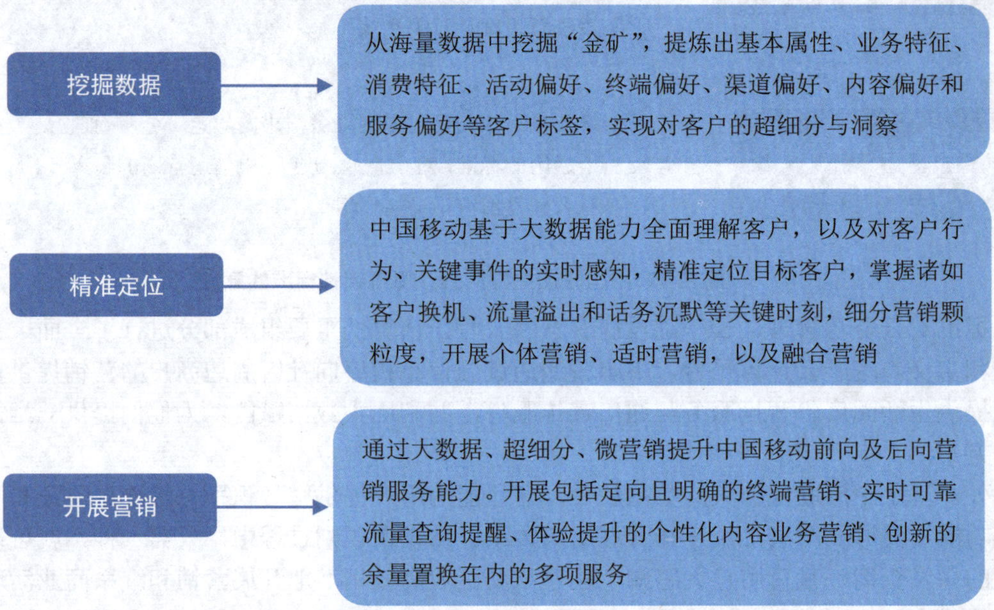

图 12-13　中国移动的大数据战略

12.2.5　威瑞森电信利用大数据进行精准营销

利用大数据进行精准营销

大数据是数字经济建模的关键之一，是转换企业和社会每一部分的智能、可靠方式，有促进经济增长和改善人们生活水平的潜力。

大数据还能针对企业产品确定用户模型，根据用户的行为习惯推送符合用户偏好的产品，这不仅可以实现精准营销，还能维系老客户。威瑞森电信（Verizon）是美国本地的电话公司，主要提供电信业务、移动通信以及黄页等多种数据业务，它的精准营销主要体现在以下 3 个方面，如图 12-14 所示。

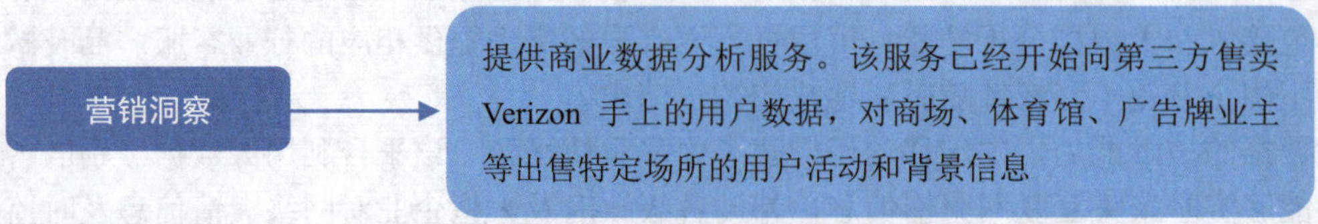

图 12-14　Verizon 的精准营销

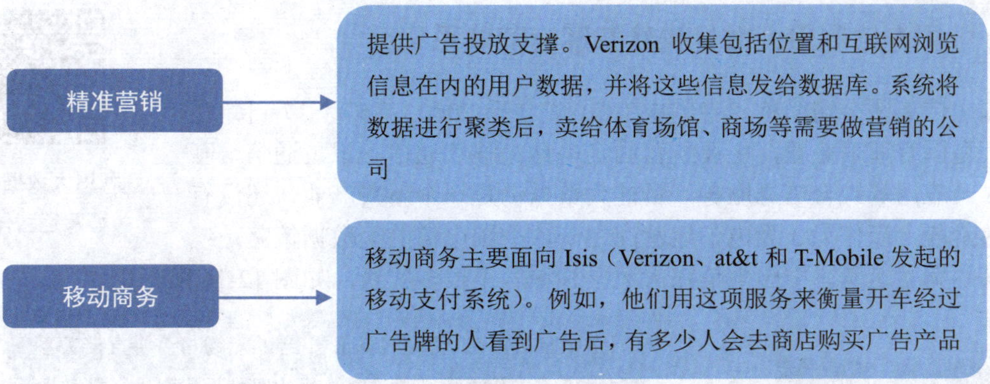

图 12-14（续）

Verizon 成立了大数据部门，能够更加精准地掌握用户信息和用户行为，显然可以提高营销的定向性。那么，大数据在 Verizon 上的应用主要体现在那些方面呢？下面为读者总结了 4 点，如图 12-15 所示。

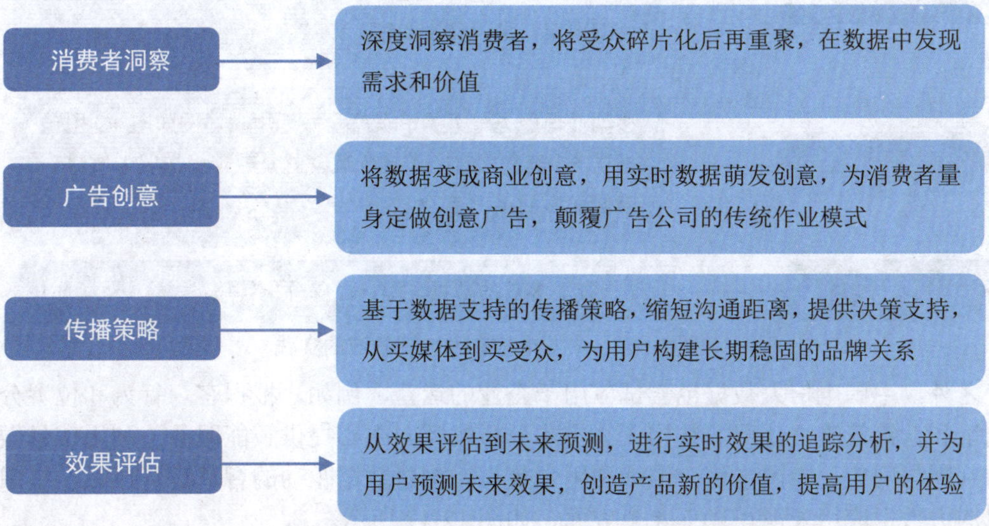

图 12-15　大数据在 Verizon 上的应用主要体现

▶ 专家指点

国外运营商已有一些突破性的应用案例，国内的运营商也应该紧抓这个机遇。对于运营商来说，大数据等于大价值。

对于 IT 企业来说，大数据等于大机遇。通信行业需求从来都是 IT 技术发展的重要推动力，谁能得到通信行业客户的认可，必然就能在大数据领域大有作为，进而成为大数据解决方案的领先者。

大数据是多种技术的综合应用，运营者要怀着开放和融合的心态，在大数据领域创造另一片天地。例如，大数据通过收集数据，对大量图片进行分析，最终形成一个场景图。这就是对数据分析、统计技术、图像识别和人工智能合成技术的综合运用，有助于形成云计算与大数据的生态闭合圈。

12.2.6 中国电信利用大数据构建智慧运营体系

利用大数据构建智慧运营体系

中国电信集团公司简称“中国电信”，成立于 2000 年 5 月 17 日，是我国特大型国有通信企业，主要经营固定电话、移动通信、卫星通信、互联网接入及应用等综合信息服务。目前大数据仍是一个新兴产业，还没有走向成熟阶段，而作为 3 大电信运营商之一，中国电信的大数据策略是：数据驱动的智慧运营。中国电信在大数据领域做了很多实践，如图 12-16 所示。

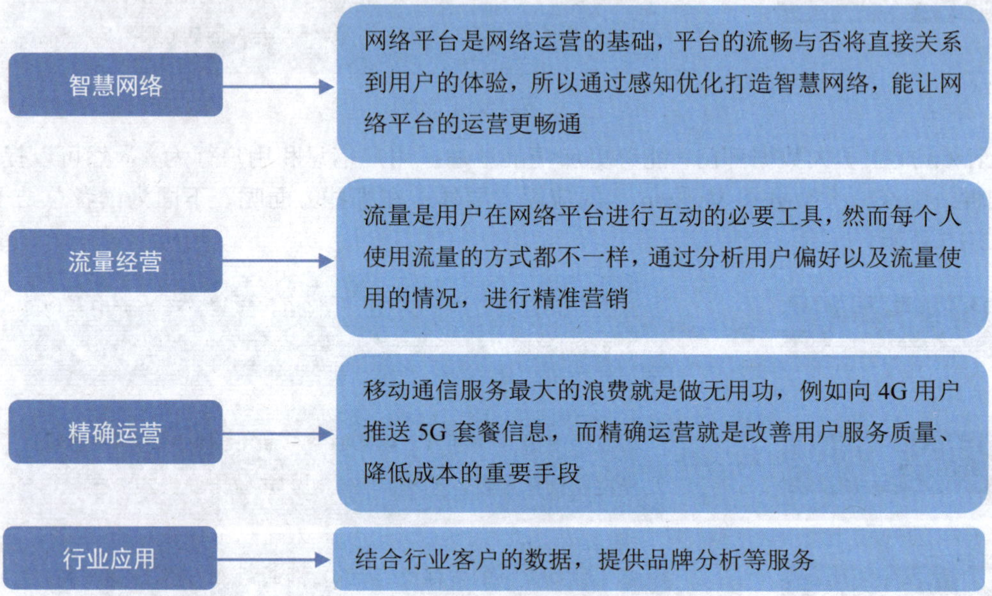

图 12-16　中国电信在大数据领域的实践

除此之外，中国电信大数据也尝试应用于企业的运营，例如，根据客户行为和位置分析确定商铺选址和营销策略，使用非结构化大文本分析的呼叫中心提供智能服务。利用信息做出更加智慧的判断与回应，中国电信会继续利用大数据，构建数据驱动的智慧运营体系。中国电信最有价值的大数据应用表现在以下 4 个方面，如图 12-17 所示。

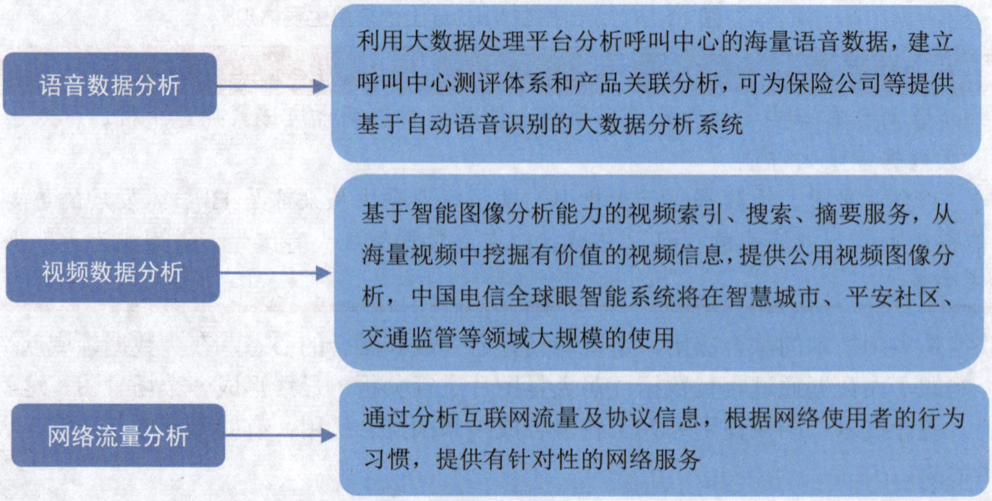

图 12-17　中国电信最有价值的大数据应用

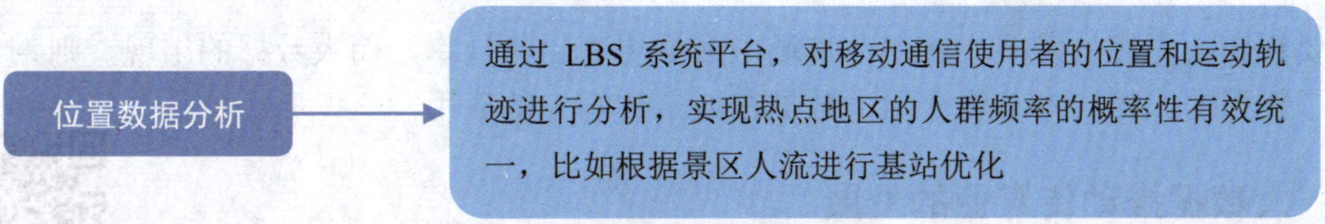

图 12-17（续）

> ▶ 专家指点
>
> 对中国电信来说，大数据的利用还处在刚刚起步和探索的阶段，需要和业内更多的专家和伙伴一起来探索如何将大数据转化为更加有价值的信息，找到一条对电信运营商更加有价值的大数据发展路径。

中国电信对今后的运营模式做出更加智慧的判断与回应，将会利用大数据，构建数据驱动的智慧运营体系，而这种体系是史无前例的，相信中国电信智慧运营体系将会为用户带来更方便的应用，同时也为自身带来更大的商业价值。

12.2.7　法国电信利用大数据改善服务的水平

利用大数据改善服务的水平

法国电信是法国最大的，也是最主要的电信公司。法国电信为了发掘大数据的价值，目前已在移动业务部门和公共服务领域进行了探索和尝试。

法国电信 Orange 的分部 Orange Business Service 是专门提供 B2B 服务的运营商，其拥有全球性的数据网络，业务范围覆盖 220 多个国家及地区。Orange Business Services 的策略是用大数据为客户提供存储资源，使得企业客户能够以经济、有效的方式妥善保存私有数据，并且充分发挥数据智能的作用。

Orange Business Services 的移动业务部门更是借助大数据改善服务水平，提升用户的体验，通过对用户的消费数据进行分析评估，帮助法国电信改善服务质量。例如，当用户的通话突然中断时，Orange Business Services 会分析问题产生的原因并给出相对应的解决措施。

导致通话中断的原因除了技术故障就是网络负荷过重，如果某段网络上的掉话率持续过高，网络负荷过大，这也就意味着该网络需要扩容。法国电信通过分析掉话率数据，找出超负荷运转的网络，并及时进行了扩容，完善了网络布局，给用户提供了更好的服务体验，获得了更多的用户以及业务增长。

> ▶ 专家指点
>
> Orange Business Services 虽然为客户提供数据存储系统，但是会严格遵守相关的隐私保护规定，不会去读取或者使用客户的隐私数据。

法国电信借助大数据改善服务水平，提升用户体验，在很大程度上增加了用户的满意度，加快了业务量的增长。虽然世界各国的通信行业基本上是被一家或几家垄断，但是如果不以用户为中心，这些占据垄断地位的通信公司，早晚也会被其他公司所替代。

12.3　城市传媒的大数据应用

在城市发展过程中，社交传媒也是必不可少的，它是人们生活中的增味剂。对于城市传媒来说，要想获得更好的发展，就得在市场中占据更高的收视率，而大数据的出现，则为传媒竞争提供了新型的武器。本节将介绍大数据在城市传媒中的应用。

12.3.1 大数据推动传媒业的发展

大数据推动
传媒业的发展

大数据是近年来的热点话题，但是在传媒行业中如何使用大数据进行生产应用却没有清晰的路径和模式。大数据技术作为一种工具，对于传媒业具有重要意义，同时它的使用也会面临一些问题，如图 12-18 所示。

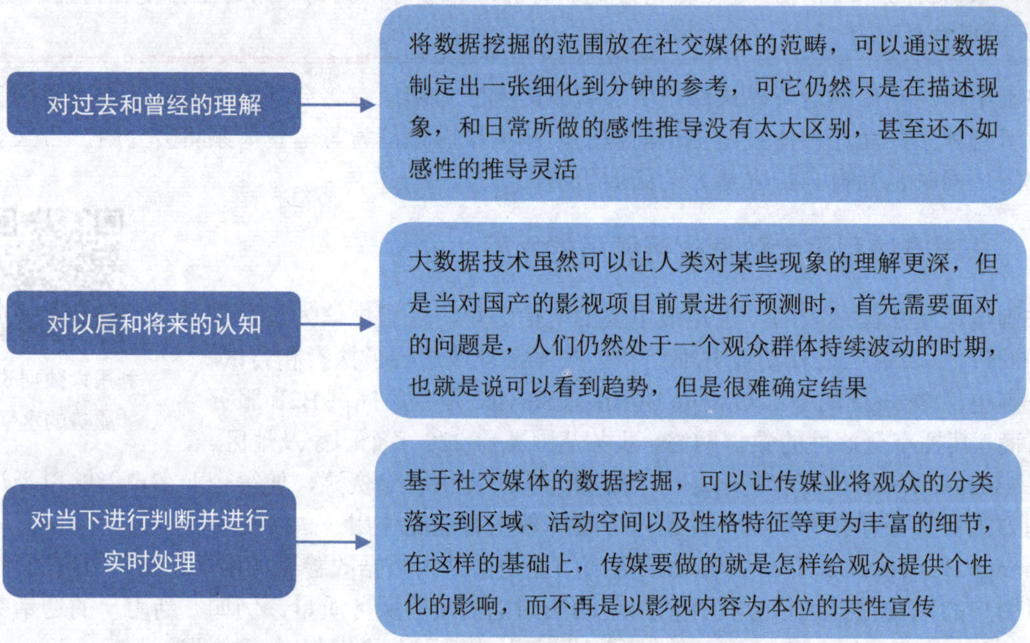

图 12-18 传媒业在大数据方面遇到的问题

例如，一名男性观众在某个媒介上看某个电影海报时，看到的可能是一辆性能优秀的跑车，但一个女性观众看这个电影海报时，看到的可能是一个铁血的汉子。

在如今的传媒业中，不如将大数据的应用方向从对未来的预知，转向让企业知道规避哪些操作上的错误，这样或许更具有现实意义。

▶ 专家指点

目前，数据调研公司参与电影推广，所做的仍然只是统计的工作。其实，传媒完全可以将决策机制与数据同样进行细化，成为实时的互动，减少时间的损耗，提高电影推广的效率。在以前的电影推广中，常常会为如何照顾到大部分观众的兴趣而头疼，那么换一种思路，用现有的观众数据进行群体的细分，给不同的观众群提供不一样的信息，海纳百川比光芒四射或许更符合当下社会化营销的要义。

12.3.2 大数据时代传媒业的营销挑战

传媒业的营销挑战

从发展上来说，大数据其实是对社会状态的一种描述，而技术时代对每一个人来说都是挑战与机遇并存。传媒业作为消息快速传播的前沿通道，它也面临着巨大的冲击和挑战，具体体现在以下 5 个方面，如图 12-19 所示。

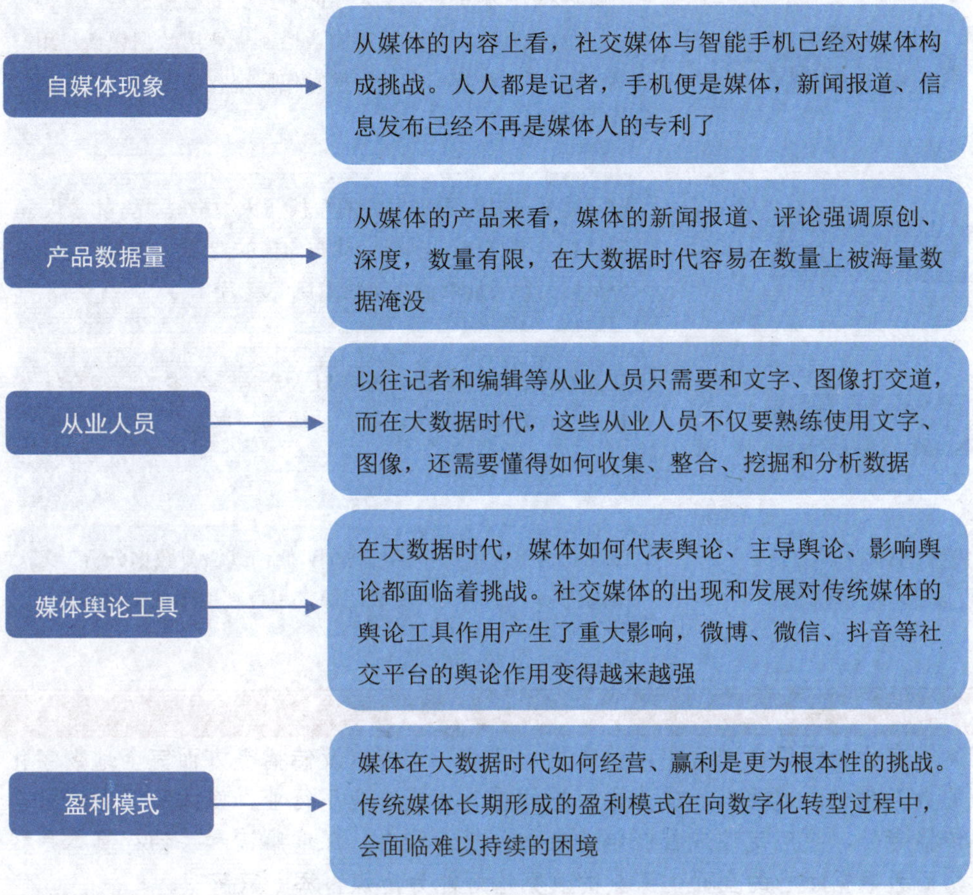

图 12-19　传媒业面临的冲击和挑战

12.3.3　大数据时代传媒业的营销策略

不管社会如何发展，技术如何变迁，传媒业都将继续存在，这一点是不会改变的。但是，传媒业会跟随时代的潮流，改变它的具体营销策略，以求在这快速发展的信息社会中获得一席之地.。图 12-20 为大数据时代传媒业的 6 大营销策略。

大数据时代
传媒业的营销策略

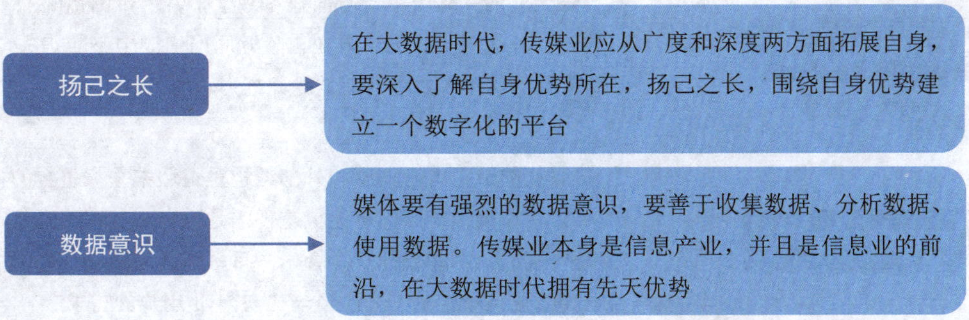

图 12-20　大数据时代传媒业的 6 大营销策略

数据说话 → 媒体要用事实说话，这是新闻本身的要求所决定的，但在大数据时代，既要用事实说话，也要用数据说话。用数据说话，是媒体在大数据时代展现权威性和公信力的重要手段

避己之弱 → 避己之弱即补足自身发展的短板。大数据时代，要求人们具备 3 种能力：数学运算与建模的能力、网络工程与分析能力以及能够洞见事物本质的能力

传播人群 → 新闻媒体自产生以来，都是以大众传播为主的。综合性报纸和广播电台、电视台是传播界的王者，但是新媒体传播将更有针对性

传播方式 → 传媒业也将产生可视化工程师，他们既懂得数据分析，又精通构图，能把数据变成图像，用直观的图像来讲故事

图 12-20（续）

▶ 专家指点

媒体数字化转型正在进行中，从采集、处理、储存以及传播等方面完全地数字化后，媒体产生的数据量将急速增大，成为大数据的重要生成与应用行业。媒体除了做好社会记录者与信息传播者外，更应定位成社会解读者和分析预测者，深度解读和去伪存真本是媒体的重要职责，而大数据赋予的全面、深刻的洞察恰好能为传媒再添一双慧眼。

12.3.4 大数据时代传媒业的发展趋势

大数据时代传媒业的发展趋势

无论是制作电影、电视还是网络视频，只有了解观众要什么才能获得更高的收视率，在与同行竞争中胜出。目前，传媒业已经从“传媒播什么，观众就看什么”转变为“观众爱看什么，传媒就播什么”。在大数据时代，移动互联网时代传媒的生态发展趋势体现为以下 4 点，如图 12-41 所示。

传媒并购风起云涌 → 传媒企业的并购现象一方面在客观上抬升了中国传媒业的转型升级门槛，另一方面也使互联网浪潮中不断丧失原有优势的传统媒体开始觉醒并全力转型

将彻底实现产品化 → 传媒业的组织内部调整和外部结构重组迎来垂直整合的机会。原来传统媒体可能更重视的是内容，互联网时代是内容、技术和设计三者合一，目标是共同做出一个以创意为核心的产品，用这个产品来满足用户的需求

图 12-21 移动互联网时代传媒的生态发展趋势

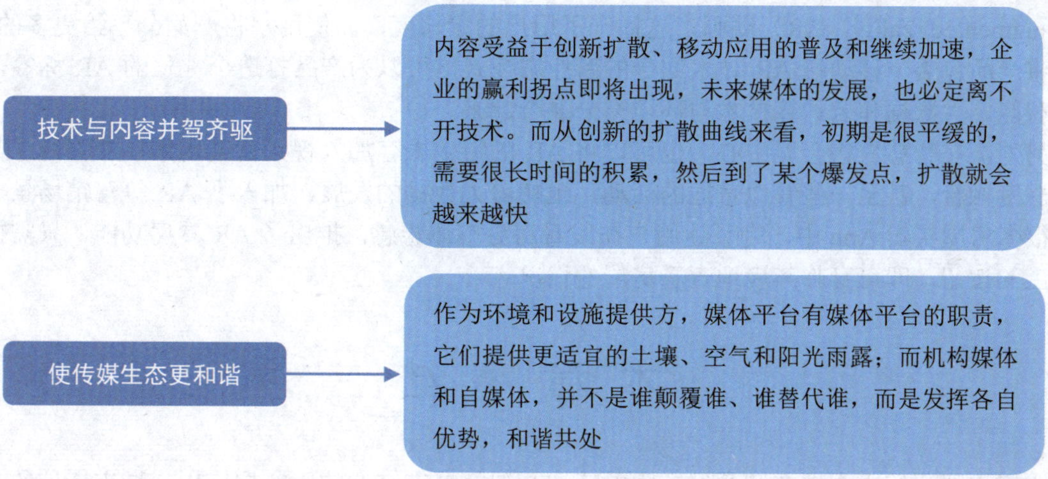

图 12-21（续）

▶ 专家指点

新旧势力混战之下，传统娱乐业在内容、运营、营销领域都受到了冲击，智能化、移动化、社交化、数据化的冲击看似苦口，却也是良药。不管是电视、电影还是音乐，产业格局的竞争归根到底是商业模式的竞争。

随着消费习惯的变化，互联网广告市场的附属产品视频广告，如今得到了商家和网络发行商的青睐，而传统娱乐行业仍在不断萎缩并接近底部，或许成为对手的样子才是最好的自救。

人们对娱乐的需求永远不会消失，传统娱乐行业也并不是一无是处。在多年的发展历程中，它累积了海量的内容资源，这是在短期内新兴媒体无法比拟的优势。但是，传统传媒业应该以怎样的形式做营销呢？下面就来举例进行说明。

Netflix 自制的剧集《纸牌屋》持续走红，随着该剧集第一季至第七季的播出，许多人成为了该平台的忠实用户，这也让 Netflix 广泛被外界看好。该剧集之所以能获得成功，除了重量级主创之外，还得益于 Netflix 的运营模式，即网站主导和数据先行。

出品方兼播放平台 Netflix 会根据用户的数据总结收视习惯，并根据用户的喜好来创作《纸牌屋》。《纸牌屋》的数据库包含了 3 000 万用户的收视选择、400 万条评论和 300 万次主题搜索。最终，拍什么、谁来拍、谁来演和怎么播，其实都是由数千万观众的客观喜好来决定。所以，该剧集会深受用户的欢迎就不足为奇了。

▶ 专家指点

在不久的将来，大数据挖掘获得的结果也许比一个行业老手的直觉判断更准确。当然事情都有两面性，大数据分析在国内影视产业领域技术尚未成熟，大数据在电影产业的机遇，也正是大量大数据分析技术人才的机遇，随着互联网的蓬勃发展以及中国电影产业的壮大，势必迎来大数据分析的春天。

一般来说，大型的企业品牌都已建立自己的电商体系，它们可以实现线上和线下零售的协同发展。

以可口可乐为例，消费者只要购买可口可乐，就可以通过手机扫码，看到瓶罐上的增强现实（augmented reality，AR）动画，这提升了用户的参与度，促使用户将产品分享给更多的人。这种将产品包装与移动端 AR 技术结合的新业态模式，可以为产品打造个性化的 AR 标签，将人工智能、大数据和云计算技术与环境充分融合起来。

另外，在智慧零售会展中心，也可以将 AR 的特效内容加入视频营销场景，加强线上与线下的深度融合。甚至一些看似普通的活动，也随着大数据的发展，加入了 AR 等营销场景。例如，很多房屋买卖 App 中，为了让用户在线看房更有体验感，推出了 AR 看房功能，只需拖动手机上的按钮，即可身临其境地查看房屋的情况。

本章小结

本章主要介绍大数据在智慧城市中的应用，包括城市交通的大数据应用、城市通信的大数据应用和城市传媒的大数据应用，带领读者快速认识和了解大数据在智慧城市的应用情况，让读者更好地看清身边的大数据应用。

课后习题

1．城市交通需要解决的难题主要有哪些？请用文字一一列出。

2．大数据解决城市交通面临的难题有哪些优势？请用文字一一列出。